Stephen H. Blackwell

·

The Quill and the Scalpel

Nabokov's Art and the Worlds of Science

The Ohio State University Press | Columbus

2009

Стивен Блэкуэлл

·

Перо
и скальпель

Творчество Набокова
и миры науки

Academic Studies Press

Библиороссика

Бостон / Санкт-Петербург

2022

УДК 82.01
ББК 83.3(2)6
Б70

Перевод с английского Веры Полищук

Серийное оформление и оформление обложки Ивана Граве

Блэкуэлл С.

Б70　Перо и скальпель. Творчество Набокова и миры науки / Стивен Блэкуэлл ; [пер. с англ. В. Полищук]. — Бостон / Санкт-Петербург : Academic Studies Press / Библиороссика, 2022. — 391 с. — (Серия «Современная западная русистика» = «Contemporary Western Rusistika»).

ISBN 978-1-6446980-7-5 (Academic Studies Press)
ISBN 978-5-907532-10-6 (Библиороссика)

Что на самом деле автор «Лолиты» и «Дара» думал о науке — и как наука на самом деле повлияла на его творчество? Стивен Блэкуэлл скрупулезно препарирует набоковские онтологии и эпистемологии, чтобы понять, как рациональный взгляд писателя на мир сочетается с глубокими сомнениями в отношении любой природной или человеческой детерминированности и механистичности в явлениях природы и человеческих жизней.

УДК 82.01
ББК 83.3(2)6

ISBN 978-1-6446980-7-5
ISBN 978-5-907532-10-6

Тимоти и Габриэлю

Я провел скальпелем по пространству-времени, и пространство оказалось опухолью, которую я отправил
в плаванье по водной хляби.

Интервью Н. Гарнхэму на телеканале BBC-2, 1968[1]

---

[1] [CC: 143].

Предисловие

Моя книга охватывает две четко очерченные интеллектуальные сферы — искусство и науку — и рассчитана на то, чтобы принести пользу читателям по обе стороны этой зачастую сомнительной границы. На мышление Набокова-художника сильнейшим образом влияли его научные интересы, а изыскания в области лепидоптерологии определялись эстетическим восприятием окружающего мира. Во всех набоковских начинаниях содержатся элементы как научного открытия, так и художественной выразительности, эстетической оценки и композиции. Художественное творчество становится своего рода продолжением научного исследования, поскольку искусство — это эксплицитная деятельность, позволяющая обнародовать личные открытия о жизни, те, что невозможно сделать в лаборатории. Если к произведению искусства, каким бы оно ни было необычным или пугающим, относиться как к чему-то сродни научному эксперименту, то нас больше не будет смущать неясность или амбивалентность, которой оно порой отличается. Перестанет нас смущать и то, что художественный смысл нередко ускользает, несмотря на все попытки его вычленить. Те же самые проблемы существуют и в мире эмпирических исследований.

Как и к научным достижениям, к романам и другим художественным формам можно относиться как к осторожным шагам вперед в мире, полном неизведанного. Некоторые произведения долго сохраняют способность вести человечество к вершинам познания и откровениям, другие быстрее уходят в тень и забываются. В этом смысле прогресс в искусстве проходит процедуру верификации, которая отчасти напоминает научный метод. Это развитие не подчиняется попперовской схеме: великие произведения искусства не поддаются фальсификации (хотя с менее значительными это бывает, как бывают и произведения искусства со скрытыми дефектами). Скорее, шедевры устаревают тогда, когда перестают вести человеческий разум к новым открытиям.

Произведения Набокова в разных жанрах позволяют взглянуть на искусство как на часть общечеловеческого стремления к знанию и пониманию, расширить традиционное значение понятия «наука», включив в него и искусство. Однако недостаточно, чтобы теоретики литературы и искусства отмечали «научную» значимость их предмета, как если бы в подтверждение их собственной интеллектуальной значимости. Ученых, философов и историков науки тоже необходимо побуждать к тому, чтобы они задумались о важности подобного переосмысления. Именно поэтому я решил написать книгу, адресованную не только литературоведам или исследователям Набокова, но и тем, кто размышляет о роли науки в человеческой жизни и истории. В результате набоковеды обнаружат на этих страницах много того, что им уже хорошо известно, но также и обилие другого, о чем они даже отдаленно не подозревали. С другой стороны, представители естественных наук и смежных областей воспримут эту книгу как творение неспециалиста. Тем не менее без надежды на их интерес и внимание подобная затея вряд ли имеет смысл. По сути дела, если мы верим, что искусству суждено сыграть некую роль в познании, то есть ли задача важнее, чем пристально изучить писателя, в творчестве которого происходило «слияние двух материй: точности поэзии и восторга чистой науки» [CC: 22].

Эта книга не претендует на окончательность суждений или практическую пользу. В лучшем случае она представляет собой обзор некоторых важнейших идей и их вариаций в произведениях Набокова. За ее рамками осталось многое — в первую очередь целые области естественных и точных наук, такие как математика и химия. О первой писали куда более сведущие специалисты, чем я. Разумеется, предстоит еще много открытий, касающихся каждой из сфер, которые я затронул в книге, особенно психологии, разнообразные отражения которой в творчестве Набокова сами по себе настоятельно требуют отдельного пространного труда. Мне удалось лишь слегка обрисовать вероятную связь Набокова с философией науки раннего Нового времени. Кроме того, предстоит еще многое узнать об эстетических качествах набоковских научных трудов. Подобные изыскания потребуют усилий множества исследователей, и я надеюсь, что некоторые из моих читателей присоединятся к изучению этих неизведанных областей.

Слова благодарности

Многие части этой книги не были бы написаны, если бы благодаря любезности Дмитрия Набокова я не получил доступ к закрытым архивным материалам; я также благодарю его за разрешение привести цитаты из неопубликованных источников и включить в книгу иллюстрации из архива. С удовольствием выражаю благодарность за поддержку — летнюю стипендию, полученную в 2005 году от Национального фонда гуманитарных наук. В 2005–2006 академическом году Университет Теннесси предоставил мне исследовательский отпуск, без которого я никогда бы не справился с основным объемом работы, представленным в книге, а в 2006 году — финансирование в рамках программы профессионального развития для поездок в архив Набокова в Нью-Йоркской публичной библиотеке и Библиотеке Конгресса. Кафедра современной иностранной литературы и языков проявила щедрость в оплате путевых расходов, щедро выделяла средства на поездки, что позволило мне представить ранние варианты этой работы на научных конференциях. Взносы за разрешение на использование изображений в этой книге были оплачены Фондом расходов на выставки, выступления и публикации Университета Теннесси. Стивен Крук из архива Берга в Нью-Йоркской публичной библиотеке стал бесценным проводником по содержимому архива, а сотрудники архива Берга и отдела рукописей Библиотеки конгресса — образцовыми помощниками.

Многие друзья и коллеги щедро делились своими соображениями и познаниями, пока я работал над материалами этой книги в течение десяти лет.

Я особенно благодарен Дане Драгуною, которая целиком прочитала первый черновой вариант книги и бо́льшую часть более поздних черновиков, внесла бесчисленные предложения по улучшению содержания и оказывала поддержку, помогавшую мне справиться с самыми сложными фрагментами. Виктор Фет прочитал вариант глав 1 и 3 и избавил меня от серьезных таксономических ошибок. Курт Джонсон любезно прислал мне расширенную версию своей статьи о набоковских чешуекрылых, написанной для Американской библиотечной ассоциации, и поделился мнением о первоначальных черновиках биологических разделов. Эрик Найман прочитал почти всю рукопись в предпоследнем варианте и, как всегда, побудил взглянуть на нее с новой, неожиданной точки зрения. Дитер Циммер заочно помогал мне сориентироваться в библиотеках Берлина во время моего визита туда в 2004 году, а также оказал мне неоценимую помощь, проведя чрезвычайно важные предварительные исследования в своем несравненном «Путеводителе по бабочкам и мотылькам Набокова». Виктория Александер поделилась со мной собственным исследованием и интересными предложениями на ранних этапах этого проекта. Джерри Фридман, Стэн Келли-Бутл, Дженнифер Коутс и Герхард Деврис вдумчиво критиковали последнюю версию главы 5, что позволило мне внести в нее существенные изменения. Питер Хёинг прочитал главу 2 и в 2004 году привез меня в Берлин и его библиотеки. Брайан Бойд поддерживал меня и дарил идеи на протяжении всей работы над книгой. Я также хотел бы поблагодарить Татьяну Пономареву из Музея Набокова в Санкт-Петербурге, которая пригласила меня провести семинар по теме этой книги в июле 2005 года. Евгений Белодубровский помог мне освоиться в Национальной публичной библиотеке, когда я приезжал в Петербург. Джоанна Трезьяк, Юрий Левинг, Марина Гришакова и Лиланд де ла Дюрантай щедро поделились со мной своими исследованиями.

Коллеги из Университета Теннесси стали первыми читателями книги и поделились со мной междисциплинарным взглядом на нее: Алан Рутенберг помог мне сформулировать первоначальное предложение; Аллен Данн и Наталья Первухина прочитали рукопись полностью и дали ценные комментарии. Коллоквиум факультета истории и философии науки и техники (Тед Ричардс, Хизер Дуглас, Дениз Филлипс, Ричард Пагни, Джефф Ковак, Милли Гим Мел, Брюс Мак-Кленнан и Сьюзан Норт) предоставил научные, философские и исторические отзывы по нескольким главам. Мой коллега Дэниел Мэгилоу любезно перевел эпиграф к главе 3. Я в долгу перед Алекой Акоюноглу Блэкуэлл, которая провела скрупулезную корректуру и помогла со стилистической правкой на последней стадии работы над рукописью и заставила меня быть точнее в описаниях научной методологии.

Саре Стэнхоуп, художнице и моей бывшей студентке, которая когда-то играла в пьесе «Человек из СССР», поставленной силами читателей, — мое восхищение и благодарность за великолепную работу над обложкой этой книги. Работа с Сэнди Крумс, Мэгги Дил, Линдой Паттерсон, Дженнифер Форсайт, Лори Эйвери и Беном Шрайвером из издательства Ohio State University Press была настоящим удовольствием. Невозможно представить себе более профессиональную и компетентную команду, и я особенно благодарен за отзывчивость и готовность приспособиться к моим потребностям, которую они проявили в ходе работы. Мне помогало столько замечательных людей, что, казалось бы, следовало ожидать, что книга получится идеальной. Однако она не лишена изъянов, но их единственный виновник — это я. Если бы я смог учесть все сделанные предложения, книга получилась бы намного лучше, чем есть. Все оставшиеся ошибки и пробелы — мои собственные, и я надеюсь еще исправить эти недостатки в какой-нибудь следующей работе.

Примечание к заглавию: проверяя, не использовалось ли прежде выбранное мною сочетание, я нашел аспирантский журнал Университета Джонса Хопкинса, издававшийся с 1990 по 1993 год, под названием «Скальпель и перо». Он был посвящен превращению студентов-медиков во врачей, и ему на смену пришла электронная версия под названием «Хризалида». Чего еще можно было ожидать от тезки этой книги?

Введение
Искусство и наука Набокова

Подберитесь к этим существам как можно ближе —
и увидите в них воплощение высшего закона. Мимикрия и эволюция завораживают меня все больше...
Я не могу отделить эстетическое удовольствие созер-
цать бабочку от научного удовольствия знать, что
это за бабочка.

Интервью Роберту X. Бойлу, Sports Illustrated, 1959[1]

Есть какая-то неизвестная законосообразность в объекте, которая соответствует неизвестной законосообразности в субъекте.

Гёте. Афоризмы и размышления, 1344[2]

В середине 1920-х — начале 1930-х годов В. В. Набоков сменил
в Берлине череду съемных квартир неподалеку от дома, где жил
А. Эйнштейн, и они наверняка ходили по одним и тем же улицам
в одни и те же дни. Это совпадение может послужить симпатич-
ным символом пересечения миров науки и искусства, хотя
у обоих наших героев не было никаких поводов когда-либо
встретиться. На маленьком пятачке городской территории возникли два из самых значительных культурных явлений XX века[3].

---

[1] См. [Бойл 2017].

[2] [Гёте 1964: 358].

[3] Совпадение усугубляется тем, что следующее главное пристанище Набокова,
 Несторштрассе в Шарлоттенбурге, где он написал свои главные русские
 произведения, располагалось так же близко — примерно в километре или
 четырех длинных кварталах — от виллы М. Планка в соседнем районе
 Грюневальд. Если считать по новому стилю, Планк и Набоков родились
 одного и того же числа, 23 апреля (по старому стилю день рождения писателя — 10 апреля).

В 1920-е годы, в эпоху, «когда время в моде» [ССРП 4: 215], протагонист романа «Дар» Федор Годунов-Чердынцев, передвигаясь по Берлину, кажется неподвластным законам физики: он беззаботно, но безопасно переходит запруженные улицы; он превращает прямые трамвайные ветки в кольца; его часы иногда идут в обратную сторону. Подобно другим писателям-модернистам, Набоков открыл для себя волнующие философские и метафорические возможности новой физики. В отличие от большинства других, он был не только художником, но еще и ученым. Едва мы начинаем подмечать эти отсылки в «Даре» и других произведениях, мы видим, как они вплетаются в ткань идей, возникших из научного кругозора Набокова, из его неустанных усилий познать мир. Эта страсть к познанию — отчасти научная, отчасти эстетическая; в результате искусство и наука образуют нераздельное единство, которое и служит основной набоковского творческого зрения. Последний русский роман Набокова, «Дар», исподволь, но насквозь пронизан темами из новой физики, которые маячили на заднем плане его произведений уже с середины 1920-х годов.

Первые годы взрослой жизни Набокова совпали с падением Российской империи и с подъемом новой физики. А. Эйнштейн разработал общую теорию относительности в 1915 году, однако широкую известность она получила лишь в мае 1919-го, когда ее подтвердила экспедиция А. Эддингтона по наблюдению солнечного затмения. В ноябре того же года, когда Набоков только прибыл в Кембриджский университет, газеты повсюду гордо трубили о начале новой эры в науке. Стремительно развивались субатомная и квантовая теории — новым магистром колледжа, где учился Набоков, стал Дж. Дж. («Атом») Томпсон, один из первых исследователей электрона. Первые послевоенные годы ознаменовались также настоящим бумом фрейдовского психоанализа. К 1919 году фрейдизм шагнул так далеко в массовую культуру, что уже навлекал на себя и насмешки, и проклятия. Примерно в то же время значительным изменениям и уточнениям подвергалась и теория Ч. Дарвина. Набоков даром времени не терял: в октябре 1919-го, едва поступив в кембриджский Тринити-колледж на отделение зоологии, он написал свою первую опубликованную естественнонаучную статью — «Несколько замечаний о крымских чешуекрылых». Вскоре он переключился на изучение русской и французской литературы, чтобы оставалось больше времени на сочинение стихов [Бойд 2010a: 203].

Наукой Набоков увлекался давно и независимо от волны всеобщего энтузиазма, охватившей мир в те удивительные годы: бабочек он изучал с семи лет. В тринадцать он впервые отправил материал в научный журнал (*The Entomologist*) — и получил отказ: выяснилось, что вид, который он счел новым, таковым не был. Впервые его работу опубликовали на страницах того же журнала, когда ему был двадцать один год. В 1920–1930-е годы, живя в Берлине писателем-эмигрантом, Набоков нередко обращался к специалистам по бабочкам и часами работал в энтомологических коллекциях музеев, изучая известные виды и сравнивая их с теми, что обнаруживал в ходе своих регулярных летних поездок за бабочками[4]. Позже, в 1940 году, перебравшись в США, Набоков быстро возобновил работу лепидоптеролога, сначала в Американском музее естественной истории в Нью-Йорке, а затем — приняв должность куратора (формально — внештатную) в гарвардском Музее сравнительной зоологии, где в 1940-е годы в течение шести лет возглавлял новаторские исследования северо- и южноамериканских бабочек. Неудивительно, что это десятилетие стало наименее плодотворным для Набокова-писателя — он создал лишь один роман, «Под знаком незаконнорожденных», и только в 1948 году, уволившись из музея, смог всерьез взяться за написание «Лолиты».

Страсть Набокова к лепидоптерологии заставляла его работать бесплатно в те времена, когда разумнее было бы заниматься чем-то более доходным (семья писателя постоянно нуждалась — и тогда, и даже позже, когда Набоков получил место в Корнельском университете)[5]. Вместо того чтобы с полной отдачей зани-

---

[4] См., например, письмо Е. И. Набоковой от 18 октября 1929 года (Berg Coll.).

[5] По словам К. Джонсона, «Набоков сообщил Эдмунду Уилсону, что в этот период он относился к своим научным исследованиям с одержимостью "пьяницы"», работая по 14–15 часов в день (письмо от 8 мая 1944 года [5]).

маться литературой, Набоков с риском для зрения подолгу просиживал над микроскопом (он исследовал несколько тысяч и препарировал под микроскопом по меньшей мере полторы тысячи экземпляров, уделяя особое внимание миниатюрным гениталиям бабочек и подсчету крошечных чешуек на крыльях). Это фанатичное стремление упорядочить хаос, царивший в систематике, как будто проросло прямиком из «Дара», где Набоков не отказал себе в удовольствии описать свои детские мечты стать великим путешественником, исследователем, натуралистом. Говоря символически, именно этот роман стал для него подготовкой к первым шагам на профессиональном научном поприще. Само это художественное предсказание жизненных событий — как будто зеркальный образ предвосхищения искусства природой в крыле настоящей бабочки, которое сверкает «мазком скипидаром пахнущей позолоты», как выразился alter ego Набокова в «Отцовских бабочках» [ВДД].

Законы природы — вот что служит целью ученому. Для Набокова удовольствие эстетическое неотделимо от научного. В том и другом отражается *высший закон*. Эстетическая радость созерцания соединяется с научной радостью познания. Оба акта — созерцание и познание — представляют собой вершины разума, который сам по себе вершина природной эволюции (по земным представлениям). Созерцание и познание присутствуют в произведениях Набокова как главные темы; иногда они представлены через их противоположность — слепоту и невежество (или солипсизм). Набоков в беседе с Р. Бойлом [Бойл 2017] допускает единство двух сторон человеческого сознания — эстетической и научной, и исподволь настаивает на том, что искусство (эсте-

---

Набоков также рассказывал о разногласиях с Верой по поводу его приоритетов (письмо Э. Уилсону от 3 января 1944 года [5A]) и о ситуации, потребовавшей от него всерьез заняться здоровьем, обратиться к врачам и взять длительный отпуск (письмо Э. Уилсону от 21 июня 1946 года [5]) [Johnson 2001: 27]. См. также письмо М. В. Добужинскому от 8 мая 1944 года: «Я собственноручно сделал 450 рисунков тушью и около 50 цветными карандашами для моей обширной работы о бабочках (которая отнимает у меня гораздо больше времени, чем дозволяет карман, т. е. было бы все гораздо лучше, если бы больше занимался литературой)» [ПНД: 101–102].

тика) играет важную роль в попытках человечества познать мир. Одной науки для этого недостаточно, и искусства в данном случае тоже: нет науки без фантазий, нет искусства без фактов, считает Набоков. Каждое стихотворение, картину и мелодию можно или даже нужно воспринимать как отдельную часть стремления человека познать мир. Да, языки литературы, музыки или пластических искусств отличаются от языка науки, но это означает лишь, что они воспринимают и отражают мир иначе, чем наука. Набоков настаивал на том, что эта разница принципиальна, что эстетическое созерцание так же жизненно важно для существования человека и для «прогресса», как и научное познание мира.

Принято считать, что искусство и наука представляют собой совершенно разные сферы мышления и деятельности. Встреча с человеком, проявившим себя в обеих (а это редкий случай), побуждает пересмотреть стереотипы. Есть ли у искусства и науки общая граница? Возможно, они где-то пересекаются в чем-то очень важном? А вдруг они состоят в тайном родстве? Мое исследование началось с желания понять хотя бы, почему Набоков обнаружил, что наука и искусство — это родственные области, где царят увлеченность, терпение и точность[6].

Исторический контекст

НАУЧНЫЕ РЕВОЛЮЦИИ ВО ВРЕМЕНА МОЛОДОСТИ НАБОКОВА

В литературных произведениях Набокова заметен пристальный научный интерес к трем областям: зоологии (особенно лепидоптерологии и эволюционной теории); психологии (особенно исследованиям сознания); и, наконец, физике (особенно постньютоновскому ее направлению, которое среди прочих развивали А. Эйнштейн, М. Планк, Н. Бор и В. Гейзенберг). В то время как

---

[6] Подход Набокова к взаимосвязи искусства и науки предвосхитил работу Р. С. Рут-Бернстайна, который утверждал, что «науки и искусства разделяют общую эстетику [и] что эстетическая чувствительность лежит в основе наиболее значительных творческих начинаний в науке» [Root-Bernstein 1996: 49–50].

Набоков-натуралист широко известен, а психолог в Набокове достаточно быстро распознаётся при чтении любого из его романов, Набоков-физик (доморощенный), пожалуй, таится от читателей. Причина, конечно, в том, что его познания в физике были далеко не такими глубокими и практическими, как в энтомологии или психологии[7]. Применительно ко второй он определенно ощущал, что повседневный опыт, обширная начитанность в специализированной литературе и художественная проницательность служат ему прочной базой. Однако у нас нет свидетельств тому, чтобы Набоков хоть раз в жизни проводил физический эксперимент или одолел (хотя бы попытался одолеть) формулы теории относительности или квантовой механики. В одном интервью он выдал себя: «Не будучи особенно просвещенным по части физики, я не принимаю хитроумные формулы Эйнштейна» [СС: 143]. Однако, прежде чем ловить Набокова на слове, мы должны вспомнить, что его стандарты в том, что считать познаниями в какой-либо области, были очень высоки. (Так, например, он громко и упорно заявлял, будто не знает немецкого, однако это «незнание» было результатом шести лет качественного обучения немецкому в средней школе при отличных оценках.) Возможно, интерес Набокова к теории относительности и квантовой механике возрастал по мере того, как он узнавал об их поразительных эффектах и снова и снова встречал репортажи о них на страницах газет всего мира. Эту тему поднимала в том числе и берлинская газета «Руль», одним из основателей которой был отец писателя: знакомый Набокова, В. Е. Татаринов, публиковал в «Руле» статьи с краткими сводками недавних и продолжающихся научных революций. В 1920–1930-е годы выходили десятки книг по новой физике, а в русскоязычной эмигрантской прессе постоянно публиковались дискуссии на эту тему. Многие материалы в «Руле» и парижской газете «Последние новости» были достаточно подробными. Как мы увидим в главе 5, Набоков

---

[7]   Именно по физике он получил самую низкую оценку в гимназии, единственную свою четверку. См. письмо Э. Филду от 20 февраля 1973 года (Berg Coll., цит. по: [Бойд 2010a: 198]).

по меньшей мере был знаком с популярным изложением новой физики, и это явственно проглядывает в прямых и косвенных отсылках в нескольких его романах и в лекциях по литературе.

НАБОКОВ И МАТЕРИАЛИСТЫ

Набоков увлекался наукой и по другим причинам, не только в силу двойственной натуры своего ума. Нужно также учитывать и фон, на котором формировались его личность и биография, и его философские пристрастия, и становление Советского Союза. Последнее повлияло на него особенно сильно, так как стало политическим воплощением конкретной идеи о том, что собой представляет мир, каким он может быть и какова роль человечества в прогрессе. Эту идею обычно называют позитивистским материализмом в социалистической интерпретации, и она во всех возможных смыслах прямо противоположна основным воззрениям Набокова. Советский социализм породил собственную разновидность науки, корни которой уходят глубоко в XIX век.

Причины неприязни Набокова к социализму были разнообразны и никак не связаны с какими-либо монархическими симпатиями. Его отец, В. Д. Набоков, был лидером партии конституционных демократов (кадетов); в 1908 году царская полиция арестовала его за то, что он подписал Выборгское воззвание, осуждавшее роспуск Думы [Бойд 2010a: 83]. В. Д. Набоков, несмотря на свое богатство, отстаивал социальную справедливость и демократические реформы, в которые входило, помимо прочего, отчуждение большего количества помещичьих земель в пользу крестьян. Его либеральные убеждения основывались на принципах уважения к личности, но были, по крайней мере косвенно, связаны с деятельностью неоидеалистов из Московского психологического общества, профессионального объединения философов и психологов. В число неоидеалистов входили, помимо прочих, выдающиеся бывшие марксисты, такие как Н. А. Бердяев и С. Н. Булгаков; в 1902 году Общество выпустило легендарную книгу «Проблемы идеализма». В 1909 году за ней последовал еще более знаменитый сборник «Вехи», в котором авторы старались разработать первые принципы либеральной политической философии как альтернативы революционному социализму[8]. Некоторые участники кружка были близко знакомы с В. Д. Набоковым, и есть основания считать, что он во многом разделял их позиции и неоидеалистические концепции (сам он был православным христианином, соблюдал обряды, но за религиозным воспитанием сына следил не слишком строго) [Бойд 2010a: 90].

Эти либеральные, «буржуазные» убеждения стали основной мишенью большевистской революции: в феврале — марте 1917 года к власти пришло правительство, возглавляемое кадетами, а в октябре того же года большевики его свергли. Если вся философия неоидеалистов и самого Набокова основывалась на представлении о ценности отдельной личности как таковой, то, с точки зрения большевиков, личность ценности не имела — ее смысл ограничивался участием в общем строительстве коммунистического будущего. То же касалось любой деятельности, связанной с личными достижениями, в том числе науки и искусства. В 1925 году Н. И. Бухарин писал: «Буржуазные ученые, когда начинают говорить о какой-нибудь науке, говорят о ней таинственным шепотом, точно это есть вещь, рожденная не на земле, а на небесах. На самом же деле всякая наука, какую ни возьми, вырастает из потребностей общества или его классов» [Бухарин 2008: 17]. Таким образом, для нового режима обе великие страсти Набокова не имели ровно никакой ценности.

Набоков «вылупился из куколки» как раз тогда, когда всё, что составляло ядро его личности, на его родине отвергалось и отрицалось как в практическом, так и в философском плане. Его жизнь и работа и как ученого, и как художника оказались в противоборстве с позитивистско-материалистической философией, насаждавшейся большевиками, и во многом это была борьба не на жизнь, а на смерть, хотя шла она на бумаге. Набоков вел эту борьбу не из-за того, что его отвергали, а потому, что был непри-

---

[8] Об этом Обществе, первом сборнике и журнале «Проблемы философии и психологии», выпускавшемся Обществом, см. [Poole 2002].

мирим к жестокости и примитивности, а также непоколебимо уверен в откровенной внутренней противоречивости нового режима и его политической и философской программы. Еще одной причиной было то, что, как он убеждался снова и снова, многие западные интеллектуалы сочувствовали советской власти и режиму и даже не представляли, какова на деле его истинная природа. Большевистской идеологии с ее позитивистской определенностью, телеологизмом, массовым подчинением и всеобщим контролем Набоков противопоставлял художественное и научное мировоззрение, основанное на индивидуальности, любознательности, красоте и неведомом, — мировоззрение, в котором этими основными началами пронизано любое интеллектуальное начинание. Эта позиция придает его творчеству и жизни особый антиматериалистический и даже идеалистический оттенок, к которому мы сейчас и обратимся.

Философский контекст

НАУКА, МАТЕРИАЛИЗМ И ИДЕАЛИЗМ

Отвечая на критику в адрес своей статьи 1949 года «Неарктические представители рода *Lycaeides*», Набоков писал: «В конце концов, естествознание ответственно перед философией, а не перед статистикой» [RML: 75–76]. На каком-то уровне это утверждение, скорее всего, верно, поскольку то, что мы думаем об исходных составляющих или основах эмпирического мира, определяется нашим мировоззрением[9]. Иными словами, все научные исследования строятся на подразумеваемых или прямо выраженных допущениях о «высшей сущности» мира. С этой точки зрения между позициями материалиста и идеалиста есть одно принципиальное различие. Онтологию монистического материалиста,

---

[9] Д. Драгуною показала важное сходство между этим утверждением и позициями философов Московского психологического общества [Dragunoiu 2011: 32–81]. В указанной книге Д. Драгуною содержится обширная справочная информация о политике и философии, которыми было насыщено детство Набокова.

который считает материю единственной и конечной реальностью (а сознание — побочным эффектом взаимодействий материи в мозгу), как правило, сопровождает и допущение, что разум человека способен познать и понять все аспекты и законы материального мира. По крайней мере, именно такая версия материализма постепенно начала доминировать у марксистов в XIX веке, в том числе и в России, в конечном итоге став идеологией большевистской революции. В таком мире наука ставит себе целью лишь определенный род знания и, парадоксальным образом, окончательную научную и техническую победу человечества над всей природой, включая и человеческую природу.

Привлекательные стороны подобной идеологии достаточно очевидны, но, разумеется, очевидны и ее противоречия. Хотя эта интерпретация материализма не обязательно логически неизбежна, но она, судя по всему, обладает неотразимой притягательностью в век развитого индустриализма, возможно, потому что выбрала своим знаменем и образцом физический объект, — то, что кажется таким прочным, стабильным и *реальным*. Посткантовский идеализм в том виде, в каком он был взят на вооружение русскими неоидеалистами, предполагает куда менее предметную область исследования и допускает куда более осторожные умозаключения. Ведь идеализм, хотя он и может вселять веру в *реальность* мира явлений, открыто признает пределы, продиктованные, пользуясь словами самого Канта, «особенностями нашей познавательной способности» [Кант 1994: 278]. Также, поскольку идеализм признает глубинной сущностью реальности неизвестное, возможно, непознаваемое начало, он с большей легкостью допускает, что феноменальная реальность не всегда точно совпадает с научными представлениями о ней. Безотносительно к онтологической подоплеке идеалистического мировоззрения, Кант предполагал, что познание мира человеком может развиваться только в направлении, задаваемом эмпирической наукой[10]. То есть какой бы ни была конечная, онтологическая «истина», мы в силах

---

[10] См., например, главу III «Трансцендентального учения о методе» в «Критике чистого разума» И. Канта [Кант 1999: 610–621].

познать мир лишь систематизируя факты научным путем, в соответствии с категориями и априорной природой познания. При таком подходе огромная, даже безграничная область незнаемого так и остается в непознаваемых (ибо недоступных человеческому восприятию или рассудку) глубинах реальности. Незримая вездесущность этого незнаемого и позволяет Набокову постулировать наличие «просачиваний и отцеживаний» [ССАП 5: 339], указывающих на то, что эмпирическим миром реальность не исчерпывается. Набоков предполагает, что границы реальности, хотя и не поддающиеся непосредственному восприятию, можно вообразить за счет нерегулярностей или узоров в природе, заметить которые под силу только очень внимательному наблюдателю.

Набоков, по меньшей мере в начале и в середине своего пути, даже придерживался убеждения, что такие указания могла бы обнаружить сама наука, например, в наблюдении, что мимикрию невозможно объяснить утилитарным естественным отбором (или, как можно предположить, любыми другими причинными методами). Это вовсе не означает, что Набоков как ученый взялся доказывать наличие в природе сверхъестественных причин (подобно современному научному креационизму или теории «разумного замысла»). Ничего подобного. Как мы увидим, его профессиональная работа классификатора основывалась на тех же строгих процедурах, что приняты в современной науке, а результаты его наблюдений и сделанные им открытия в последующие 60 лет завоевывали все больше признания и уважения. Однако он часто подчеркивал, что у науки есть пределы: «Мы никогда не узнаем ни о происхождении жизни, ни о смысле жизни, ни о природе пространства и времени, ни о природе природы, ни о природе мышления» [СС: 60][11]. Таким образом, хотя научное

---

[11] Возможно, в этом высказывании содержится самая явная из всех обнаруженных межтекстовых связей между Набоковым и П. Д. Успенским, который писал: «Существует слишком много вопросов, к пониманию которых наука даже не приблизилась... Таковы вопросы жизни и смерти, проблемы времени и пространства, тайна сознания» [Успенский 1916: 220]. Связь между Набоковым и Успенским развернуто анализируется в статье В. Е. Александрова «Набоков и Успенский» [Alexandrov 1995a: 548–552] и в работе Д. Циммера [Zimmer 2002: 50].

исследование способно обеспечить поразительно подробную информацию о природе в самом широком смысле слова, оно не способно и не может быть способно объяснить все. Для мышления Набокова принципиально важно именно осознание им того, что у науки тоже есть «потусторонность». Это убеждение достигло своего экстравагантного апогея в «Аде», самом пространном и смелом романе Набокова.

НАУКА И МЕТАФИЗИКА

Благодаря широкому вниманию к метафизическим формулировкам в произведениях Набокова, а также с учетом высказывания его жены Веры, что «потусторонность» — главная тема Набокова, которой «пропитано все, что он писал» [Набокова 1979: 3], исследователи творчества Набокова изо всех сил стараются показать, что метафизические воззрения писателя не повлияли на его научный подход[12]. Само слово «потусторонность» в русском языке вызывает в основном метафизические ассоциации, но может применяться также к естественным наукам и эпистемологии: то, что находится «по ту сторону» человеческого познания, то есть за пределами постижения разумом и чувствами. Как признают практически все комментаторы, Набоков, по сути, ничего не сообщал о своих личных убеждениях, хотя большинство сходится на том, что у него, конечно же, имелись определенные воззрения, которые можно обозначить как метафизические или мистические. Но верил ли он и впрямь в милостивого творца, «Неизвестного», благосклонного эстета, по чьему замыслу был создан этот мир?[13] Однозначного ответа на этот вопрос не существует. Поэтому, каким бы ни было кредо Набокова, мы точно знаем лишь одну его заповедь: никогда не говорить о своем кредо.

---

[12] См. также [Alexandrov 1995б: 566–571].

[13] На вопрос, верит ли он в Бога, Набоков ответил фразой, впоследствии ставшей знаменитой: «Я знаю больше того, что могу выразить словами, и то немногое, что я могу выразить, не было бы выражено, не знай я большего» [СС: 61].

Несомненно одно: Набоков предпочитал создавать свои вымышленные миры, опираясь на мистические и метафизические концепции реальности. Образ автора и его мира регулярно появляется в том, что он применительно к создаваемым произведениям именовал демиургической способностью[14]. Но он также использовал фигуру сновидца и сновидения, образ гораздо более двойственный, явственнее, чем метафизическое посредничество, выводящий на передний план непоследовательность и ограниченность сознания. Если произведения Набокова что-либо и сообщают нам о метафизических реальностях, то это следующее: сколь бы непреложной ни была истина, постичь, познать или понять ее — за пределами наших человеческих способностей.

Наука в ее современном виде, сложившемся благодаря Ф. Бэкону, И. Ньютону и И. Канту, в силу логической необходимости не озабочена метафизическими истинами. С другой стороны, наука нередко более заинтересована в провозглашении собственной объяснительной силы, нежели в исследовании своих же границ. Интересным примером здесь могут послужить современные дискуссии о парапсихологических явлениях: небольшая группа ученых на протяжении XX века пытались применить научные методы к таким феноменам, как экстрасенсорное восприятие, ясновидение и телекинез и т. п. Хотя эту работу поощряли и одобряли некоторые крупные ученые и философы, создавшие даже Общество психических исследований[15], «общепринятая» наука отнеслась к затее враждебно и недоверчиво, и такие исследования финансировались крайне скупо — отчасти потому, что по понятным причинам не могли предъявить воспроизводимых результатов ни в одной из областей. Однако непредвзятые наблюдатели, в том числе Эйнштейн, признавали, что подобные изыскания сами по себе вполне оправданны и даже похвальны, если их проводить по-настоящему строгими научными метода-

---

[14] Как, например, в предисловии ко второму изданию романа «Под знаком незаконнорожденных» [*Bend Sinister* 1963: xii].

[15] Например, психолог У. Джеймс, первый президент Общества психических исследований, его пятый президент, физик О. Лодж, и философ А. Бергсон, шестнадцатый президент Общества.

ми[16]. Необычные психологические явления, которыми Набоков живо интересовался, находятся за пределами научного познания, по крайней мере, на сегодняшний день[17]. Тем не менее изучать эти вопросы — занятие не совсем антинаучное, при условии что исследователь готов смириться с отрицательными результатами. Это нечто вроде проверки на предмет того, можно ли перевести ведомство «метафизики» в область науки. Если все до единой гипотезы на какую-либо тему окажутся недоказуемы или опровергнуты, тогда можно сказать, что тема выходит за пределы научного познания. Она остается сугубо метафизической, следовательно непознаваемой.

Научные труды Набокова в основном касались доказуемых гипотез, поддающихся проверке, хотя здесь следует признать одну неясность: хотя все знают, что нельзя «доказать отрицание», одним из стремлений Набокова было показать существование в природе неутилитарных форм. Как известно, с самого начала в этом поиске Набоков сосредоточился на изучении мимикрии (в том числе подражательного сходства, или маскировки) — с его точки зрения, в мимикрии проявлялась фантастическая изощренность, «которая находится далеко за пределами того, что способен оценить мозг врага» [ССАП 5: 421]. Хотя это последнее убеждение оказалось неверным, мы все-таки представляем, какие Набоков мог приложить научные старания, чтобы доказать существование неутилитарной мимикрии[18]. Появись у него возможность завер-

---

[16] Изложение этого факта, подкрепленное документами, см. в [Gardner 1981: 151–158].

[17] Набоков действительно провел как минимум один своеобразный парапсихологический эксперимент: в течение трех месяцев 1964 года он записывал все свои сны, которые ему удалось запомнить, чтобы сравнить их с реальными событиями последующих дней. Он искал признаки нелинейности времени, о которых читал в книге Дж. У. Данна «Эксперимент со временем», когда работал над романом «Ада». См. «Заметки по текущей работе» (Berg Coll.), а также [Барабтарло Г. (сост. 2020].

[18] См. подробное изложение К. Джонсоном различных причин, по которым идеи Набокова об остроте зрения хищников в его работе оказались неверными [Johnson 2001: 48 ff.]. См. также [Zimmer 2002: 50], где проводится параллель между воззрениями Набокова на мимикрию и мнением П. Д Успен-

шить свой воображаемый компендиум всех примеров мимикрии в животном царстве, он бы наверняка основывался на гипотезе, что в таком обилии данных непременно найдется несколько ярких или хотя бы очень убедительных образцов[19]. Судя по всему, в его метафизику входила убежденность в существовании иных механизмов, помимо причинно-следственных, и иных причин, помимо утилитарных. Он задавался вопросом, можно ли проверить эту убежденность, и это вовсе не было антинаучным подходом. Однако, зная, что его идеи почти что выходят за грань научного метода, он применял свой подход очень осмотрительно, до такой степени, что бросил проект незавершенным[20]. Набоков знал, где заканчивается наука и начинается метафизика, и, хотя, возможно, желал слегка сдвинуть границу между ними, сделать этого не мог. Таким образом, метафизика Набокова наложила отчетливый отпечаток на него *как ученого*, и упование на то, что наука могла бы дать некие намеки на метафизические истины, породило у него интерес к исключениям из признанных природных механизмов. Однако он так и не сумел исследовать эти исключения научным методом, и его опубликованные научные работы оставались в рамках традиционного подхода.

НАУКА, ИСКУССТВО И ПРЕДЕЛЫ ПОЗНАНИЯ

Одной из основных стратегий Набокова при опровержении позитивистского материализма была его знаменитая склонность подвергать сомнению или уточнению существование «реальности» — это слово, настаивал он, следует употреблять только в кавычках [CC: 186]. Бóльшая часть этих утверждений появля-

---

ского (см. раздел о мимикрии в [Успенский 2020]). По наблюдению Д. Циммера, аргументы Успенского, использовавшего мимикрию для опровержения естественного отбора, не включали любимого утверждения Набокова, что точность мимикрии часто превышает зоркость хищников.

[19] Письмо В. Набоковой Р. Уилсон от 24 июля 1952 года [SL: 134].

[20] Как указывает К. Джонсон, работы Набокова по систематике игнорировались другими учеными и при жизни не принесли ему достаточного авторитета, чтобы завоевать позиции в «высшей», или теоретической, таксономии [Johnson 2001: 62].

ется в интервью, опубликованных на волне шумихи и славы после «Лолиты», но звучали они и ранее, в статьях и лекциях о конкретных писателях. Ставить под вопрос реальность — странная по меркам XX века позиция для ученого. Однако если приглядеться, становится ясно, что Набоков никогда не опровергал существование реальности (то есть самого бытия); он сомневается в независимом существовании «обыденной реальности» — идеи, которая лежит в основе *наивного реализма*: «Обыденная реальность начинает разлагаться, от нее исходит зловоние, как только художник перестает своим творчеством одушевлять субъективно осознанный им материал» [СС: 146]. Набоков так настойчиво обличает наивный реализм и провозглашает важность сознания и его созидательной деятельности, что нетрудно увидеть в этом основополагающий принцип его мышления и творчества. Еще на заре своей славы Набоков выдает целую россыпь подобных пассажей, говоря о «бесконечной последовательности шагов», «ложных днищах» реальности, ее «недостижимости», о невозможности «узнать все» даже о конкретном предмете [СС: 23]. Таким образом Набоков подчеркивает, что природа неимоверно сложна и что многие, даже большинство составляющих этой сложности, недоступны непосредственному восприятию; некоторые полностью сокрыты от чувств и, следовательно, от прямого познания. Природа, даже без отсылки к кантовской «вещи в себе», во многом ускользает от нашего постижения, потому что чувства наши приспособлены лишь к восприятию ограниченного набора внешних факторов и стимулов, важных для человеческого существования, то есть по большей части существования материального.

ПОЗНАНИЕ И ОБМАН В ИСКУССТВЕ И НАУКЕ

Связующее звено между набоковскими концепциями искусства и науки возникает из его взглядов на познание как на свойство человеческого сознания. Познать природу и другие живые существа — дело сложное и трудоемкое. Лишь считаные писатели, помимо Набокова, уделяют такое пристальное внимание широко распространенному бытованию *ложных представлений* о мире. В русской литературе самые очевидные предшественники Набокова — Н. В. Гоголь (например, в «Ревизоре») и Л. Н. Толстой (особенно в «Войне и мире»). Удивительно другое: у Набокова это внимание включает в себя и чувствительность к ложному знанию в точных науках[21]. Подобно Гёте, еще одному художнику-ученому, речь о котором впереди, Набоков с некоторым подозрением относился к преобладавшему в научном поиске и познании количественному, ньютоновскому подходу с его атомистической, механической основой и попытками объяснить все природные явления с помощью чисел или формул, — все это он называл «искусственным миром логики» [ЛЗЛ: 469]. Но в популярном дарвинизме и фрейдизме Набоков нашел конкретных противников, чье чересчур широкое применение неэмпирических (неподтвержденных или не до конца подтвержденных) теорий подпитывало миф о возможности довести до совершенства научное познание в самых разных сферах, вплоть до таких, как механизмы и источник жизни или человеческий разум[22]. Чтобы понять, почему Набоков бросил вызов этим титанам, нам необходимо прочувствовать, как он воспринимал саму попытку хотя бы частичного познания реальности. Существенная часть набоковских воззрений на познание заключалась в его понимании того, как разум способен обманывать сам себя.

---

[21] Позиция Набокова сильно отличается от идей Толстого о лженаучном знании, которые больше фокусировались на несоответствии научного, особенно дарвиновского биологического знания, духовной истине. После разговора с Н. Н. Страховым в 1884 году Толстой записал в дневнике, что аргументы Страхова против естественного отбора бесполезны, потому что дарвинизм представляет собой «бред сумасшедших» [Толстой ПСС 49: 79]. А после чтения статьи Страхова (по всей вероятности, «Дарвин») Толстой делает запись: «Праздно, на все глупости не надоказываешься» [Там же: 80]. Позже Толстой назвал науку «суеверием настоящего» [Там же 90: 37].

[22] К. Джонсон подтверждает, что до 1930 года именно таким был распространенный взгляд на дарвиновский естественный отбор; он был полностью преодолен «новым синтезом», лишь когда Набоков уже оставил профессиональную энтомологию [Johnson 2001: 10–33]. «Лишь в 1950-е и даже позже неодарвинистский синтез начал принимать некое подобие окончательной формы» [Johnson, Coates 1999: 328].

ЭПИСТЕМОЛОГИЧЕСКИЕ ЛАКУНЫ
И ДОМЫСЛЫ РАЗУМА

Как правило, набоковские персонажи обладают знаниями лишь о некой ограниченной области окружающего мира, хотя лучшие среди них пытаются заглянуть за пределы индивидуального бытия. Непрестанные, во многом успешные попытки науки выявить скрытые аспекты реальности основаны на двух предпосылках: во-первых, мир по сути своей гораздо сложнее, чем нам кажется; во-вторых, наши чувства лишь частично настроены на восприятие всей полноты мира. Оба эти факта забываются с поразительной легкостью, а наряду с ними и их важное следствие: что разум склонен заполнять лакуны в познании удобными теориями — чтобы «скорее изобрести причину и приладить к ней следствие, чем вообще остаться без них» [TгM: 503][23]. Разум создает сам для себя утешительные домыслы и в целом неверно толкует окружающий мир. В пародийном литературном портрете, который создает в «Даре» Федор, эта склонность служит устойчивой характеристикой социалиста-агитатора Н. Г. Чернышевского[24]. Подобное заполнение лакун свойственно не только обыденному сознанию, но и собственно философскому мышлению. Гораздо удивительнее то, что склонность заполнять лакуны широко распространена и в естественных науках — и, разумеется, именно поэтому наука «продвигается вперед», преодолевая

---

[23] Эта тенденция, которую Набоков интуитивно понял в 1940 году, была предложена Г. Гельмгольцем в «Руководстве по физиологической оптике» (1856–1867) и подтверждена в 1990-е годы в исследованиях человеческого зрения и слуха.

[24] Н. Г. Чернышевский (1828–1889) был вождем радикальных социалистов и одной из самых важных фигур, приведших к большевистской революции. Его социалистически-утопический роман «Что делать?» (1862) был любимой книгой Ленина и оказал преобразующее воздействие на русскую интеллигенцию (см. [Паперно 1996]). Книга Федора о Чернышевском, составляющая четвертую главу «Дара», стала художественно-эпистемологической местью прародителю «соцреализма». Глава начинается и заканчивается строками опрокинутого сонета о невидимой истине.

собственные заблуждения[25]. В сущности, как мы убедимся в главе 2, одна из главных критических претензий Гёте к оптическим экспериментам Ньютона заключалась в том, что Ньютон приступал к ним, заранее (и ошибочно) представляя себе результат, а затем проводил несколько упрощенных опытов — experimentum crucis[26] — которые бы подтвердили его теорию[27]. (Набоков едва ли знал об этой критике в адрес Ньютона, поскольку антиньютоновская «Полемическая часть» (часть 2) «Учения о цвете» Гёте была опущена как во многих немецких изданиях, так и во всех переводах. Знаменитый русский и советский геохимик В. И. Вернадский, написавший в 1930-е годы статью об ученых трудах Гёте, опубликованную в 1944 году, похоже, не знал о существовании этой части [Вернадский 1981: 242–289].) Следовательно, подозревать, что эмпирические данные о явлении могут быть неверно истолкованы, так же важно, как не принимать на веру сообщения других. «Голых фактов», утверждает Набоков, не существует как таковых из-за неизбывно субъективной природы любого наблюдения; любые свидетельства о «фактах» подвержены множеству искажений, введенных рассказчиком (это также одна из главных тем «Войны и мира» Толстого). Для Набокова «голых фактов в природе не существует, потому что они никогда

---

[25] См., например, рассуждение Т. Куна о том, как люди, в том числе ученые, обращаются с новой информацией: «В науке... открытие всегда сопровождается трудностями, встречает сопротивление, утверждается вопреки основным принципам, на которых основано ожидание. Сначала воспринимается только ожидаемое и обычное, даже при обстоятельствах, при которых позднее все-таки обнаруживается аномалия. Однако дальнейшее ознакомление приводит к осознанию некоторых погрешностей или к нахождению связи между результатом и тем, что из предшествующего привело к ошибке» [Кун 2003: 97]. Кун ссылается на исследование Дж. С. Брунера и Л. Постмана [Bruner, Postman 1949], чтобы показать, как разум зачастую искажает неожиданные сенсорные сигналы.

[26] Experimentum crucis (букв. лат. «проба крестом», термин введен Ф. Бэконом) — решающий, или «критический», эксперимент, результат которого однозначно определяет, верна ли данная теория или гипотеза. — *Примеч. ред.*

[27] См., например, [Sepper 1988: 144–145]; о промахах в собственных объяснениях И. Ньютона, как он пришел к своим выводам [Там же: 133–134].

не бывают совершенно голыми; белый след от часового браслета, завернувшийся кусочек пластыря на сбитой пятке — их не может снять с себя самый фанатичный нудист. Простая колонка чисел раскроет личность того, кто их складывал, так же точно, как податливый шифр выдал местонахождение клада Эдгару По. <...> Сомневаюсь, чтобы можно было назвать свой номер телефона, не сообщив при этом о себе самом» [ССАП 1: 487–488]. Таким образом, согласно Набокову, наука может изучать и отчасти постигать природу, но не в состоянии познать ее до конца. Объясняется это ограниченными пределами познания, о которых говорил Кант (развивая скептицизм Д. Юма), также признававший возможность более развитого или восприимчивого типа сознания, постижение мира которым будет соизмеримо глубже[28]. Проблема вычленения точки, с которой домыслы сознания начинают отклоняться от эмпирических явлений, лежит в основе некоторых самых сильных произведений Набокова.

Солипсисты у Набокова

Интерес Набокова к «сбоям» человеческого восприятия достиг высшего выражения в портретах — обычно вымышленных автопортретах, что вполне логично, — героев, чье отношение к миру выливается в абсолютный солипсизм. Эта сторона человеческой психологии привлекала Набокова именно потому, что позволяла ему отчетливо показать, насколько «реалистичным» может казаться целиком вымышленный мир человеку, который сам его вымыслил. Самое яркое воплощение такого типа мы видим в лице Гумберта Гумберта из «Лолиты», Германа в «Отчаянии», Кинбота в «Бледном пламени» и, в меньшей степени, в персонажах «Соглядатая» и «Камеры обскуры». Это случаи крайнего выраже-

---

[28] Например, в «Критике способности суждения»: «...другой (более высокий), чем человеческий, рассудок может и в механизме природы, то есть в каузальной связи, для которой рассудок не считается единственной причиной, найти основание для возможности таких продуктов природы» [Кант 1994: 279].

ния эпистемологической слепоты: глубочайшие заблуждения, страсти и страхи персонажа приводят к порождению альтернативной реальности, которая вступает в конфликт с реальностью других людей. Фрагменты «реальной жизни» зачастую противоречат необходимым характеристикам этого воображаемого мира; в этом случае модифицируются либо устраняются с помощью тех же когнитивных механизмов, что заполняют лакуны в здоровой картине мира. В набоковских мирах это обычно кончается нанесением вреда (вплоть до убийства) тому, кто оказался в пределах досягаемости персонажа с искаженным восприятием.

Творчество Набокова представляет собой попытку изучить дальние пределы человеческого сознания, которое в своей поразительной загадочности порождает и случаи почти полного выпадения человека из «реальности» (литературная родословная таких героев восходит по меньшей мере к повести Ф. М. Достоевского «Двойник», высоко ценимой Набоковым). Исследование подобных аберраций входит в задачу искателя знаний, стремящегося постичь детали природы во всех ее формах; разум — это тоже «дар природы», как говорит нам отец Федора [ВДД]. Эти примеры и впрямь заставляют задуматься о непростых вопросах ответственности и личной независимости: например, почему происходят такие аберрации? Вызваны ли они какой-то причиной? Нам приходится гадать, в какой точке человеческого сознания свобода пересекается с причинностью. Умственная деятельность персонажей, представляющих другую крайность, — например, художников наподобие Федора, или Вана и Ады, или Джона Шейда, — альтернативный вариант, в котором в разной степени подчеркивается способность обнаруживать и фокусироваться на деталях внешнего мира или чужого сознания.

Художественные и научные формы дискурса

Достаточно согласиться, что даже в сфере науки сознание ограничено, а «объективное» повествование неизбежно искажается, — и перед нами открывается путь для изучения туманной области, где художественный и научный способы восприятия пересекаются. Набоков выбрал для подобного эксперимента область, где, по его ощущению, переплетаются сами искусство и природа: узоры на крылышке бабочки, а в первую очередь мимикрию. Однако начнем с предыстории.

Как показывают мемуары писателя, Набоков был преисполнен стремления использовать зоологическую мимикрию (в самом широком ее смысле, включая «подражательное сходство») как главный аргумент против идеи всемогущества (*Allmacht*, по А. Вейсману) естественного отбора[29]. Согласно утверждению Набокова, мимикрия мотылька или бабочки, имитирующая различные природные объекты из окружения этих насекомых, так точна, что с избытком превосходит остроту зрения хищников, для обмана которых она предназначена. Однако, хотя в научных работах Набоков и высказывал сомнения по поводу универсальной применимости теории естественного отбора и даже послал свою статью о мимикрии в журнал *Yale Review*, он так и не завершил работу, и даже не сохранил материалы к всестороннему исследованию мимикрии в природе, которое мечтал написать[30]. Иными словами, похоже, что Набоков убедился (или его убедили), что его труд не встретит одобрения среди ученых, которых он так уважал; возможно, он сам усомнился в верности своих идей, столкнувшись с растущим числом доказательств противоположной точки зре-

---

[29] Об этой дискуссии в рамках эволюционной теории конца XIX — начала XX веков см. [Gould 2002: 197–208]. «Лекции по эволюционной теории» А. Вейсмана были опубликованы в 1904 году; его статья о «зародышевом отборе» появилась в журнале *The Monist* в январе 1896 года [Weismann 1896]. Эта статья содержит и рассуждения о мимикрии у чешуекрылых (см. об этом [Gould 2002: 217–218]).

[30] Эта статья упоминается в письме М. Алданову от 20 октября 1941 года [NB: 248], и в переписке с Э. Уилсоном (письмо Уилсона Набокову от 6 мая 1942 года, и Набокова Уилсону от 30 мая 1942 года [DBDV: 66, 70]). Задуманная Набоковым большая работа упоминается и в письмах В. Набоковой к Р. Уилсон от 24 июля 1952 года [SL: 134–135; NB: 484–485], и 10 августа 1952 года [NB: 486]. Ссылку на лекцию, основанную на статье и прочитанную в Кембриджском энтомологическом обществе 29 апреля 1942 года, см. в [NB: 265, 278].

ния[31]. Однако еще до того, как Набоков оставил попытки выдвинуть свои идеи в рамках научного дискурса[32], он постарался проработать их в художественном контексте — посредством вымышленного лепидоптеролога Константина Годунова-Чердынцева и его сына Федора в «Даре» и добавлениях к роману.

«ОТЦОВСКИЕ БАБОЧКИ»

Почти вся вторая глава романа «Дар» посвящена трудам и размышлениям отца рассказчика, Константина Кирилловича Годунова-Чердынцева, который представлен как один из ведущих энтомологов своего поколения, идеалист по философским взглядам. В дополнении, которое не вошло в роман «Дар» и лишь в 2000 году было опубликовано под заглавием «Отцовские бабочки»[33], Набоков принял особую стратегию, чтобы рассмотреть альтернативные теории видообразования, основанные на сомнениях, вызванных мимикрией. О Годунове-Чердынцеве говорится, что он написал краткое, тридцатистраничное изложение выдвинутой им новаторской теории видообразования. Вместо того чтобы напрямую говорить как профессиональный ученый, устами персонажа-лепидоптеролога, Набоков предпочитает дать слово его сыну Федору, поэту и начинающему романисту, — тот должен воссоздать представление о русском научном тексте косвенно: по памяти, в виде фрагментов, которые были переведены на английский и затем обратно на русский. Зачем добавлять столько уровней сложности? Самое простое объяснение: они

---

[31] Об этом см. [Johnson 2001: 61–64]. Джонсон подробно описывает, как на протяжении 1940–1950-х годов количество доказательств против гипотезы Набокова росло, так что к 1955 или 1960 году Набоков, если он следил за научными публикациями (а Джонсон предполагает, что следил), так или иначе должен был отказаться от этого направления исследований.

[32] Учитывая, что статья была предложена журналу *Yale Review*, вполне вероятно, что это была не сугубо специальная, а скорее научно-популярная работа.

[33] Второе добавление к «Дару», написанное, по всей видимости, в 1939 году, изначально предполагалось включить в переиздание романа вместе с первым, рассказом «Круг».

позволяют избежать прямого цитирования нескольких страниц «научной» прозы в рамках фрагмента художественной прозы. Однако я думаю, что существовала и еще одна, более важная цель: воссоздать научную прозу практически из пустоты, очистив и преломив ее в художественном сознании. У такого решения было два серьезных преимущества: во-первых, оно избавляло Набокова от необходимости облекать свои научные предпочтения в форму, которую впоследствии могли перепутать с одним из его настоящих научных трудов. То есть художественное преломление служило подходящим буфером, который гарантировал, что теории Годунова-Чердынцева-старшего никогда не припишут Набокову-*ученому*: к тому времени у него уже были опубликованные любительские работы. Но еще важнее второе: такой подход предполагает наличие художественной составляющей — и интеллектуальную правомерность этой составляющей — в научном восприятии природы и даже во внутренних механизмах самой природы. Иными словами, мы видим в повествовании не вставной, самостоятельный фрагмент научного дискурса, но скорее научный подход к природе, впитанный тканью художественного текста и переплетенный с ней посредством сознания и памяти сына-писателя. Быть может, Федор и не уловил все нюансы теории в отцовском «добавленье». Но его страстное стремление вникнуть в нее и интегрировать этот опыт в свое искусство многое сообщает нам о желании самого Набокова найти точку пересечения своих научных и писательских интересов. Необычная близость между эстетической функцией слов и их способностью точно описывать природу помогла Набокову создать произведения, которые не поддавались типичной классификации и стремились к той границе, где сознание и «реальность» сталкиваются лицом к лицу.

СЦИЕНТИЗАЦИЯ ЛИТЕРАТУРОВЕДЧЕСКИХ ИССЛЕДОВАНИЙ

Рассматривая эстетизацию науки в «Даре», необходимо учитывать, что творческий путь Набокова начался в то время, когда сам по себе литературный труд (в особенности литературоведение) тяготел все к большей научности и объективности. Количественный подход распространялся и на традиционные гуманитарные сферы, в результате чего такие исследователи, как Б. М. Эйхенбаум, В. Б. Шкловский, Ю. Н. Тынянов и другие формалисты (а первым, что самое интересное, А. Белый), анализировали литературу с точки зрения композиционных структур и мотивных связей. Новые методы развивались наряду с историко-биографическим подходом, состоявшим в попытке задокументировать прошлое с помощью свидетельств или воспоминаний современников: этот подход был весьма популярен в первые два десятилетия советского режима. Иными словами, изучение искусств претерпевало трансформацию, в ходе которой подчеркивалась их структурная, сконструированная природа, и сами искусства интегрировались в антропологические, социологические и психологические исследования, имевшие целью отбросить понятия субъективного содержания и авторской интенции и заменить их формальными и эволюционными законами[34]. Эстетика уступила место структурному анализу, а авторские интенции — психологическому или психоаналитическому документированию. Эти методы с их тенденцией ставить познающего (или систему познания) впереди познаваемого вызвали у Набокова резкое неприятие и воспламенили в его работах неугасающий интерес к границам и ловушкам познания, к необходимости остерегаться тиранических импульсов и в науке, и в художественном тексте. Эта озабоченность породила повышенное эстетико-эпистемологическое напряжение в двух важных произведениях Набокова 1937–1938 годов, романе «Истинная жизнь Себастьяна Найта» и эссе «Пушкин, или Правда и правдоподобие»; в них усугублено то же напряжение, которое явственно проступает уже в «Жизни Чернышевского», то есть в четвертой

---

[34] Ю. И. Айхенвальд, безоглядно «субъективный» критик, а позже друг Набокова, начал борьбу с идеей «смерти автора», провозвестником которой был И. Тэн, уже в 1911 году, во вступлении к сборнику «Силуэты русских писателей».

главе романа «Дар»[35]. В этих произведениях исследуется соотношение между человеческой жизнью, эстетической формой и принципиальной познаваемостью биографии[36]. В каждом из них, как и в пронизанной научными изысканиями работе над «Даром» и дополнениями к нему, Набоков снова и снова указывает на непредсказуемость познания, особенно попыток рассказать о деятельности воспринимающего сознания с его способностью выходить за собственные пределы в окружающий мир явлений. Именно это было не по силам Чернышевскому, каким он изображен в «Даре», а его «объективное» эстетическое исследование «Эстетические отношения искусства к действительности» показано как совершенно ненадежный фундамент, на котором невозможно построить какую бы то ни было науку или научное мировоззрение. Для Набокова Чернышевский был первым и самым важным примером опасной переоценки познавательных способностей человека, чрезмерной уверенности в том, что языку и логике по силам создать совершенное понимание реальности. Поверхностная и плоская проза Чернышевского выступает как противоположность всем произведениям Набокова — многомерным, многозначным, многосмысленным.

Набоков, Гёте и пересечение науки и искусства

В этой книге я уделяю немало внимания и другому писателю, который также был ученым, — Иоганну Вольфгангу фон Гёте. Сделать этот шаг очень соблазнительно, потому что, наряду

---

[35] Эссе написано на французском и называется «Pouchkine, ou le vrai et le vraisemblable». В английском переводе Д. В. Набокова заглавие звучит как «Pushkin, or the Real and the Plausible» (*The New York Review of Books*. 1988. 31 марта. С. 38–42).

[36] Эссе о Пушкине особенно примечательно тем, что его название перекликается с заглавием сочинения И. В. Гёте «О правде и правдоподобии в искусстве», а также магистерской диссертации Н. Г. Чернышевского «Эстетические отношения искусства к действительности».

с множеством других точек пересечения с Набоковым, Гёте изобрел научный термин, давший название области, в которой специализировался Набоков, — морфология. Органическая форма как субъективно воспринимаемый объект и как источник целостного знания была для обоих авторов принципиально важна. Из всех литературных предшественников Набокова Гёте, как известно, выступал как самый деятельный и плодовитый ученый; таким образом, он может служить своего рода прототипом литератора с естественнонаучными интересами. Осознание их сходства должно помочь лучше понять возможные преимущества альтернативных научных методологий. С другой стороны, оба автора руководствовались противоположными целями: Гёте трудился над тем, чтобы открыть за природными явлениями универсальную реальность; Набокова, судя по всему, больше привлекало открытие необычных форм. В то время как Набоков находил радость и исчерпывающий смысл в бесконечном разнообразии и сложности природы, Гёте интересовали общие прототипы, которые объединяют и связывают между собой разнообразие природных форм: так, он стремился обнаружить первофеномен — «перворастение» (*Urpflanze*), а также открыл, что, вопреки общему убеждению, у homo sapiens имеется межчелюстная кость, что объединяет его с прочими млекопитающими. Несмотря на разницу в темпераменте, оба писателя были преданы идее природы как динамического и вечно меняющегося начала.

Хотя Гёте и считал себя реалистом, широко известно замечание Ф. Шиллера о том, что перворастение — это «идея» в романтическом, идеалистическом смысле. Хотя может показаться, что Набоков относился к идеалистическим воззрениям с симпатией, он нигде не демонстрирует своих окончательных философских пристрастий, и лишь его вымышленный ученый Годунов-Чердынцев-старший допускает существование неких идеальных форм. Во всех своих произведениях Набоков демонстрирует тесную связь с непосредственно пережитым феноменом. Кроме того, он более прямолинейно, чем Гёте, комбинирует принципы искусства и природы. В произведениях ненаучного (а иногда и научного) характера он постоянно говорит о художественных свойствах природы. Художник — обманщик, а природа — «архимошенница»[37]. Природа «словно придумана забавником-живописцем как раз ради умных глаз человека» [ССРП 4: 294]; она как будто нарочно разработана и наполнена узорами; в ней есть «семейные шутки» и «рифмы» [ВДД]. Подобного рода замечания постоянно встречаются в самых разных произведениях Набокова.

Для мыслителей эпохи романтизма, желавших расширить охват научного (а не только художественного) подхода к истине, одним из доступных путей было усомниться в том, что ньютоновская наука способна дать полный отчет о разнообразии, сложности и красоте природы. Ярче всего это выразилось у немецких натурфилософов, особенно у Ф. В. Шеллинга и Ф. Шиллера. К этой группе часто причисляют и Гёте, однако, как мы увидим, его подход к науке во многом отличался от основного русла натурфилософии. Тем не менее нет сомнений, что Гёте тоже стремился разработать альтернативу ньютоновскому подходу к эмпирическим исследованиям. Косвенно связанные с идеалистической натурфилософией, но построенные на строго индуктивных методах и принципах, научные труды Гёте долго воспринимались лишь как забавный курьез в истории литературы, но вовсе не как серьезные или важные самостоятельные научные работы. Лишь много позже такие ведущие деятели науки, как Г. Гельмгольц в конце XIX века и В. Гейзенберг в XX веке, подвергли труды Гёте переоценке, стремясь доказать, что они действительно имеют ценность. Любой исследователь Набокова, задумавшись в этой связи о научном наследии Гёте, тут же будет поражен готовностью обоих авторов бросить вызов главным авторитетам и внедрить радикально новые объяснения и системы в избранные ими области исследования. Если внимательнее присмотреться к их научным достижениям, то легко заметить, что между двумя авторами есть еще более глубокое родство:

---

[37] «Всякий большой писатель — большой обманщик, но такова же и эта архимошенница — Природа. Природа обманывает всегда» [ЛЗЛ: 21].

в частности, их роднит твердая приверженность тщательным и подробным наблюдениям над явлениями, а также страсть, с которой оба включают природу в свое мировоззрение как основополагающую ценность. Научный подход Гёте отличает вера в ценность глубокого прозрения, интуитивных догадок о самой природе изучаемого объекта. Подобные методы отводят особое место субъективной составляющей наблюдения — позиция, резко противоречащая предположительному отсутствию субъективности в ньютоновской практике как ее принято понимать. Метод Гёте держится отчасти на убежденности в том, что у человеческого сознания имеются не просто мимолетные, не просто случайные точки сходства с эмпирическим миром («действительным» миром, включающим либо не включающим кантианские «вещи в себе») — точка зрения, предвосхищающая приведенное выше высказывание Набокова о «голых фактах» [ССАП 1: 487–488; Richards 2002: 440]. В главе, где очерчены направления научной работы и мысли Набокова, я покажу, до какой степени его эмпирический подход к природному миру близок к этому пониманию особого отношения между субъектом и объектом, между познающим, наблюдающим сознанием и наблюдаемым явлением.

На протяжении веков наука и искусство двигались то вместе, то порознь, время от времени сближаясь и снова расходясь. И в последние три столетия именно ньютоновский подход к исследованию с его спартанской сосредоточенностью на цифрах не просто главенствовал почти во всей магистральной науке, но и определял науку *как науку*. Тому существуют разнообразные причины, и не последняя из них то, что цифры дают результаты, которые способны привести к прямому, практическому применению, а применение ведет и к техническим инновациям, и к экономическому развитию. Однако у науки есть и другая сторона, которая не стесняется своей субъективности, по духу близка к искусству и помогает нам увидеть эпистемологическое родство между наукой и искусством. Именно Гёте первым ввел в обиход хорошо разработанный вариант этой альтернативной методики, в основе которой лежит экспериментальная картина, построенная на наблюдении явлений в их естественной среде и целостности, включая и осознание роли наблюдателя в придании явлениям формы[38]. Набоков тоже стремился разработать новый тип естественнонаучного дискурса, не ограниченный ньютоновско-кантианским упором на причинность и эмпирический опыт. Теория сферических видов Годунова-Чердынцева отчасти напоминает теорию первофеноменов Гёте — в том, как она «прорастает» из его огромного эмпирического опыта.

Вопросы науки

Главные вопросы, которые вызывает набоковское сопряжение искусства и науки, состоят в том, насколько хорошо мы знаем и понимаем окружающую нас среду, «видимую природу», и насколько хорошо знаем самих себя. Типичная современная наука, как правило, задается несколько иными вопросами: «Как устроен и как действует мир (природа)?» «Как устроен человек и как

---

[38] Замысел первого научного «приключения» в области оптики и изучения цвета возник у Гёте во время путешествия по Италии именно потому, что еще не существовало науки о свете и цвете, которая могла бы помочь художнику в живописи и применении красителей. Это наука на службе искусства и человеческой восприимчивости, целиком опирающаяся на тонкости человеческой способности к восприятию. Учение Гёте о цвете отличается от ньютоновского в первую очередь тем, что исследует восприятие цвета сознанием: оно вовсе не совпадает со «степенью преломляемости», числовой величиной, к которой сводит цвета Ньютон (световые волны и длины волн еще не были известны). Цвет по своей сути эстетичен, и все разнообразие его существования в эстетическом сознании человека поддается изучению, но это не то исследование, которое предложил Ньютон. Как и Гёте, Набоков проявлял к цвету в значительной степени психологический интерес, вызванный его «цветным слухом», о котором он достаточно подробно рассказывает в воспоминаниях и в некоторых интервью. За исключением подробного научного описания собственных ассоциаций между цветом, звуком и буквой, Набоков теорией цвета не занимался. Но мы знаем, что цвет сам по себе играет в его произведениях важную художественную роль, и она связана с той особой ролью, которую играет цвет в восприятии человеком видимого мира.

работает его разум?» Разница здесь принципиальна, потому что последние вопросы содержат, или по крайней мере допускают предположение, что наше знание неуклонно и, несомненно, прогрессирует, в то время как первые вопросы подвергают сомнению достоверность и надежность самого знания. Набоков не хочет отказываться от идеи, что мир дается нам в чувственном восприятии и что картина мира во многом создается работой нашего сознания, которое «оживляет» субъективную реальность и способно «изобрести причину и приладить к ней следствие» [TrM: 503]. Таким образом, научное изучение мира — это отчасти изучение творческого начала в человеке, присущего сознанию тайного искусства создавать для нас мир явлений. Исследуя эти научные измерения в творчестве Набокова, мы обнаружим, что максимум потенциала человеческого сознания реализуется только в таком наблюдении, которое учитывает эстетически воспринятые отношения в той же степени, в какой и воспринятые количественно. Точность, деталь, эстетический смысл и самосознание — вот ключевые составляющие этой деятельности, которая ведет к тому, что Набоков считал высшими состояниями из доступных человечеству. Этой цели редко удается достигнуть обитателям созданных им миров, но указания на нее отчетливо видны внимательному персонажу и читателю.

Эта книга построена как ряд концепций, которые, на мой взгляд, лучше всего иллюстрируют некоторые важные аспекты набоковского смешения научных и эстетических идей. Вместо того чтобы анализировать роман за романом, я предпочел рассмотреть Набокова и его творчество, связанное с наукой, с шести разных позиций. В главе 1 рассматриваются собственно его научные работы, причем в его статьях и исследовательских заметках выявлены конкретные черты, которые проливают достаточно света на мировоззрение Набокова в целом. В этой главе также более подробно рассматривается сплав научного и художественного мировоззрения в «Даре» и «Отцовских бабочках». Глава 2 содержит предварительный обзор предполагаемых общих черт, роднящих Набокова с Гёте, самым выдающимся художником-естествоиспытателем Нового времени. Сходства и различия между Гёте и Набоковым обеспечивают нам свежий взгляд, помогающий понять оригинальность Набокова в свете его необычных междисциплинарных работ. Затем следуют три главы об отдельных научных дисциплинах, нашедших отражение в произведениях Набокова: биологии, психологии и физике. Набоков был знатоком-любителем, а впоследствии профессиональным биологом, питавшим особый интерес к теории эволюции, и в главе, посвященной биологии, я стараюсь показать, как именно в его произведениях преломились напряженные размышления о природе, в круг которой включены и сознание, и искусство. Познания Набокова в психологии шли прямиком из его широкой начитанности по этой дисциплине, а его отношение к разуму и сознанию лучше всего проясняется с помощью трудов У. Джеймса. Признавая, что все познание и опыт возникает из взаимодействия индивидуального сознания с миром явлений, Набоков в своем психологическом подходе к человеческой субъективности концентрировался на умении разума придавать явлениям форму и порождать самообман. В то же время Набоков всю жизнь сражался к фрейдистским и другими психологическими подходами, которые пытаются объяснить душевную жизнь отчетливо вычленяемыми причинно-следственными механизмами. Физика, которая Набокову в школе давалась хуже всего, привлекла его позже, когда теория относительности и квантовая теория подняли вопросы о сути времени и роли причинности на глубинных уровнях «реальности». Мотивы из этих новых научных областей проступают во всем его творчестве, и в нескольких произведениях служат определяющими. В последней главе подробно рассматривается, как научные и эпистемологические интересы Набокова переплетаются и порождают особое качество его творчества за счет поэтики отсутствия и дискретности. В заключении я пытаюсь ответить на возможные вопросы о подозрительной близости набоковских воззрений к современной «антинауке» и завершаю книгу переосмыслением предшествующих исследований Набокова в свете этой новой работы.

Каждый роман Набокова воспринимается гораздо глубже, если знать его научные подводные течения. Возможно, они не везде так сильны, как в «Даре», но неизменно присутствуют в его произведениях, за вычетом, может быть, самых ранних. Глядя, как Набоков вплетает познания по биологии, психологии и физике в свое философское мировоззрение и творческий метод, мы сумеем увидеть в необычности его романов отражение его глубинного понимания сущности мира. Его произведения утверждают, что мир не совсем таков, как описывает современная количественная наука; что порождения ума чреваты ошибками; что жизнь по сути своей подчиняется — или может подчиняться — иным законам, нежели утилитарная борьба за выживание. Количественные науки предлагают лишь одну ограниченную точку зрения на «реальность»; она должна быть дополнена качественным восприятием и исследованием[39]. Разум все равно не сможет познать больше, чем позволяют его возможности, но, как оптимистично допускает Набоков, он будет «смотреть туда, куда нужно» [ССАП 5: 352].

---

[39] Обратим внимание: подчиненность количественного качественному у Набокова идет вразрез с основным направлением современной научной практики (см. [NB: 460]).

Глава 1
Набоков как ученый

Художники, прежде всего изучайте науку!

Леонардо да Винчи

Что сказать об ученом, который утверждает, будто побывал у основания радуги? Набоков такого себе не приписывал; иное дело — его любимый персонаж-ученый. Федор в романе «Дар» рассказывает: «Отец однажды, в Ордосе, поднимаясь после грозы на холм, ненароком вошел в основу радуги, — редчайший случай! — и очутился в цветном воздухе, в играющем огне, будто в раю. Сделал еще шаг — и из рая вышел» [ССРП 4: 261]. Этим загадочным видéнием легко пренебречь, счесть за поэтическую интерполяцию сына, мираж наподобие тех, которые отец Федора, Константин Годунов-Чердынцев, видел и слышал в своих путешествиях по Азии. Однако Федор стремится описывать жизнь отца предельно верно и точно, и, хотя сознает, что этот идеал недостижим, маловероятно, чтобы он выдумал за отца такую фантазию[1]. Есть все основания полагать, что историю рассказал сам Годунов-Чердынцев-старший. В то же время отец Федора — «величайший энтомолог своего времени» [ВВД]. Создавая образ ученого, который, подобно Марко Поло, переживает невероятное, Набоков побуждает своих читателей и интеллектуальное сообщество в целом пересмотреть саму природу рабо-

---

[1] В ранней редакции этой главы Федор вместо «отец» пишет просто «англичанин путешественник» (LCNA, контейнер 2, папка «Отрывки из "Дара"»).

ты ученого и вероятность чуда даже в научной жизни. И хотя опубликованные научные труды Набокова, как любительские, так и профессиональные, в целом вписываются в стандарты научного дискурса, в них встречаются некоторые извивы стиля и образов, напоминающие читателю, что автор, возможно, искал в научной норме некие потайные лазейки. На сегодняшний день существует несколько работ, оценивающих Набокова-лепидоптеролога, в том числе и написанных его коллегами-энтомологами (такими как Ч. Ремингтон), его последователями (К. Джонсон и С. Коутс, Р. М. Пайл), его переводчиками и, можно даже сказать, наставниками (Д. Э. Циммер). В первопроходческой биографии, написанной Б. Бойдом, Набоков-ученый обрисован подробно и тщательно.

Таким образом, оправдывать и доказывать энтомологические достижения Набокова, равно как и описывать научное значение его основных работ, уже нет необходимости. Задача моей книги заключается не в том, чтобы дать подробную картину исследований, которыми занимался Набоков, но, скорее, опираясь на его тексты и их оценку другими, рассмотреть отличительные черты его научных занятий и научного дискурса. Как будет показано, именно эти черты приводят нас прямиком к границе между эстетическим и эмпирическим. Каким ученым был Набоков? Когда историки науки описывают или распределяют по категориям объекты своего исследования, то обращают особое внимание на методы работы ученого (индуктивные или дедуктивные) и на то, опирается она на эмпирику или теорию. Несомненно, любой ученый сочетает эти типы методов, с преобладанием той или иной тенденции. В этом смысле Набокова, пожалуй, труднее отнести к какой-либо категории, потому что, как подметил по меньшей мере один из писавших о нем ученых, в его трудах объединены важные составляющие обоих подходов. Согласно К. Джонсону и С. Коутсу, «он был лепидоптерологом скорее аналитического, чем синтетического склада», что говорит о научном методе, построенном на эмпирике, но «при этом размышлял о более широких аспектах таксономии, и его идеи... были значительно сложнее и тоньше, чем это порой признается»

[Johnson, Coates 1999: 48][2]. Он стремился к такому же равновесию в избранной им области систематики: здесь спор ведется между «объединителями», предпочитающими, чтобы система сводилась к меньшему числу как крупных биологических родов, так и отдельных видов, и «дробителями», склонными присваивать статус рода или вида, основываясь на более низком пороге различения. Набоков, как известно, мог выявить новый вид там, где раньше никто этого не делал, и тем самым «дробил» уже существующие; но он также соединял, или «сваливал» существующие таксоны в одну группу. Он скрупулезно и настойчиво применял правила, которые считал верными. Точно так же он не слишком стремился «производить» подвид в отдельный вид, если этого не позволяли исключительно строгие критерии.

Кроме того, Набоков как ученый был очень работоспособен. За шесть лет работы в Музее сравнительной зоологии он препарировал под микроскопом гениталии не менее 1570 бабочек: в среднем 261 в год, или по одной в день, если исключить летние месяцы, когда он уезжал из Кембриджа[3]. Многие из этих препаратов, — можно сказать, бо́льшую часть — он зарисовал и описал чрезвычайно точно и подробно. Добавим к этому и то, что Набоков проанализировал узор на крыльях более 3500 бабочек, также с пространными описаниями, рисунками и даже подсчетом чешуек у отдельных экземпляров. Плюс к тому он вел обширную научную переписку, ему требовалось немалое время на написание статей и чтение научной литературы об интересовавших его видах и родах бабочек. Кажется невероятным, что Набоков умудрялся одновременно заниматься исследованиями, писать

---

[2] К. Джонсон разбирает вопрос о том, был ли Набоков описателем-систематиком или теоретиком-таксономистом, представляя убедительные доказательства в пользу второго, более внушительного звания, хотя культура таксономической науки не позволила Набокову в течение его короткой профессиональной карьеры оставить свой след в систематике и теории [Johnson 2001: 62].

[3] Эта цифра основана на том, что Набоков сообщает в своих статьях. Если он проводил какие-либо препарирования помимо этой работы, цифра вырастет, но, вероятно, ненамного.

мемуары и роман на английском, преподавать русский язык и литературу, разъезжать с лекциями и публиковать, помимо собственных рассказов, переводы из русской поэзии и исследование о Н. В. Гоголе. Сам этот перечень наводит на мысль о работе на износ, и впечатление усугубляется, когда просматриваешь объемистые папки, лопающиеся от сотен тщательных, любовно прорисованных и раскрашенных изображений крыльев и гениталий бабочек; это рисунки, сделанные и для личных исследовательских нужд, и для иллюстраций к статьям. Каждая мельчайшая ресничка на крыле бабочки отображена с той же тщательностью, что и самый яркий узор крыла (рис. 1).

Что характерно, Набоков очень критически отзывался о неряшливой работе ряда своих предшественников в описании и классификации некоторых чешуекрылых. Как ученый он состоялся в том смысле, что гораздо внимательнее и тщательнее предшественников *проникал* в исследуемый материал. Набоков обнаруживал ошибки в умозаключениях, видел закономерности там, где другие их не увидели, и умел заметить как важные отличия, так и тривиальное сходство.

После нескольких десятилетий забвения внимание к научной репутации Набокова повысилось благодаря тому, что в 1980-е годы вспыхнул интерес к областям, в которых он работал. К. Джонсон, Ж. Балинт и Д. Беньямини независимо друг от друга начали исследования биологических родов, которые Набоков изучал в 1940-е годы, и в ходе работы открыли для себя статьи Набокова (опубликованные в таком заметном издании, как *Psyche*, и ряде других). В итоге они продолжили начатые Набоковым изыскания, внесли коррективы в разрабатывавшуюся им область таксономии и, кроме того, обеспечили более широкую известность его открытиям и инновациям. Результатом их работы стала серия статей, основанных на находках Набокова, а также книга «Nabokov's Blues» («Голубянки Набокова»), написанная К. Джонсоном совместно с С. Коутсом. В этой книге Джонсон и Коутс заявили, что исследования Набокова представляют собой нечто несравнимо большее, чем простая классификационная работа: он «опередил свое время» и «сделал великие научные открытия»[4]. Иными словами, Набоков был ученым, который внес значительный вклад не только в область собственно систематики, но и в теоретические представления о возможных взаимосвязях и путях эволюции различных видов. Он выдвинул важные предположения касательно основных природных процессов; некоторые из его забытых открытий позже повторили другие ученые, располагавшие более высокими техническими возможностями. Как отмечают Джонсон и Коутс, набоковский «острый глаз позволил ему подняться на уровень таксономической сложности, недостижимый для большинства его современников, но в некотором смысле это сыграло против него: его труды были неверно поняты или упущены из виду теми, кто не сумел заглянуть так глубоко» [Johnson, Coates 1999: 290].

Набоков пристально интересовался самой концепцией биологических видов. В то время шли споры об определении вида, и у Набокова были свои непоколебимые воззрения на этот вопрос. Он отрицал первенство «биологического» определения, которое в тот период отстаивали Э. Майр и особенно Ф. Г. Добжанский: в основе этого определения лежала реальная или предполагаемая способность особей скрещиваться. Набоков считал его слишком ограниченным и не учитывающим морфологии, которая лично для него было подлинным показателем принадлежности организма[5]. Подобно другим лепидоптерологам, Набоков пришел

---

[4]   «В контексте более чем восьмидесяти известных ныне видов южноамериканских голубянок шесть родов Набокова для этого региона представляют собой чудо экономности. Степень их разнообразия, географического распространения и уникальных таксономических характеристик поднимает работу Набокова над плачевным уровнем позднейших примитивных, анекдотических оценок его систематики как "хорошей" или "плохой". Именно широта групп, которые он первоначально открыл и назвал, и их значение для основных биологических вопросов, в конечном итоге ввели его голубянок в "большую науку"» [Johnson, Coates 1999: 290]. Авторы также утверждают, что созданные Набоковым группы «достаточно разнообразны и широко распространены, чтобы послужить базой данных для серьезных вопросов об эволюции и биогеографии» [Там же: 317].

[5]   «Два организма, обитающие в *несовпадающих* ареалах, но похожие друг на друга по строению, как похожи две симпатрические особи, можно отнести к одному виду только *по аналогии*, независимо от того, *можно ли заставить*

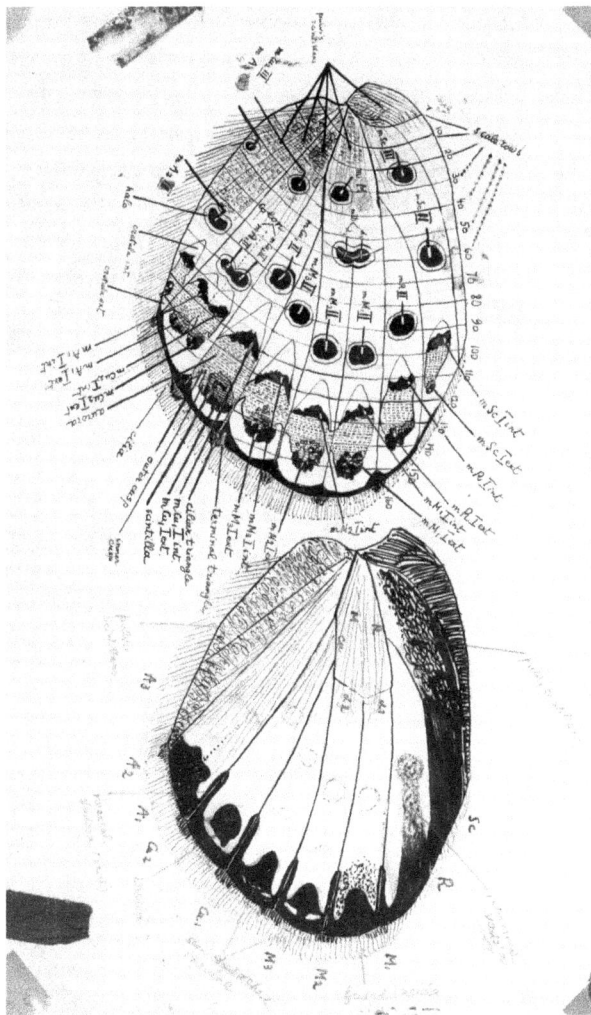

Рис. 1. На этом рисунке отчетливо виден высочайший уровень детализации, характерный для всех набоковских зарисовок крыльев бабочек. В подавляющем большинстве случаев Набоков делал увеличенные рисунки, показывая детали гораздо меньшего масштаба и отображая даже отдельные чешуйки на крыльях с помощью точечного раскрашивания.
(Источник: Архив английской и американской литературы Г. В. и А. А. Бергов, Нью-Йоркская публичная библиотека: фонды Астор, Ленокс и Тилден.)

к выводу, что в целом именно морфология мужского (и в меньшей степени женского) полового аппарата дает самые важные подсказки, помогающие определить близость родственных видов бабочек или мотыльков. Его критерии для выделения четкого таксона включают как конкретные пропорции мужских органов, так и некоторые детали строения крыльев[6]. В результате основная работа Набокова заключалась в том, что он препарировал, изучал под микроскопом и подсчитывал эти формы (более полутора тысяч препаратов для четырех больших научных работ), сравнивая вариации в морфологии и пропорциях у разных структурных частей. Некоторые подвиды он открыл и назвал первым, напри-

---

их скрещиваться в лаборатории. Иными словами, *биология* помогает *морфологии* установить структурный стандарт в случае *симпатрических* видов, но начиная с этого момента *только морфология* оценивает конкретные сходства и различия между *аллопатрическими* организмами» [NB: 340]. Б. Бойд считает, что взгляды Набокова были «ближе не к тому, что Циммер когда-то считал доэволюционной морфологической концепцией, а к разработанной в 1980-е концепции распознавания видов X. Патерсона» [Boyd 2000/2001: 218].

6   «Воздействие на зрение сочетания признаков строения в целом или его элемента приводит к восприятию определенных типов строения. Строение одного и того же типа предполагает филогенетическое сходство, если нельзя доказать (а зачастую это сделать легко), что это сходство "ложное", т. е. достигнутое принципиально разными способами. Такое ложное сходство крайне редко, а число задействованных признаков невелико; так и должно быть, поскольку такое "совпадение" обусловлено математикой случайного. Ложные различия также встречаются (и также редко), то есть при анализе видно, что разительное различие между одним типом и другим связано с простым и коротким процессом эволюции в необычном направлении. Если мы не считаем, что те или иные сходства и различия в строении не являются результатом случайности или крупных адаптационных модификаций, но могут быть классифицированы в соответствии с их филогенетическим смыслом, все горизонтальные роды оказываются искусственными группировками, имеющими некоторое практическое применение для коллекционеров (например, всех маленьких синих бабочек с основанными задними крыльями и пунктирными нижними сторонами удобно объединять в один "род"), но не представляющими научной ценности. Это подводит нас к вопросу о том, не отражает ли классификация на основе гениталий естественные отношения лучше, чем другие принципы. Думаю, ответ — "да"» [NB: 354; NNP: 4].

мер *Plebejus idas sublivens* Nabokov [Zimmer 2001: 77], — с тем же
успехом можно сказать, что он стал первым человеком, который
отчетливо рассмотрел этих бабочек. Он также индуктивно предположил, что существует «магический треугольник», сформиро-
ванный тремя осями панциря, тем самым создав эвристический
инструмент, позволивший ему сравнивать множество похожих,
но слегка различных между собой аппаратов, которые он изучал
[Pyle 1999: 44]; ср. [NMGL: 108] (рис. 2).

Еще одним важным компонентом для определения видовых
различий Набокову служило заднее крыло бабочки; оно породило новый взгляд на материал: узоры на крыльях состоят из сотен
тысяч отдельных чешуек, выложенных правильными рядами,
которые можно зафиксировать и описать. В результате Набоков
смог построить описание различий между чертами узоров крыла
(например, пятна — точки — полоски) на уровне координат,
с точностью, какой раньше и представить было невозможно.
Таким образом, применив эти два простых принципа на недося-
гаемом ранее уровне точности, Набоков в своей области исследования (подсемейство *Plebejinae*) сделал значительный шаг
вперед в классификации бабочек. По словам К. Джонсона, его
методы и интерпретация данных опередили свое время и были
даже дерзкими: они открыли глубинные явления, выдержавшие
натиск научно-технического прогресса в последующие несколько десятков лет, что превзошло даже собственные ожидания
Набокова[7].

Набоковское повышенное внимание к форме или к тому, что
он называл «морфологическим моментом», очень показательно. В отличие от «биологического» критерия внутривидового

---

[7] «Этот труд пребудет важным и незаменимым лет 25, после чего кто-нибудь
докажет, как я ошибался здесь и там. Вот в чем разница между наукой
и искусством». Это замечание из письма Э. Уилсону от 11 октября 1944 года
[ДПДВ: 202] относится к статье «Заметка о морфологии рода *Lycaeides* (*Lycaenidae, Lepidoptera*)», которая, будучи «интригующе современной» [Johnson,
Coates 1999: 47], все же менее масштабна, чем «Неарктические представители рода *Lycaeides Hübner*» или полностью революционные обширные «Записки о неотропических *Plebejinae*» [Там же: 22–23].

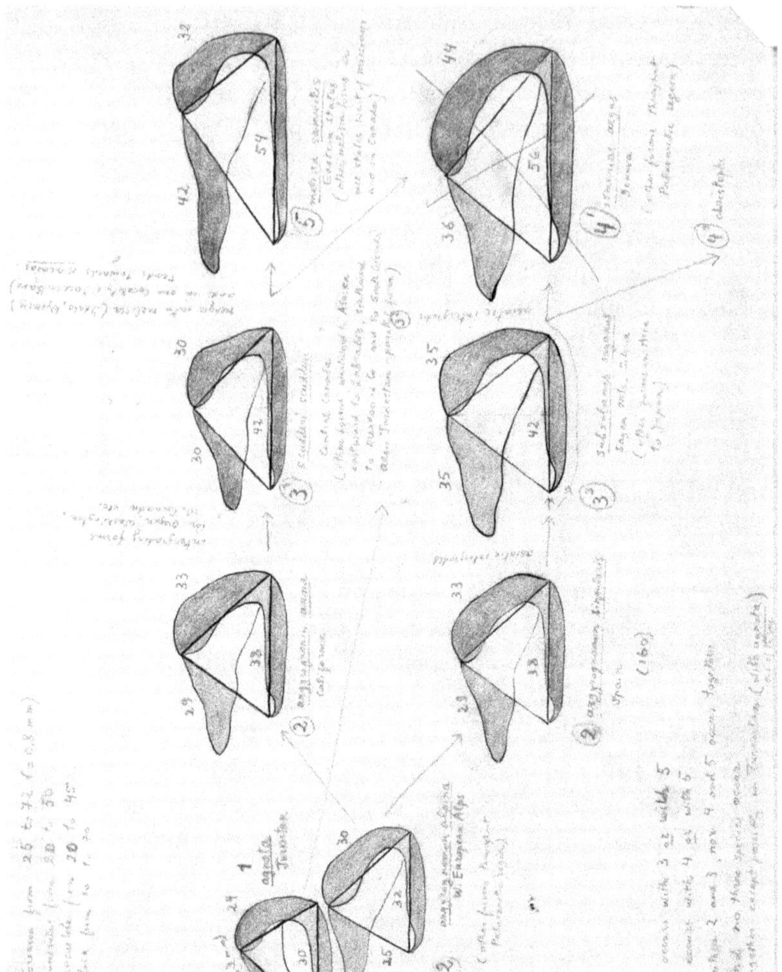

Рис. 2. «Магические треугольники»: рисунок, на котором показаны вариации треугольников, обнаруженные у видов рода *Lycaeides Hübner*. (Источник: Архив английской и американской литературы Г. В. и А. А. Бергов, Нью-Йоркская публичная библиотека: фонды Астор, Ленокс и Тилден.)

скрещивания, знание морфологии требует исследований под микроскопом, внимания к мельчайшим деталям и сравнения различных фактов. (Даже в наши дни анализ ДНК не вытеснил морфологию как критерий определения отдельных видов[8].) Иными словами, оно включает больше эмпирических сведений, чем требуется для рассуждений на тему, могут ли две особи в теории или на практике произвести на свет фертильное потомство. Кроме того, этот метод, разумеется, более практичен, потому что животных проще препарировать, чем пронаблюдать в процессе спаривания. А в тех случаях, когда спаривающиеся особи невозможно обнаружить, потому что, например, спаривание происходит только в чаще леса, морфологический подход препятствует произвольности и спекуляциям, он опирается на конкретные данные. (Набоков, как и другие биологи, допускал вопрос о скрещивании, но только *после* того, как морфологические выводы давали результаты.) Морфологические черты сами по себе поддаются одному из отличительных свойств человеческого разума: способности собирать и систематизировать постижимые детали. Эти детали, в свою очередь, могут быть восприняты и взаимосвязаны по-разному, обеспечивая исследователя разветвленной сетью данных. В результате знание ученого о том, что такое биологический вид, и расширяется, и углубляется. Оно включает в себя определенный эстетический (качественный) элемент, напрямую связанный с остротой чувств и восприимчивостью ученого: умение видеть дальше простого накопления измерений (как, например, в случае «магического треугольника»).

Еще одним результатом пристального внимания к морфологии стал сам материал, увиденный под микроскопом и описанный Набоковым. Он говорит о колоссальной изменчивости форм, даже в пределах одного вида. Набоков описывает колебания в размерах органов и элементах окраски крыльев, как если бы вариации внутри вида или подвида и интерградации представляли основной объект научного интереса. Суть послед-

---

8 Виктор Фет, в личной беседе, см. также [Johnson, Coates 1999: 53].

ней крупной работы Набокова по лепидоптерологии, «Неарктические представители рода *Lycaeides Hübner*», состоит в следующем: «На сегодняшний день я предполагаю, что вид *argyrognomon*
в Северной Америке представлен десятью полиморфными
промежуточными подвидами, которые можно сгруппировать
в три географических отряда», а «другой вид, *melissa*, включает
западную неарктическую группу четырех полиморфных промежуточных подвидов и… мономорфный изолированный во-
сточный неарктический подвид (*samuelis*)» [NMGLH: 482]. Сами
вариации влекут за собой рассуждения о сходных чертах
у разных видов или подвидов, и, похоже, особый восторг Набоков испытывает, когда ему удается обнаружить то, что представляется демонстрацией непрерывной изменчивости, охватывающей целую группу видов, с сохранением всех промежуточных
форм, и, таким образом, создает подобие природы в потоке
времени: «К югу и востоку от Аляски *alaskensis* незаметно превращается в *scudderi*, нежная пятнистость испода отчетливее
проступает на сероватом или беловатом фоне, и у самок верхняя
поверхность становится ярко-голубой с более или менее разви-
тым ореолом» [Там же: 504]. Больше всего Набокова заворажи-
вает ход самого изменения, текучее движение вариаций видов.
Он пишет о том, как одно насекомое «превращается» в другое,
словно подобная метаморфоза и вправду происходит, когда
бабочка пересекает конкретную географическую границу. Его
изображение промежуточных видов также представляет собой
своеобразную игру с участием времени, пространства и развития жизни. Мы представляем себе череду форм, которые как
будто развиваются хронологически, с течением времени пере-
ходя из одной крайности в другую, — по сути, они могли
и вправду развиваться именно так, хотя Набоков говорит
о синхронно существующих биологических видах, а не о предполагаемой эволюционной последовательности. Набоков подчеркивает, как опасны подобные метафоры, порождающие
иллюзию, будто тайна времени может быть постигнута через
изменчивость в пространстве: «Разумеется, эта схема — не
филогенетическое древо, но лишь его тень на плоскости, по-

сколько временну́ю последовательность на самом деле невозможно проследить в синхронных рядах. Однако кое-что можно утверждать наверняка: то, что *scudderi* в своем подлинном строении находится где-то на полпути между *argyrognomon* и *melissa*...» [NB: 280]. Эти интерградации — почти как смена кадров в фильме — между формами *живых* организмов становятся символом жизненных процессов в их непрерывности, невзирая на наши попытки описать их как отдельные виды.

Традиционное описание видов, основанное на их обособленности, напротив, ведет к обманчиво статичной картине природы. Узнав, что Н. Я. Кузнецов отрицает *реальное* существование видов, Набоков написал:

> ...если [виды] в самом деле существуют, то существуют таксономически как отвлеченные концепции, мумифицированные идеи, в отрыве и не подвергаясь влиянию непрерывной эволюции восприятия сведений, и какая-нибудь историческая стадия этой эволюции могла когда-то наделить их эфемерным смыслом. Принять их как логическую реальность в классификации было бы все равно, что рассматривать путешествие лишь как череду привалов [NB: 302][9].

Иными словами, биологический вид активен во времени, подвижен; Набоков стремился воспринимать виды как единое целое, в полном контексте их воображаемого эволюционного развития и взаимосвязей. И хотя его обязанностью и страстью были описание и классификация видов, он также имел в виду и передавал яркое ощущение текучести и изменчивости природы, ее живую эфемерность. Таким образом, научные труды Набокова никогда не закостеневали в виде перечня измерений, но скорее всегда стремились в полном масштабе показать движение природы. В своих статьях он подчеркивает активность, плодотворность природы; эволюция форм (узоров на крыльях, репродуктивных систем), сжатая во времени, словно увиденная глазами рассказ-

---

[9] Эта метафора, по-видимому, продиктована интересом Набокова к концепции времени А. Бергсона.

чиков в романе «Прозрачные вещи»[10], становится чувственно воспринимаемым движением самой жизни.

Набоков отмечает, что «широкой публике» в страстном изучении бабочек всегда виделось нечто нелепое и даже несколько непристойное[11]. Детская зачарованность бабочками и мотыльками (которые на европейской родине Набокова представлены разнообразнее, чем на востоке США)[12] и даже более зрелый научный интерес к чешуекрылым кажутся вполне естественными. Однако одержимость бабочками, со временем пришедшая к Набокову, сообщает нам нечто важное о нем и о его отношениях с природой и, кроме того, влечет за собой важные последствия. Прежде всего мы понимаем, что Набоков непосредственно откликался на буйство природы, окружавшей фамильное поместье

---

[10] Рассказчики в «Прозрачных вещах» обладают четырехмерным зрением: они видят в предмете полную историю всех его составных частей, а также его реальное состояние в данный момент. Ср. описание научной эпистемологии Гёте Д. Л. Сеппером: «Чтобы понять природу и мир, мы должны достичь перспективы, с которой можем воспринимать все таким, каким оно было и есть: позиция Линкея из второй части "Фауста"» [Sepper 1987: 189].

[11] В воспоминаниях Набоков подробно описывает восприятие обычных людей, даже не замечающих бабочек или мотыльков, в частности, их реакцию на «странность» энтузиаста с сачком [ССАП 5: 426; ССРП 5: 227]. В своем экземпляре «Книги о бабочках» У. Дж. Холланда [Holland 1931] Набоков подчеркнул строки, где Холланд приводит анекдотический случай, когда встречный фермер «конечно же, воззрился на энтомолога так, словно тот только что сбежал из сумасшедшего дома» ([Holland 1931: 113]; Berg Coll.). Набоков вносит и свою лепту в истории об энтомологах: «...чем старше человек, тем страннее он выглядит с ловчей сеткой в руках. Угрюмые фермеры указывали мне на знак "удить воспрещается"; из проносившихся по шоссе автомобилей доносился издевательский рев; сонные собаки, равнодушные к зловоннейшему бродяге, настораживались и, рыча, шли на меня; малютки показывали меня, тыча пальчиками, своим озадаченным мамам; отличающиеся широтою взглядов туристы хотели знать, не ловлю ли я жучков для насадки; и однажды утром, в пустыне близ Санта-Фе, среди высоких юкк в цвету, за мною шла более мили огромная вороная кобыла» [ССАП 5: 427].

[12] «Малочисленность настоящих бабочек на востоке Соединенных Штатов не имеет себе равных в любой другой области такого же размера в умеренной части голарктической территории» [NNP: 46n3].

в Выре[13]. Увлечение, начавшееся в семилетнем возрасте с ловли и коллекционирования бабочек, вскоре превратилось в их изучение и поглощение информации из различных справочников. Об отношении Набокова к бабочкам мы узнаем из описания детства Федора в «Отцовских бабочках» (где Федор называет себя le curieux[14]), а также из воспоминаний. Здесь мы также видим сплав разных аспектов сознания, собранных воедино и направленных на восприятие природного объекта. У тех, кто не собирает и никогда не собирал бабочек и не был даже любителем-лепидоптерологом, возникает вопрос: почему Набоков был так очарован этими насекомыми? Понятно, что бабочек обычно любят за присущие многим из них красоту и яркость, но этого недостаточно — и многие из любимиц Набокова вовсе не цепляют взгляд. Зная о других пристрастиях Набокова, можно предположить, что его притягивала замысловатость строения, великое разнообразие форм и очевидная изощренность (не говоря уже о соблазне первым увидеть, постичь и назвать явление природы). Эта страсть привела к тому, что Набоков посвятил всю жизнь попыткам проникнуть в потайные механизмы природы, — и его преданность делу, бесспорно, подогревалась и подпитывалась восприимчивостью к уникальным и сложным деталям во всех областях жизни. Важно и то, что бабочки и мотыльки в своем огромном разнообразии представляют природу в самом динамичном ее выражении. Богатство форм, адаптаций и приспособлений — более чем 160 000 видов [Johnson, Coates 1999: 38][15] — предоставило в прямое распоряжение Набокова весь природный мир в потоке движения, и он с детства видел в мимикрии и подобных явлениях символ особых, таинственных сил, которые стоят за буйством природы. Позже, за годы профессиональной научной деятельности, Набоков узнает, что разнообразие и его сложные нюансы еще масштабнее, чем он мог представить в юности.

---

[13] См., например, описание у Б. Бойда [Бойд 2010а: 58–59].

[14] Букв. фр. — «любопытный»; здесь — любитель, собиратель. — *Примеч. ред.*

[15] К. Джонсон и С. Коутс также отмечают, что этот показатель не самый высокий среди членистоногих: подобная честь принадлежит жукам.

Знакомство с множеством видов чешуекрылых привело к тому, что Набоков остро осознал созидательную силу природы и отчетливо понял, что жизнь эволюционирует. Как известно, теория эволюции и естественного отбора Дарвина уже была признана, хотя во времена юности Набокова она подвергалась существенным сомнениям, уточнениям и проверкам. Его пресловутое отвращение к теории Дарвина изрядно преувеличивалось многими авторами, и даже самим Набоковым. У этой антипатии было несколько причин, однако самая важная коренилась в том, что популяризованная теория подчеркивала *полезность для выживания* как главный, а возможно, и единственный определяющий фактор эволюционного сохранения того или иного свойства. По историческим и философским причинам, упомянутым во введении к этой книге, Набоков отрицал идею, будто главным определяющим фактором чего бы то ни было служит утилитарность. (Некоторые из этих причин, возможно, связаны с пародийным пониманием дарвинизма, которое у Толстого демонстрирует в своем финальном трагическом внутреннем монологе Анна Каренина: «...борьба за существование и ненависть — одно, что связывает людей» [Толстой ПСС 19: 342][16].) Естественный отбор в понимании Набокова противоречил его либерально-идеалистическим предпочтениям и сильнейшему неприятию материалистических объяснений любых явлений, — неприятию, которое, безусловно, усугубилось победой материализма после большевистской революции. Независимо от того, была ли теория естественного отбора до конца материалистической, Набоков отчетливо понимал, что мыслители-материалисты неизбежно обратят ее в свою пользу, сделав частью «диалектического материализма»[17].

---

[16] О возможном интересе Набокова к этому «побочному продукту» дарвинизма см. также [Blackwell 1998: 36–39].

[17] Примечательно, однако, что Н. Г. Чернышевский, ведущий русский мыслитель-материалист периода 1850–1880 годов, написал статью, резко критикующую теорию Дарвина, которая возмутила его тем, что «вредное» (страдания, война, голод) может обернуться «полезным» (прогрессом, эволюционными «улучшениями»). Статья «Происхождение теории благотворности борьбы за жизнь (Предисловие к некоторым трактатам по ботанике, зооло-

Он придерживался либеральных (кантианских) воззрений, согласно которым личность есть самоцель, и, судя по всему, расширил эту идею, сделав ее применимой к природным явлениям (правда, ограниченно применимой: образцы биологических видов — например, бабочек — можно ловить во имя научного познания, а само это познание входит в развитие природы). Набоков считал, что подчинить объект (или субъект) системе «борьбы за существование» означает свести его к «утилитарности» и отрицать его основополагающую ценность как самоцели, как неотъемлемой части природы «в целом» или как объекта сознания. Второй недостаток теории Дарвина, с точки зрения Набокова, заключался в том, что она придает больше значения процессу разрушения, чем процессу созидания[18].

Итак, хотя Набоков и принимал эволюцию как «модальную формулу»[19], он отвергал материалистическую подоплеку той

гии и наукам о человеческой жизни)» была опубликована под псевдонимом «Старый трансформист» в 1888 году, в журнале «Русская мысль» (№ IX. Разд. 2. С. 79–114). По-видимому, Чернышевский предпочел бы более «гегельянскую» версию естественного прогресса; в статье он превозносит Ламарка. Советский журнал «Под знаменем марксизма» опубликовал в 1920-е годы несколько статей, в которых дарвинизм соотносился с диалектикой истории. См. также [Vucinich 1988].

[18] С. Дж. Гулд называет это «стандартным аргументом против естественного отбора» [Gould 2002: 359n]. Он в разных видах проявляется в трудах У. Джеймса, Ч. С. Пирса, А. Бергсона и, что важно, у почитаемого Набоковым Н. А. Холодковского. Хотя, по словам А. Вучинича, Холодковский был против телеологии, неовитализма и метафизики в биологии, он, тем не менее, не советовал считать естественный отбор «единственным или *почти единственным* фактором такого сложного явления, как органическое развитие» (курсив мой. — *С. Б.*) [Холодковский 1923: 138]. Согласно Холодковскому, главная слабость естественного отбора состояла «в отсутствии объяснения самого *возникновения* первичных вариаций, подлежащих естественному подбору» [Там же: 136]. Этот аргумент на самом деле не противоречит Дарвину, а просто меняет риторический акцент. А. Вейсман возражал против подобной точки зрения, утверждая, что, хотя «отбор не может создавать, а только отвергает... именно через это отрицание утверждается его творческая эффективность» [Weissmann 1896: 250].

[19] «Принимая эволюцию как модальную формулу, я не удовлетворен ни одной из выдвинутых гипотез относительно того, как она работает» [NB: 356]; ср. [NNP: 2].

формы теории, в какой она была широко известна многие годы
до его собственных эмпирических исследований. Любопытно,
что в своих *профессиональных* научных трудах он не предложил
никакого иного метода развития видов, хотя выдвигал теорию
видообразования в не опубликованном при его жизни втором
дополнении к «Дару», «Отцовских бабочках». По крайней мере
в середине 1940-х годов Набоков разделял с героем «Дара» убеждение, что природа в своих формах слишком созидательна
и подробна и, похоже, слишком хорошо согласуется с определен-
ными потребностями и причудами человеческого сознания,
чтобы ее можно было свести лишь к системе, основанной на
случае и борьбе. И Набоков, и придуманный им исследователь
Годунов-Чердынцев сосредотачиваются на мимикрии (и, шире,
на подражательном сходстве) как на главном примере избытка
созидательности в природе, доступного, скорее всего, лишь человеческому глазу. (С тех пор было доказано, что многие хищни-
ки наделены очень острым зрением, по крайней мере когда дело
касается добычи, поэтому данный аргумент Набокова уже устарел
[Johnson 2001: 38–55].)

Безотносительно к истинности этого утверждения имеет смысл
рассмотреть, что именно оно сообщает нам о набоковском подходе к природе. Аргументация развернуто изложена в «Отцовских
бабочках», художественном произведении, которое, тем не менее,
во многом пересекается с набоковскими нехудожественными
замечаниями о мимикрии. В большинстве случаев пассажи,
описывающие необычайные или даже неправдоподобные примеры искусной мимикрии, связаны с идеей моделирования
в природе и даже в человеческой жизни, а также с взаимоотно-
шением между подобным моделированием и способностью человеческого сознания к восприятию:

> Иные причуды природы могут быть не то что оценены,
> а даже просто замечены только родственно-развитым
> умом, причем смысл этих причуд только и может состоять
> в том, что — как шифр или семейная шутка — они доступ-

ны лишь посвященному, т.е. человеческому уму и другого назначения не имеют, кроме того, чтобы доставить ему удовольствие [ВДД][20].

Иногда эти узоры и построения связаны с представлением о создателе узоров, что подразумевает некий вариант креационизма. Однако следует соблюдать осторожность и не воспринимать отдающие метафизикой предположения в набоковской прозе как прямое выражение его мировоззрения или псевдонаучной теории. В конце концов, Федор предупреждает нас, что «все это пока что лишь приблизительный образ, как было бы лишь иносказанием, если бы мы стали утверждать, что первое разделение всех земных экземпляров на две группы произошло, как разъединение двух половин под влиянием силы центробежной» [ВДД]. Может показаться, что эти «чудеса» природы или жизни и впрямь намекают на присутствие верховного творца; на самом же деле эта возникающая у нас иллюзия служит, как продемонстрировал Кант, лишь неотъемлемой частью восприятия мира человеком[21]. Примеры неутилитарной мимикрии — или любых других неутилитарных явлений природы — пробивают брешь в объяснительной силе теории естественного отбора. Они служат или могли бы послужить особенно яркими образчиками подобных лакун[22]. Коротко говоря, они были необходимы Набокову,

---

[20] Эта формулировка перекликается с утверждением Р. У. Эмерсона (в проповеди на сходные темы) о том, что «Вселенная... приспособлена для того, чтобы доставлять нам удовольствие». Проповедь была впервые опубликована в 1938 году [Emerson 1938]. Л. Д. Уоллс предполагает, что проповедь Эмерсона, по сути, была отголоском идей Р. Кедворта из книги «Истинная интеллектуальная система Вселенной» (1678). Точно неизвестно, был ли доступен Набокову какой-либо из этих текстов в 1939 году, но они сулят благодатную почву для сравнительного исследования, см. [Walls 2003: 47]. Как я покажу далее в этой главе, есть все основания подозревать, что Набоков читал и думал об Эмерсоне, когда писал «Дар» и «Отцовские бабочки».

[21] См., например, [Кант 1994: 271–283].

[22] Некоторые из любимых Набоковым примеров подобной мимикрии: род *Kallima*, в котором есть несколько бабочек, имитирующих мертвые листья; выдуманное или неправильно понятое существо, гусеница которого якобы имитирует корень ревеня — или наоборот. См [Zimmer 2001: 171]; сочащие-

чтобы показать, что природа не просто механична и ведома причинно-следственными связями. Набоков считал, что рядом с конкуренцией и отбором, или даже над ними, за природой непременно должна стоять иная сила — та, что в первую очередь движет развитием жизни и ее хитросплетений.

Скепсис Набокова по отношению к естественному отбору определялся не только мировоззрением: у него имелись и научные обоснования, которые разделяли другие биологи в десятилетия, предшествовавшие трудам Набокова[23]. Даже великий русский энтомолог (и переводчик Гёте) Н. А. Холодковский, представляя себе, сколько еще неизвестного или неясного таит под своим покровом природа, писал: «Естественный подбор есть, собственно, фактор контролирующий, выбирающий, но не творческий: он, так сказать, печется о целесообразности происходящих в организмах изменений, но сам этих изменений не создает» [Холодковский 1923: 135]. Поэтому, когда Набоков устами Годунова-Чердынцева излагает свой взгляд на эволюцию как диверсификацию жизни, он сосредотачивается не на силах, которые управляют уничтожением видов, но, скорее, на тех, что управляют порождением новых форм. В художественной форме он излагает теорию «сферической классификации», согласно которой формы жизни возникают подобными пузырям группами из некоего неведомого творящего источника, стоящего за всей природой, — «ветра», который «оживляет... этот бал планет» [ВДД][24].

ся пупырчатые пятна на крыльях бабочек «Калиго» (*Brassolinae*; см. [Zimmer 2001: 117, 127; ССАП 5: 420; ЛЗЛ: 459]) и звездчатых большехоботников *Sphingidae*: последних ни Набоков, ни другие ученые не считают настоящими «мимами» (подражателями).

[23] Конкурирующие постдарвиновские теории эволюции были предложены многими учеными, в том числе А. Хайатом (1880), У. Бейтсоном (1894), Т. Эймером (1888), Х. де Фризом (1910), Л. С. Бергом (1922) и Р. Гольдшмидтом (1939). См. [Gould 2002: 351–466; Johnson 2001 II: 11–33].

[24] В. Александер отметила, что такие сферические образы уходят корнями в немецкий трансцендентализм, особенно в творчество К. Г. Каруса (см. Nabokv-L, 27 октября 2001 года). Кроме того, сферическую концепцию описания видов выдвигает Ф. Шеллинг в «Первом наброске системы натурфилософии» (1799). С. Дж. Гулд также упоминает Ф. Дженкина и Ж.-Ж. Вирея как сторонников сферических моделей [Gould 2002: 147, 219, 297].

Этому процессу, описанному Набоковым, присущи некоторые черты самоусиления (положительной обратной связи), что способствует его развитию и повышает его сложность. Примечательно, что Набоков не отрицает естественного отбора во всех его формах, но категорически отказывается отводить ему главную роль в истории, которая, по мнению Набокова, на самом деле рассказывает о генерации бесконечного природного разнообразия и о сознании как таковом. Тот факт, что природа, жизнь и сознание, судя по всему, переплетены и взаимно усиливают друг друга, порождает картину мира, в которой мир должен постигаться как единое целое. Она не научна в ньютоновском смысле: в воззрениях Набокова количественный анализ всегда вторичен по отношению к качественному [RML: 76]. Такая картина мира не поддается количественным подсчетам, потому что не разбирает изучаемый объект (природу, или вселенную, воспринимаемую сознанием), но, скорее, пытается охватить его взглядом и понять как единое целое. Важно, что именно такой подход к природе исповедовал Гёте, к которому мы обратимся в следующей главе[25].

Механизм vs сущность

Чтобы понять, чем научная мысль и практика Набокова отличались от основного русла науки, важно прежде всего увидеть разницу между изучением механизма и изучением сущности. Эта разница завораживала и Гёте, и он (возможно, первым среди ученых Нового времени) усомнился в правомерности ньютоновской сосредоточенности на механическом анализе природных явлений и его основном орудии — математике. Преобладающая форма научного исследования основана на механических допу-

---

[25] Этот подход был характерен и для В. И. Вернадского, геохимика и ученого-универсалиста, автора книги «Биосфера» [Вернадский 1926], а также исследования научных воззрений Гёте «Мысли и замечания о Гёте как натуралисте» [Вернадский 1981: 242–289].

щениях, на знании о том, что причинность — это эффективная эвристика, позволяющая проанализировать и понять все природные явления, происходящие на уровне повседневности, то есть на уровне, который хорошо сопрягается с классической ньютоновской физикой. До некоторой степени в эту модель вписываются даже квантовые и релятивистские явления, с оговоркой, что они представляют крайние случаи, где математическая истина отходит от фикции физической видимости. Однако современная культура научного познания, которая объясняет почти всю научную работу, по необходимости обходит вопросы, касающиеся изначального происхождения, причин или сущности тех материалов и характера изменений, которые исследует наука. Поскольку для ученого причинность представляет собой закрытую систему (за исключением отдельных спорных моментов квантовой теории и, возможно, черной дыры), вписать в объяснительную модель иные единицы, кроме звеньев причинно-следственной цепи, трудно или вообще невозможно. Такие единицы могут включать идеи, выходящие за рамки типичного причинного фактора, — например, диахроническое восприятие данной линии эволюции; идеи о формах или конфигурациях во вселенной или в живой природе; хитросплетения человеческого разума, восприятия и психологии. Все эти явления имеют отношение к недавно вошедшей в обиход теории *эмерджентности* — появления сложных форм, структур и систем, которые невозможно предугадать, опираясь на известные причинные законы и доступные данные. Факультативно можно обнаружить закономерности и в разрывах видимой причинности, если только признать возможность таких разрывов. Внутри ньютоновской системы они по определению будут рассматриваться как ересь по отношению к самой системе, и в итоге эксперимент, который не дает убедительного результата, связанного с механическими эффектами, попросту считается неудавшимся, а его результаты отвергаются[26].

---

[26] Классический пример этого явления можно найти в экспериментах Р. Милликена с зарядом электрона. См. [Holton 1978: 25–83; Фейнман 2019; Franklin 1981].

Так, если взять в качестве примера естественный отбор, Дарвин неоднократно упоминает, что его теория неспособна сделать какие бы то ни было заявления, касающиеся *причин* изменчивости видов или причин происхождения самой жизни[27]. Его исследование рассматривает только взаимодействие между живым организмом и его средой, утверждая, что между факторами внешней среды и развитием живых существ существуют причинные отношения. Интерес Дарвина сосредоточен на великом разнообразии существующих форм и их эволюции из более ранних, сходных форм как результате взаимодействия с внешней средой или ее давления. Но Дарвин откровенно не интересуется идеей самой формы и закономерностями, таящимися в соотношениях между частями организма, как не заинтересован он и в более глобальных вопросах о том, что движет потоком природных форм. Набоков интересовался большей частью этих вопросов, и его научные труды это доказывают.

Если мы посмотрим на самые значимые исследовательские статьи Набокова, то увидим, что особое внимание он уделял именно тому, каким образом виды соотносятся друг с другом. В этих работах он руководствовался главным образом формой, или морфологией, которую считал важнее способности к биологическому воспроизведению[28]. В статье 1944 года о роде *Lycaeides* Набоков — подчеркнуто в противоположность своему выдуманному ученому — отчетливо демонстрирует, что предпочитает эволюцию и морфологию генитальных структур как маркеры взаимосвязанности в пределах рода, вида и подвида. Это пред-

---

[27] Помимо различных опровержений в «Происхождении видов», в 1863 году Дарвин в письме Дж. Хукеру написал: «...сущий вздор — рассуждать сейчас о происхождении жизни; с тем же успехом можно было бы рассуждать о происхождении материи» (цит. по: [Merz 1965: 406n]).

[28] «Строго биологическое значение, которое отдельные современные зоологи насильно приписывают этому конкретному понятию, искалечило последнее, отодвинув морфологический момент на второстепенное или еще более незначительное место, при этом использовались такие термины, как "потенциальное скрещивание", что могло бы иметь смысл только в том случае, если предполагался первоначальный морфологический подход» [NNP: 3].

почтение обусловлено набоковским пониманием естественного отбора и его воздействия на внешние формы; в «Заметках о неотропических *Plebejinae*» Набоков пишет: «Адаптация к окружению, климату, широте и т. п., и следующий из этого "естественный отбор" в простейшем смысле, разумеется, не оказали никакого прямого воздействия на формирование генитальной структуры, и нам ничего не известно о физиологических процессах, вылившихся в плане строения в это тщательно вылепленное устройство. <...> Отсюда следует уверенность, что там, где есть повторение сходных генитальных черт, определенно существует некая филогенетическая связь; кроме того, некоторые группировки — новые роды, к которым мы теперь должны обратиться, — можно разработать так, чтобы они отражали природную взаимосвязь и родство видов» [NNP: 6]. Таким образом, генитальные формы демонстрируют часть организма насекомого, которая защищена от естественного отбора в «простейшем» смысле и, тем не менее, изменяется и эволюционирует. Даже в этих мельчайших структурах Набоков сумел дифференцировать части, которые больше и меньше «подвержены» морфологической изменчивости:

Я рассматриваю эволюцию *Lycaeides* как двоякий процесс роста: 1. как общий рост, затрагивающий мужскую генитальную структуру целиком, так что абсолютный размер крючковидного отростка (независимо от размера крыльев) в его общей градации от самых примитивных структур (F + + H + U = ок. 0,9 мм) до самых специализированных (F + + H + U = ок. 1,8 мм) на максимальном пределе развития удваивается; 2. как индивидуальный рост — процесс, воздействующий на соотношение частей F, H и U, причем на одну интенсивнее, чем на другую, в то время как последняя, как правило, нагоняет первую, на определенной стадии приводя к стабильности и равновесию, которые в конечном итоге снова нарушаются неравномерным ростом... Есть также разница в ритме индивидуального роста; и поскольку на протяжении общего процесса появляются (голарктически) слаборазвитые побочные продукты, сокращение абсолютного размера организма синхронизируется здесь с редукцией размера крыльев [NMGL: 110].

Строение, если рассматривать его на различных примерах внутри вида, дает визуальное представление о ритмичном движении эволюции в области, на которую меньше всего воздействуют факторы окружающей среды. Набоков выделяет внутри рода десять «пиков видообразования» и до 120 подформ, которые «собираются вокруг основного пика» (рис. 3). Здесь мы видим, как он пытается сформулировать вневременное ощущение перемен в организме, которое, в свою очередь, определяет сущность того, что составляет вид или род. Отличие Набокова от других таксономистов в том, что он старается понять и определить этот подвижный аспект сущности вида или рода, предлагая читателю представить поток мутаций, перетекающих одна в другую по мере развития вида. «Но суть природы — рост и движение», как пишет Ван в «Аде» [ССАП 4: 101][29].

В работе, посвященной узорам на крыльях, Набоков аналогичным образом ищет доказательств тому, что существуют силы, управляющие изменениями вида, особенно в распределении пятен и линий на крыльях родственных видов[30]. Именно в этой области он изобрел свою (вызвавшую короткую дискуссию) систему координат по линиям чешуек, чтобы отмечать точное расположение узора на крыльях, тем самым избавив этот научный метод от ряда субъективных огрехов[31]. Однако обратим внимание,

[29] К. Джонсон и С. Коутс отмечают: «Для современных ученых ключевая фраза здесь "этап эволюционной структуры". Набоков, опередив свое время, осознал: то, что ученые изучают в лаборатории, — это всего лишь мгновенный взгляд на постоянно меняющийся, продолжающийся процесс структурных преобразований в живых организмах. <...> Поскольку кладисты в целом вернулись к идее, что виды различаются по физическому строению, — именно к тому моменту, на котором он настаивал и который служил отличительной чертой его метода, точка зрения Набокова звучит поразительно современно» [Johnson, Coates 1999: 338].

[30] Набоков в конце концов решил возразить известному энтомологу Н. Я. Кузнецову, предполагавшему, что рисунок крыла «может быть сведен к некоторому числу поперечных полос (разложен на них, понят как более или менее видоизмененная система)» [Кузнецов 2015: 213].

[31] Ф. М. Браун подверг эту систему критике за неполноту статистического анализа, этого, по сути, нового инструмента, которым Набоков не овладел за годы работы в Гарварде, в Музее сравнительной зоологии [Brown 1950]. Набоков ответил в следующем выпуске журнала: «В конце концов, естествознание ответственно перед философией, а не перед статистикой» [RML: 76].

что в этой области, как и в статье «Заметки о морфологии рода *Lycaeides*», Набоков отходит от обычной практики подробно описывать общепринятый *голотип* (типовой экземпляр вида), предоставляя вместо этого синтетическое описание *диапазона изменчивости*, присущего виду в его *географическом диапазоне*. Приведем фрагмент, где Набоков утверждает, что ритм — определяющая черта политипичных видов:

> «Ритм» обусловлен следующим: если B, L, P представляют внутри одного вида *Lycaeides* определенные комбинации характеристик, проявляющиеся у отдельных подвидов, и если у других видов комбинация L не представлена вовсе, тогда как, с другой стороны, P проявляется не у одного отдельного подвида, но распространена у нескольких, то эти пропуски, разрывы, слияния и синкопированные толчки создают в каждом виде ритм изменчивости, отличающий его от другого [NMGL: 137][32].

Цель Набокова — обнаружить «различия в ритме, масштабе и выражении, совокупность которых в сумме даст синтетический характер одного вида в его отличии от синтетического характера другого» [Там же: 138]. Это тот же «синтетический характер», который, по мнению Набокова, сопровождает виды в их путешествии во времени, — образ, который он применяет к потаенной

---

[32] Обратим также внимание на любопытные замечания о заднем крыле у видов, входящих в род *Lycaeides*: «Его центр по отношению к переднему крылу лежит вне корня последнего в точке, соответствующей основанию переднего крыла на противоположной стороне грудной клетки, т. е. на расстоянии от основания крыла, равном ширине тела в этой точке; центр заднего крыла, однако, расположен в самом основании крыла (основание костальной жилки крыла), поэтому, чтобы две кривизны совпадали, правое заднее крыло должно быть помещено на правое переднее крыло таким образом, чтобы его узлы совпадали с основанием левого переднего крыла (см. иллюстрацию V). В вопросах математики и механики я полный профан, поэтому совершенно неспособен развить некоторые направления мысли, предполагаемые этими любопытными фактами» [Там же: 113].

истории, стоящей за современными формами *Plebejinae* в Новом Свете:

> Двигаясь еще дальше назад во времени, современный таксономист, оседлавший уэллсовскую машину времени, чтобы исследовать кайнозойскую эру в «обратном» направлении, достигнет некой точки — предположительно в раннем миоцене — где сможет еще найти азиатских бабочек, классифицируемых по современным принципам как Lycaenids, однако не сможет отыскать среди них ничего точно входящего в структурную группу, которую он теперь определит как *Plebejinae*. Однако на какой-то точке обратного пути он заметит загадочное затемнение, а затем робкое «проступание» знакомых черт (среди прочих, постепенно исчезающих) и в конце концов найдет в палеарктическом регионе структуры, похожие на *Chilades*, *Aricia* и *Lycaeides* [NNP: 44][33].

Отдельная бабочка, особь — это не просто бабочка: это представитель биологического вида. Однако вид — не статичная единица; скорее, это эфемерное проявление роста и развития природы во времени, и попытка придать зримость ритмической форме, которая характеризует эволюцию вида, — типичный для Набокова подход к науке. Это целостный подход, стремящийся превзойти количественный анализ (хотя в нем могут присутствовать и количественные компоненты, такие как размер различных структурных частей или число и положение чешуек на крыльях). Когда этот метод был применен впервые, Ф. М. Браун подверг его сомнениям, но позже ценность метода подтвердилась тем, что с его помощью стало возможно внести точные поправки в классификации бабочек и мотыльков.

---

[33] Как мы убедились ранее, Набоков понимал, что группа родственных живых видов не представляет идеального исторического развития, «поскольку последовательность во времени на самом деле невыводима из синхронного ряда» [NB: 280].

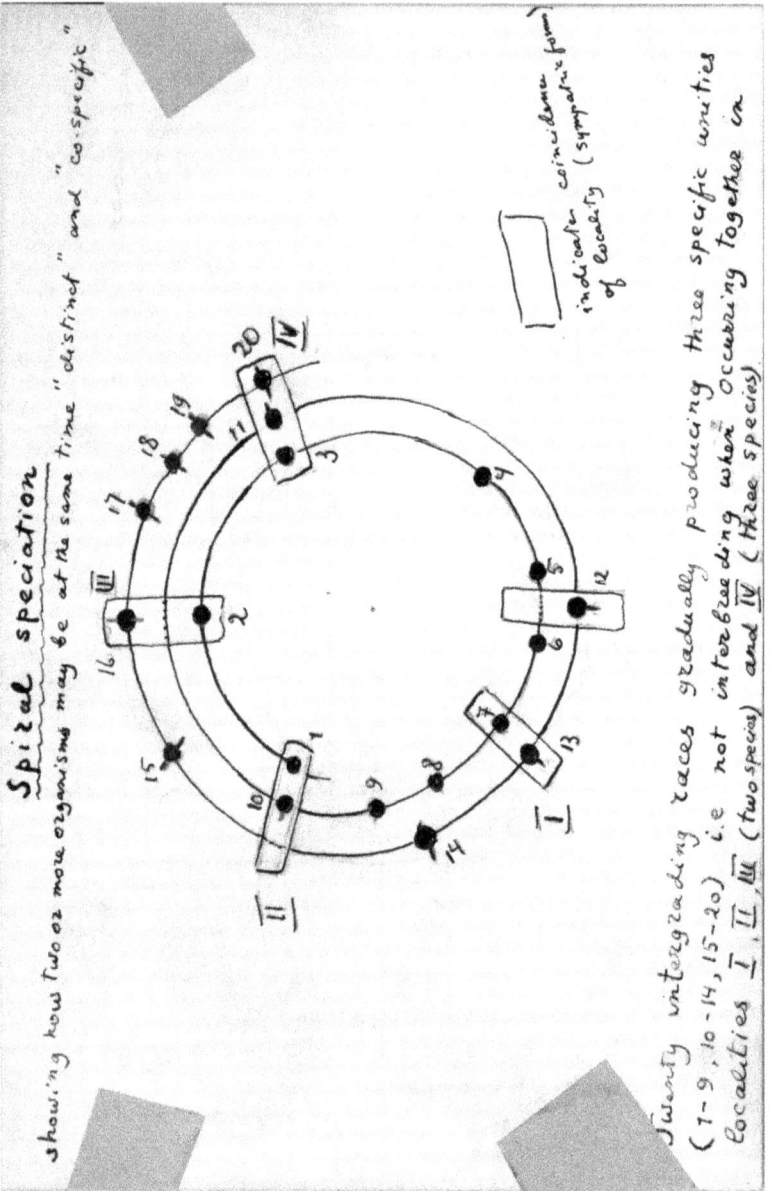

Spiral speciation

showing how two or more organisms may be at the same time "distinct" and "co-specific"

indicate coincidence in locality (sympatric forms of locality)

Twenty intergrading races gradually producing three specific unities (1-9, 10-14, 15-20) i.e. not interbreeding when occurring together in localities I, II, III (two species) and IV (three species)

20 IV
19
18
17
11
III 16
3
4
2
5 12
6
15
1
7 13
10
9 8
II
14 I

Рис. 3. Спиральное видообразование: схема Набокова, показывающая, как отдельный вид может эволюционировать в различных ареалах обитания в формы, которые, по-прежнему принадлежа к одному и тому же виду, не скрещиваются, даже если занимают одну и ту же территорию. (Источник: Архив английской и американской литературы Г. В. и А. А. Бергов, Нью-Йоркская публичная библиотека: фонды Астор, Ленокс и Тилден.)

Мимикрия

Самая известная — или печально известная — часть размышлений Набокова о природе — это его воззрения на мимикрию[34]. В его неформальном словаре слово «мимикрия» употребляется как в узком, классическом смысле (сходство между видами, например явная мимикрия бабочки «Вице-король» под бабочку «Монарх»), так и в более широком, обозначающем «подражательное сходство» или «маскировочную окраску». В его работах мотыльки могут «мимикрировать» под листья или цветы, а гусеницы — под корни (или корни — под гусениц!). Есть захватывающее и четкое различие между тем, как Набоков описывал мимикрию в художественных или мемуарных произведениях, и тем, что он писал как профессиональный лепидоптеролог. Хотя он послал в журнал *Yale Review* статью по мимикрии, регулярно выступал на эту тему в 1942–1943 годах[35] и одно время лелеял мысль написать исчерпывающую работу о мимикрии «с яростным опровержением "natural selection"»[36], среди сохранившихся научных заметок и публикаций Набокова нет никаких следов этого грандиозного замысла. Однако мы отчетливо видим пристальное внимание к примерам сходства между видами — сходства, обычно вызванного случайностью или глубинными силами природы, которые естественный отбор объяснить не в состоянии[37]. Например,

---

[34] О некоторых возможных источниках, повлиявших на набоковское понимание мимикрии, см. [Zimmer 2002].

[35] Письмо Э. Уилсона Набокову, 6 мая 1942, письмо Набокова Э. Уилсону, 30 мая 1942 [ДПДВ: 89, 95]. Набоков также включил вариации на тему этого выступления в свою лекционную поездку на юг Соединенных Штатов в октябре 1942 года, см. [NB: 269, 270].

[36] Письмо М. Алданову от 20 октября 1941 года // Октябрь. 1996. № 1. URL: http://nabokov-lit.ru/nabokov/pisma/letter-1.htm (дата обращения: 10.12.2021).

[37] Одно время Набоков, возможно, склонялся к мысли, что движущей силой мимикрии служит бергсоновский «жизненный порыв» (élan vital), а может быть, даже идеалистическая телеология. В. Александер исследовала взаимосвязь между эмерджентными формами в сложных динамических системах и возникновением видов и мимикрии в природе, сравнив недавние теории с предполагаемыми взглядами Набокова на эволюцию [Alexander 2003].

в заметках 1944 года, предлагая собственный термин «гомопсис» (межродовое сходство внутри семейства), Набоков отграничивает это явление от мимикрии:

> ...миметические формы — это формы, которые могут с одинаковой частотой принадлежать и не принадлежать к разным семействам, и более того, связанные совпадением (на мой взгляд, все еще необъяснимым) между миметической наружностью, миметическим поведением и миметическим местом обитания; совпадение это одинаково не поддается убедительному объяснению как слепыми случайными причинами, так и слепым взаимодействием случайностей, которое называют естественным отбором (даже если защитная ценность миметического сходства и доказана) [NB: 310].

Ложное сходство (отдельные случаи которого могут быть и мимикрией) и ложные различия, скорее всего, крайне редки, и Набоков утверждает, что реальные миметические отношения намного превосходят то их число, которое могли бы породить случайные мутации. Текст и даже заметки к лекциям 1940-х годов, судя по всему, утеряны, и нет никаких свидетельств о том, в чем состояло содержание лекции «Мимикрия в теории и на практике». Что касается выступления в Кембриджском энтомологическом клубе 12 апреля 1943 года, нам известно лишь, что оно отличалось «увлекательной информативностью и четкостью», и за ним последовала «умеренно вдохновляющая дискуссия» [NB: 278]. Хотя Набоков до самого 1952 года не оставлял мысли о том, чтобы написать научный компендиум обо всех формах мимикрии, не сохранилось никаких заметок или документов, которые бы пролили достаточно света на его воззрения этого периода (если только мы не сочтем за них неофициальные антидарвинистские выпады Набокова в мемуарной книге «Убедительное доказательство», вышедшей в 1951 году). К. Джонсон также предположил, что Набоков после 1940-х годов мог в конечном итоге уничтожить свои материалы по мимикрии, возможно, решив, что его аргументы слишком явно опровергнуты эволюционной биологией, шагнувшей за это время вперед [Johnson 2001: 62]. Действительно, странно, что в набоковских бумагах не сохранилось ничего, что позволило бы нам глубже заглянуть в его воззрения на мимикрию — тему, которая так его завораживала! — кроме нескольких абзацев в «Даре», «Отцовских бабочках» и мемуарных книгах; есть еще незначительные следы в его лекциях по литературе. Но случись бумагам сохраниться, Набокову едва ли сыграло бы на руку то, что самые яркие из приведенных им примеров неутилитарной мимикрии были или ошибочными, или вымышленными [Zimmer 2001: 171, 248][38]. Если судить по опубликованным статьям, и впрямь кажется, что Набоков в итоге обрел достаточно мощный источник удивления даже в не миметических формах природы, и этого хватило, чтобы подкреплять его убежденность в том, что естественный отбор действует лишь частично. В центре его личного внимания как ученого стояла созидательная сторона эволюции, порождение природой новых форм, а не отбор как причина победы одной формы над другой, и неутилитарная мимикрия просто обеспечила его особенно яркими примерами подобных исключений. Набоков наверняка знал, что, если он хочет убедить активных биологов в существовании «"бесполезных" упоений» природы [ССАП 5: 421][39], необходимо опираться на более весомые и сложные аргументы. К. Джонсон утверждал, что невозможность доказать ограниченность естественного отбора не заставила бы Набокова «сдаться и отказаться от "магического" воззрения на мир, столь очевидного в его художественных произведениях» [Johnson 2001: 31], как не заставило бы и распространение синтетической теории эволюции. Набоковское магическое чувство природы можно было бы сохранить и подкрепить другими идеями, включая его синтетическое, гётевское ощущение ее изменчивости. Однако во времена Набокова, как и во времена Гёте, это было бы безнадежным делом, если взять

---

[38] У Циммера речь идет, соответственно, о реально существующей бабочке *Hepialus armoricanus Oberthür* и вымышленной *Pseudodemas tschumarae*.

[39] В «Других берегах» эта фраза звучит как «сложное и "бесполезное"»: «...я уже находил в природе то сложное и "бесполезное", которого я позже искал в другом восхитительном обмане — в искусстве» [ССРП 5: 225]. — *Примеч. пер.*

в расчет господствовавшие в научном сообществе воззрения. Хотя в последние 15–20 лет и наблюдается рост интереса к «гётевской» универсалистской науке, в 1940–1950-е годы такого и в помине не было[40].

От науки к художественному тексту

Хотя в «Отцовских бабочках» излагается теория, построенная вымышленным ученым, нам стоит обратить на нее особое внимание как на официальную декларацию идей, которые Набоков обдумывал в годы работы над «Даром» и последовавшего вскоре за тем быстрого переключения на профессиональные занятия лепидоптерологией. Чтобы воспринимать эти идеи Набокова как серьезную, подлинную научную мысль, пусть даже и в области гипотез, нам вовсе не требуется утверждать, что он принимал их все окончательно. Хорошо известно, что воззрения Набокова и Годунова-Чердынцева на мимикрию как на опровержение естественного отбора практически не отличались друг от друга (хотя у вымышленного персонажа есть одно преимущество: он может сослаться на более совершенные и убедительные примеры — которые, как выясняется, так же вымышлены, как и он сам). Тем не менее научный материал в «Отцовских бабочках» дерзок, скрупулезен и связан с реальными злободневными дискуссиями; его содержание основано на подлинном и глубоком знании Набоковым эволюционной теории, лепидоптерологии и природы, а теория видообразования, выдвинутая в этом очерке, обладает собственной оригинальностью и значимостью в том виде, в котором она изложена. В целом очерк помогает нам отчетливее увидеть, как именно Набоков понимал роль научной мысли в подходе к подлинному познанию мира, поскольку в нем самым

---

[40] За очень примечательным исключением русского советского ученого В. И. Вернадского (1863–1945), чьи идеи «универсальной» науки в таких трудах, как «Биосфера», также игнорировались магистральным направлением. См., например, [Bailes 1990].

недвусмысленным способом описана связь между идеалистической философией и идеалистической наукой[41].

Почему Набоков включил в свой очерк такое подробное изложение теории видообразования? И почему это «добавление», возможное приложение к «Дару», а не часть самого романа? Внимательное прочтение текста (и изучение рукописи) показывает, что Набоков работал над этим фрагментом с тем же вниманием, тщанием и основательной подготовкой, с какой трудился над «Жизнью Чернышевского», скандальной книгой Федора, вставленной в текст «Дара». Это не должно нас удивлять: в конце концов, Годунов-Чердынцев-старший выдвигал теорию, призванную упразднить и опровергнуть все предшествующие подходы к эволюции и видообразованию — прежде всего и главным образом естественный отбор, но и другие объяснения тоже. Его «сферическая» теория видов была революционной, непостижимой практически для всех ученых-современников, и тем не менее, исходя из логики этого фрагмента, неоспоримо истинной. Несомненно, Набоков страстно мечтал открыть такую радикальную истину: вспомним «яростное опровержение», которое он готовил как ученый в 1941 году. О значимости и важности теории нам постоянно напоминается с помощью отсылок к революциям в двух других областях науки — астрономии и физике.

Теория видообразования Годунова-Чердынцева носит бескомпромиссно идеалистический характер и начинается с того, что задает системы аналогий, которые подчеркивают ее отличие от материалистических объяснений. Самое главное следствие по-

---

[41] То, что эта глава не была опубликована или включена в текст, не делает ее менее интересной. Набоков так и не воплотил свой план приложить к «Дару» два «добавления» («Круг» и «Отцовские бабочки») по множеству причин, в том числе из-за сложной истории публикации романа: его центральная по смыслу четвертая глава была в 1938 году исключена из публикации в журнале «Современные записки», и Набокову пришлось ждать до 1952 года, чтобы увидеть напечатанным полный вариант романа. Добавление было подготовлено незадолго до начала Второй мировой войны, когда «Дар» еще владел мыслями автора. Но к 1952 году он уже сменил страну и язык и заканчивал работу над «Лолитой».

добного подхода заключается в том, что теория избегает любых упоминаний причинности как движущей силы изменений вида. В своей выжимке Федор поясняет:

> Под «видом» он понимает несуществующий в нашей действительности, но единственный и определенный в идее оригинал существа, который, без конца повторяясь в зеркале природы, образует бесчисленные отражения; каждое из них наш разум, отраженный в том же стекле и свою действительность обретающий только в нем, воспринимает как живую особь данного вида [ВДД][42].

Это отдающее платонизмом вступление — лишь гамбит в риторической стратегии, призванной снова и снова привлекать внимание к тем аспектам идеи видов, которые не поддаются механистическим трактовкам, но существуют — или якобы существуют, — наряду с причинными отношениями. Годунов-Чердынцев не просто умаляет материальность видов, он также, подобно самому Набокову, сосредоточивается на идее изменчивости. Его «сферы» — это идеальные фигуры, выражающие отношения между некоторым числом организмов и общим достоянием; они демонстрируют, и во времени, и в пространстве, как вид занимает развернутое *умозрительное* поле благодаря своему разнооб-

---

[42] В этой метафоре Набоков, возможно, непреднамеренно, выворачивает наизнанку сравнение Ф. Бэкона, согласно которому «бог создал человеческий ум подобным зеркалу, способным отразить всю Вселенную» [Бэкон 1977: 87]. В версии Годунова-Чердынцева разум первичен, а зеркалом служит природа. Эта трансформация могла произойти с помощью Эмерсона: как объясняет Л. Д. Уоллс: «В важной главе [книги Эмерсона "Природа"] "Язык" говорится, что, поскольку мысль была источником природы, "природа — двигатель мысли", и это возвращает нас к Создателю через три ступени — слово, явление и дух: слово есть знак факта, а естественное явление природы служит символом явления духовного. Взаимоотражение вещей и мыслей обеспечивает аналогичные отношения, с помощью которых одно служит средством понимания другого...» [Walls 2003: 110]. См. также: «Отсылка к Бэкону присутствует в заявлении Эмерсона: "Части речи — это метафоры, ибо вся природа является метафорой человеческой души разума. Законы нравственного характера соответствуют законам материи точно так же, как соответствует лицу его отражение в зеркале"» [Там же: 47]; см. [Эмерсон 1977: 190, 195].

разию и вариативности. Вид не статичен и не един; он представляет и выражает некое идеальное содержание, которое превосходит пределы его физических проявлений. Такой подход к сущности вида сосредоточен на его бытии как таковом, его качестве, многообразии, статусе в природе как локализованном во времени, лишь отчасти завершенном воплощении идеи. Предполагается, что за этим целостным и гибким подходом к понятию видов стоит некая идеальная реальность, пусть даже «несуществующая в нашей действительности». Хотя Годунов-Чердынцев и не отрицает механические и причинные взаимоотношения внутри и между биологическими организмами, его теория предполагает, что эта призрачная сущность более фундаментальна и важна — точно так же, как сам Набоков позже сосредоточится на «синтетическом характере» видов. Его идеалистическая модель подразумевает, что даже сама идея вида как собрания связанных и схожих существ должна «развиваться» и что сама по себе *идеальная* эволюция этого явления, совершающаяся за кулисами эмпирической реальности, фундаментальна.

> Как с усложнением мозга происходит умножение понятий, так история природы показывает в отношении образования видов и родов постепенное развитие у природы самого понятия вида и рода. Мы вправе говорить совершенно буквально, в человеческом, мозговом смысле, что природа в течение времени умнеет... Единственная придирка, которая может быть тут сделана, это то, что под «природой» или «духом природы» мы подразумеваем неизвестно что [ВДД].

Этот разговор о видах особенно поражает своим сходством с метафорической трактовкой других аспектов реальности в разных произведениях Набокова. Возможно, это непосредственно связано с интересом Набокова к А. Белому с его схемами стихотворений: в стихах, как обнаруживает Белый, присутствует идеальный узор-негатив, образуемый безударными позициями, нечто вроде графической «тени» стихотворений (рис. 4, 5). Чем сложнее стихотворение, тем богаче его узор, схема. Белый, не только поэт и прозаик, но теоретик символизма, утверждал, что эти узоры каким-то образом связаны с потаенным смыслом произведения (а следовательно, с его идеальным существованием или сущностью). Схемы эти заворожили Набокова еще с юности, и он заполнил множество тетрадей подобными схематическими разборами русской поэзии. Как пишет сам Набоков в «Память, говори», он даже пытался сочинять стихи, *отталкиваясь* от некоторых интересных «теневых» схем — процесс, который, молчаливо подтверждая тезис Белого, особым успехом не увенчался[43].

Эти схемы задают образец, позволяющий предположить, что явление (стихотворение или биологический вид) может существовать и в «реальной», и в «идеальной» фазах. Как можно убедиться, набоковский разговор о видах также включает отсылки к подобным минус-составляющим — «пробелам в окружности рода» или ритмическому чередованию фаз существования и несуществования филогенетической реализации вида — как важной характеристике, помогающей нам понять «реальное» состояние вида относительно его идеальной сущности. Мы вернемся к этим «узорам отсутствия» в главе 6.

Следующий шаг в идеалистическом описании видообразования по Годунову-Чердынцеву — обоснование аналогии между «природой» и разумом как основополагающей. В этом он следует С. Кольриджу и Р. Эмерсону, а также Гёте и немецким романтикам[44].

---

[43] Возможно, за исключением «Большой Медведицы», см. [Бойд 2010a: 182].

[44] Как пишет Л. Уоллс, согласно Эмерсону «человек изучает природу, чтобы изучать разум. То, что "уже существовало в уме как раствор, теперь дало осадок, и этот светлый осадок — мир"» [Walls 2003: 123]. Существует множество косвенных свидетельств того, что Набоков читал Эмерсона, в частности, «Природу», до или во время написания «Дара». Некоторые важнейшие наблюдения, сделанные как Федором, так и его отцом, заметно перекликаются с мыслями из Эмерсона. Самая известная из таких перекличек — «одно свободное сплошное око» [ССРП 4: 484]; ср. «прозрачное глазное яблоко» [Эмерсон 1977: 181–181]; далее в той же главе Федор наслаждается перевернутым видом Груневальда [ССРП 4: 507] (ср. [Эмерсон 1977: 181]), сходный образ, возможно, также заимствованный у Эмерсона, использует и У. Джеймс [James 1981: 847]. Федор думает, что мог бы «раствориться окончательно» [ССРП 4: 510] (у Эмерсона: «Я делаюсь ничем» [Указ. соч.: 182]; а в «Отцовских бабочках» Годунов-Чердынцев упоминает «рифмы» природы — это чрезвычайно редко цитируемая фраза Эмерсона [Emerson 1912: 46]).

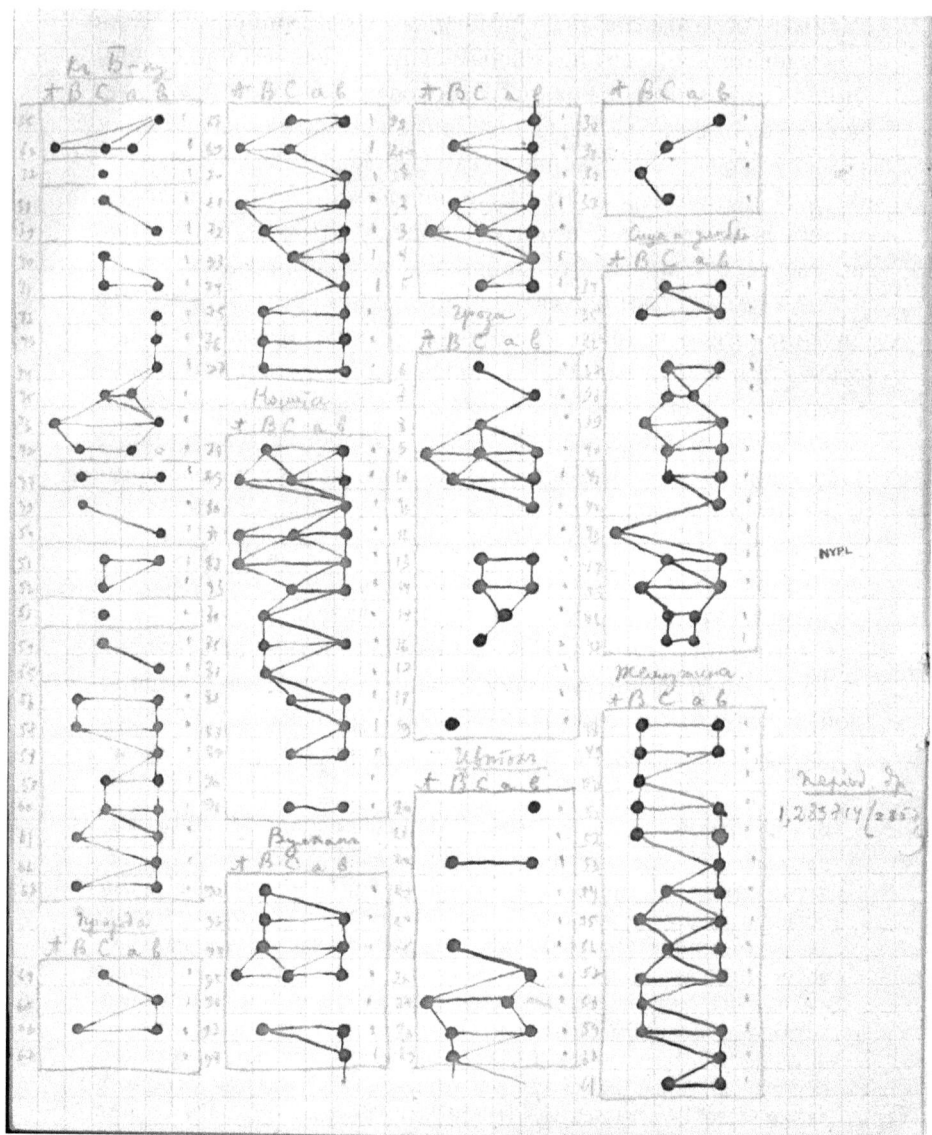

Рис. 4. Поэтическая схема, показывающая узоры, образуемые пропусками ударений в стихах Е. А. Баратынского. (Источник: Архив

английской и американской литературы Г. В. и А. А. Бергов, Нью-Йоркская публичная библиотека: фонды Астор, Ленокс и Тилден.)

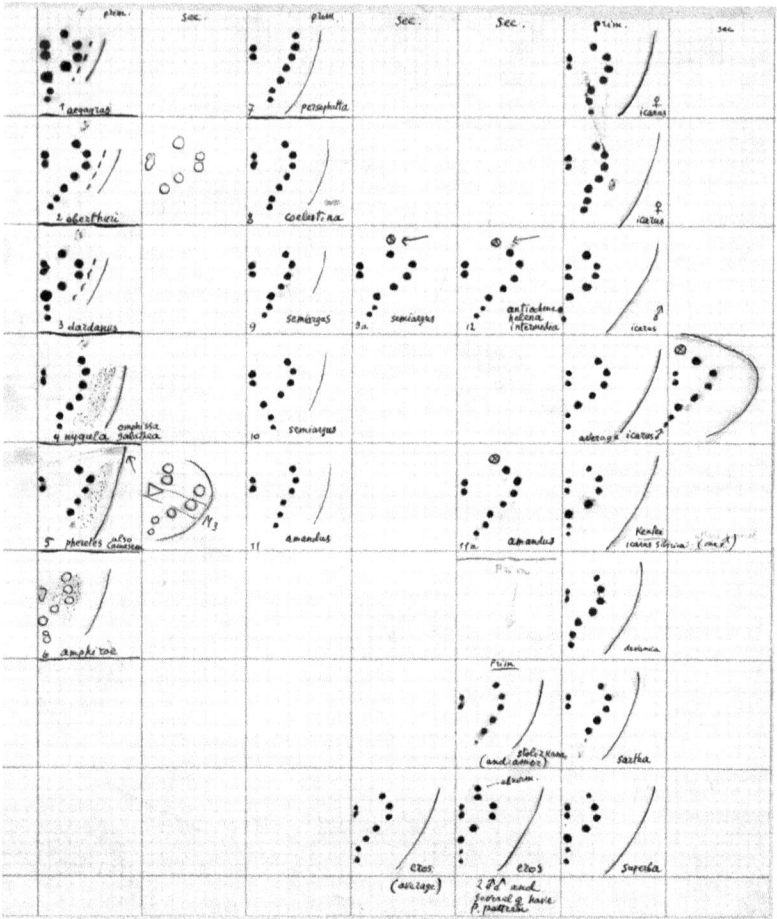

Рис. 5. Схема пятен на крыльях, демонстрирующая последовательное расположение пятен на пространстве крыльев двух смежных родов голубянок, *Lycaena* and *Polyommatus*. (Источник: Архив английской и американской литературы Г. В. и А. А. Бергов, Нью-Йоркская публичная библиотека: фонды Астор, Ленокс и Тилден.)

Природой, в его словоупотреблении, называется то, что являет собой высшую таинственную сущность, подспудный источник реальности, какой мы ее знаем, даже если «под "природой" или "духом природы" мы подразумеваем неизвестно что» [ВДД]. Ясно, что это определение не чуждо метафизике. Федор подытоживает:

> Черпая опять из корзины общедоступных примеров, напомним аналогию, замечаемую между развитием особи и развитием вида. Весьма плодотворно в этом смысле рассмотрение мозга человека. <...> В течение жизни мы научаемся, между прочим, и понятию «вида», понятию, которое предкам нашей культуры было неведомо. Однако не только история человечества пародируется историей развития пишущего эти и другие строки, но развитие человеческого мышления, индивидуально и исторически, находится в удивительной связи с природой, с духом природы, рассматриваемой в совокупности всех ее явлений и всех временем обусловленных изменений их. И действительно, как допустить, что среди великой мешанины, содержащей в себе зачатки <нрзб.> органов? прекрасный хаос природы никогда не вмещал в себе мысль? [ВДД].

Именно здесь Годунов-Чердынцев и предлагает свой аргумент в пользу мимикрии, согласно которому тщательность маскировки намного превосходит остроту восприятия хищника. Теперь, учитывая то, что мимикрия, как выяснилось, защищает организмы от очень зорких и чутких хищников и, следовательно, наделена по меньшей мере одной задачей, помимо того, чтобы доставлять удовольствие, его (и набоковская) теория может показаться ниспровергнутой. Однако на самом деле ниспровергнута лишь старомодная, телеологическая сторона аргумента: представление, будто все в природе существует *исключительно* на благо или на радость человеку. Но верным остается другое: распознавать мимическую маскировку и даже видеть в ней чудо и юмор — это способность, доступная лишь на определенном уровне развития сознания, и пока что она наблюдается только у людей. Ключевая идея Годунова-Чердынцева не в том, что достижения мимикрии кажутся бесцельными (хотя он утверждает и это), но, скорее, в другом: сознание как плод природы различает в природе признаки своих собственных созидательных принципов, а следовательно, знаки того, что и сама природа наделена потаенным сознанием. Подобный аргумент — разумеется, идеалистический — можно выдвинуть и не опираясь на беспричинную мимикрию, хотя такая опора облегчила бы доказательство в рамках эмпирического дискурса[45]. Однако даже там она, строго говоря, не слишком обязательна, так как имеется возможность отыскать случаи неутилитарных мутаций или говорить скорее о порождающей, чем о регулирующей стороне эволюции (кроме того, в рамках кантианского эмпирического дискурса такие метафизические призывы, как у Годунова-Чердынцева, запрещены в научной дискуссии, в то же время будучи важной частью человеческого сознания). То, что природа эволюционирует и постоянно порождает более сложные и разнообразные формы, — глубокая загадка (по крайней мере, так считал Дарвин); то, что люди, будучи порождением природы, отчасти видят и понимают ее динамику — еще более загадочно.

Продолжая аналогию между развитием разума и природы, Годунов-Чердынцев настаивает, что «факт появления видов неоспорим; ни на эволюционическое "как", ни на метафизическое "откуда" ответа не может быть, покуда мы не захотим признать, что в природе развивались не виды, а самое понятие вида» [ВДД][46].

---

[45] Годунов-Чердынцев также утверждает, что одним лишь отбором нельзя объяснить мимикрию из-за «недостатка времени». В 1896 году А. Вейсман привел аналогичный аргумент в поддержку своего тезиса о «зародышевом» отборе: «Такому подробному сходству в строении и особенно в оттенках окраски невозможно было бы даже возникнуть, если бы процесс адаптации полностью основывался на индивидуальном отборе... В таких случаях не может быть и речи о случайности: вариации, отражаемые индивидуальным отбором, должны были сами возникнуть по принципу выживания сильнейшего!» (цит. по: [Gould 2002: 218]).

[46] Эта формулировка приводит на память высказывание Ч. С. Пирса, утверждавшего, что сами законы природы развиваются и изменяются со временем, и даже «если мы предполагаем в природе наличие первичной привычки, а именно, тенденции, пусть самой слабой, к приобретению привычек, пусть

Он в равной мере интересуется сущностью дифференциации видов — процесса, который, правда, воспринимает как все менее вероятный по мере того, как сама «идея видов» приобретает все бо́льшую отчетливость, а существующие виды более четко разграничиваются. В процессе дифференциации есть решающий момент: тот, когда появление новых видов из вариантов уже существующих, угасающих видов «противоречит... предельности видового понятия» [ВДД]. Мысль довольно расплывчата, но Годунов-Чердынцев, похоже, утверждает, что в своей собственной эволюции понятие вида достигает стадии, где мутация перестает быть активной; новые виды как таковые перестают развиваться из существующих. Однако результат — не застой в природном мире: происходит «скачок (некоторое подобие которого мы находим при сравнении движения механического и движения живого)» [ВДД], в результате которого преумножение многообразия переходит из внешнего мира в его репрезентацию в сознании. Так, после того как люди столетиями считали вид единым целым, он попадает под чей-то проницательный взгляд, обнаруживает в себе скрытые расхождения, определяющие некоторых его представителей, и внезапно там, где был один вид, оказывается два: «...вдруг глаза у нас раскрываются, и уже не понимаешь, как можно было раньше не замечать ясных признаков, с изящной точностью разделяющих эти две бабочки» [Там же]. Следовательно, игра многообразия, иссякшая в сфере природных явлений, продолжается в человеческом сознании, которое все больше оттачивается и усложняется. Высказанная Набоковым в «Память, говори» мысль, что пространство, время и мысль связаны между собой, здесь предвосхищена предположением, что мировая ме-

самых мелких, то в долгосрочной перспективе это часто приводит к высокой степени регулярности. По этой причине Пирс предположил, что в далеком прошлом природа была значительно более спонтанной, чем стала позже, и что в целом все привычки, которые с течением времени приобретала природа, эволюционировали точно так же, как идеи, геологические образования и биологические виды» [Burch 2021]. Хотя параллели между этим описанием и тем, что мы находим у Годунова-Чердынцева, поразительны, степень знакомства Набокова с Пирсом неизвестна.

ханическая эволюция получает свое естественное продолжение в растущей сложности и созидательности работы человеческого сознания.

Одна из удивительных черт теории Годунова-Чердынцева — несмотря на, как может показаться, романтическую, фантастическую, даже эксцентричную попытку создать картину природного прогресса, не основанного на механической причинности, она опирается на непрерывный поток аналогий из области точных наук, особенно астрономии, а также физики частиц. Создается впечатление, что развитие метафор здесь следует тем же путем, что планетарные аналогии в исследовании субатомных структур, предпринятом в 1907–1913 годах Э. Резерфордом и Н. Бором. Это весьма убедительный ряд: вступительные пассажи привлекают внимание к факту существования Солнечной системы и орбит планет, напоминая читателю о радикальной перемене в восприятии, которая произошла после «коперниканской революции» и уточнений, внесенных в ее результаты И. Кеплером. Далее научное рассуждение сопровождается картинами пространства, полного звезд, и «бала планет»; читателю сообщается, что «сферическая классификация» казалась «бредом и бестолочью», таким же, каким показались бы «измерение Земли или законы, связавшие ее с другими планетами, если бы человечество еще не догадывалось о ее круглоте и вращении». Аналогия мысли становится также и аналогией формы, поскольку виды и роды начинают появляться «по принципу колец» и кольцеобразное расположение формирует «новые кольцеобразные системы». Сходным образом сама теория названа «звездообразно-стройной», но из-за своей новизны и неготовности к ней науки она «обволоклась разрушительной силой своего же взрыва» [ВДД][47]. Когда рассуждение

---

[47] В то время, когда якобы писал Годунов-Чердынцев, еще не было широко известно, что звезды взрываются. Первые популярные отчеты о взрывающихся звездах (сверхновых), касавшиеся Новой Геркулеса (Nova Herculis), появились в декабре 1934 — апреле 1935 года, — наверное, слишком поздно, чтобы спасти метафору Федора или его отца от восприятия ее как анахронизма. Самый ранний найденный мной отчет, где предполагается, что сверхновые — это взрывающиеся звезды, относится к 1922 году [Barnard

наконец доходит до понятия «видовых колец», происходит небольшое изменение в терминологии: центральный вид сферы рода, или «тип», внезапно превращается в «вид-ядро». То, что речь идет именно об атомах, а не клетках, становится очевидным, когда мы читаем, что «число сателлитов, вращающихся вокруг центрального ядра, выражается четными числами 4, 6, 8 — и, насколько до сих пор удалось выяснить, не превышает последней цифры» [ВДД].

Планетарная модель строения атома была предложена в 1907 году Э. Резерфордом и уточнена Н. Бором в 1913-м, так что начитанный ученый-англофил, скорее всего, прекрасно знал об этих теориях к 1917-му (в этом году Годунов-Чердынцев отправился в свою последнюю экспедицию, а Резерфорд получил Нобелевскую премию). Ограниченная вариативность «числа сателлитов» особенно откровенно напоминает об определенном числе электронов на каждой стационарной орбите.

У читателя есть несколько путей толкования этой цепочки метафор, которая, как нам сообщают, впервые пришла Годунову-Чердынцеву в голову в последний год его жизни (1917). Десятилетиями он изучал и классифицировал организмы; располагал огромным запасом сведений и богатейшим опытом, почерпнутом из широкого круга экосистем. Примечательно, что в годы полевой работы он не стремился выстраивать никаких теорий: просто применял существующие схемы классификации, какими бы несовершенными они ни были, потому что был слишком занят описанием новых видов и их среды обитания. И тем не менее,

---

1922: 99–106]. Рассуждения Л. Уоллс об астрономических метафорах у С. Т. Кольриджа демонстрируют наглядную параллель с теориями природы Годунова-Чердынцева. Подробно излагая, как Кольридж облекает субъективные и объективные аспекты жизни в образы природы, Уоллс отмечает: «Кольридж вполне непринужденно заимствовал метафоры из астрономии для обсуждения формирования разума, поскольку полагал, что в конечном итоге ничего не заимствует: ведь наука — способ, посредством которого разум себя реализует» [Walls 2003: 132]. Это уравнивание природы и интеллекта служит ядром мировоззрения Годунова-Чердынцева, согласно которому человеческий разум берется со «склада» природы.

что-то таившееся позади тех мысленных способностей, к которым он прибегал для прямого изучения беспорядочно накапливаемых материалов, вдруг явилось к нему. <...> Другими словами, настал час, когда мой отец внезапно ощутил созревшую истину, к которой сознательно не стремился, но которая гармонически выросла из внутреннего сочетания предметов, собранных им. Таинственным был лишь самый акт сочетания, подобный капельному притяжению, т.е. происшедший как бы вне воли собирателя сведений [ВДД].

Так, каким-то потаенным, но естественным путем озарение Годунова-Чердынцева возникло как спонтанное продолжение его сознательной научной работы. Предполагалось, что новая теория будет понята как радикальная, практически непостижимая и, несомненно, «истинная» (он «ощутил истину»). Явные аналогии с другими крупными открытиями (солнечной системы и атомной структуры) могли замышляться как знак рациональной согласованности этой теории с другими революциями в научном мире[48]. Расчет мог быть и на то, чтобы заявить: этот узор сфер, спутников и орбит каким-то образом указывает на скрытые единства, которые несет в себе, по выражению Годунова-Чердынцева, «дух природы». В любом случае движение метафор напоминает читателям об истории интеллектуальных новаций, об узоре человеческих открытий, возникающем по мере того, как они сокрушают старые воззрения и открывают новые. Этот процесс основан на способности сознания преодолевать собственные творения и разрушать свои же построения все глубже

---

[48] Возможно, здесь имеется и намек на то, что в молодости Эйнштейн работал экспертом патентного бюро (и одновременно открывал теорию относительности): интуитивное откровение Годунова-Чердынцева является к нему «как тишайший служащий является к хозяину с планом, бросающим совершенно новый свет на лихорадочно ведомое миллионером дело, и представило ему некий отбор, некую связь» [ВДД]. Отсылка к Эйнштейну вновь возникает через несколько страниц, где «эволюционист» сравнивается с пассажиром поезда — один из шаблонных образов, используемых для объяснения теории относительности.

и глубже проникая в суть «природы»; эта деятельность сознания — естественное продолжение эволюции как ее понимает
Годунов-Чердынцев.

Художник и исследователь

Весьма показательно, что Набоков был натуралистом, а не
экспериментатором. Вместо того чтобы «пытать природу», как
имели обыкновение ученые бэконовского или ньютоновского
толка (изобретая эксперименты с условиями, которые невозможно было создать в естественной среде), Набоков предпочитал
просто наблюдать и изучать природу на постоянно возрастающем
уровне детальности[49]. Поднимался ли он в горы или рылся в забытых коллекциях особей в музейном хранилище, или исследовал
тысячи мельчайших органов под микроскопом, он преодолевал
пространство и материю в том виде, в каком их предоставляет
природа. Этими усилиями он пытался отыскать то, что ранее
было сокрыто, открыть неведомые пути, найти ранее никем не
замеченные соотношения или неизвестных существ. В этом
смысле Набоков был изыскателем, и, возможно, именно через
фигуру изыскателя мы лучше поймем Набокова как ученого
и уловим научную составляющую его художественного творчества. Именно поэтому главный образ, который мы находим
в произведениях Набокова, — это образ человека, что-то ищу-
щего: будь то художественный принцип, стоящий за жизнью, как
в «Даре», или суть человеческой личности и родства, как в романе «Истинная жизнь Себастьяна Найта». Дело не в том, что экс-

---

[49] Вопрос, можно ли при установлении границ видов *заставить* двух бабочек
спариваться в лаборатории, для Набокова (как и для позднейших ученых)
маловажен или вообще не важен [NNP: 3–4]. Об истории понятия «пытки»
(torture) как источника метафор науки см., например, [Merchant 2006: 526–
527]. Ср. Гёте: «Греки в своих описаниях и рассказах не говорили ни о причине, ни о следствии — они представляли явление таким, какое оно есть.
В науке они тоже не проводили экспериментов, а полагались на свой собственный опыт» [Goethe 1985: 213].

периментальные науки ущербны, а в том, что они стерильны по замыслу и по необходимости: они очищены от *жизни* и ее превратностей, намеренно неуязвимы для случайности. Они лишают жизнь ее беспорядочности и характерных черт. Набоков и все его alter ego стремятся открывать целостные сущности вместе с их контекстом, как бабочку на кормовом растении в присущей ей естественной среде. Даже персонажи, чьи усилия направлены на более разрушительные или саморазрушительные цели, демонстрируют это принципиальное различие: Гумберту Гумберту Лолита нужна как его личная собственность, а не как самоценное существо во всем естественном великолепии (невзирая на его псевдонаучное исследование ее характера и окружения). Он подобен презираемым Набоковым немцам-энтомологам, собирателям и торговцам, которых волнует лишь обладание, а не познание (см. [NB: 309–310])[50]. Точно так же Кинбот в «Бледном огне» предпочитает паразитировать на поэзии Джона Шейда, вместо того чтобы раскрыть ее предполагаемую тайну, которая бы могла послужить ключом к тому, чтобы понять и оценить творения поэта.

В самой отчетливой форме эта аналогия обрисована в «Даре», где главный герой — и художник, и будущий лепидоптеролог-исследователь. Как художник Федор исследует души других людей: он проецирует на них себя и пытается представить их во всей полноте. По его собственным словам, он реконструирует не просто цвет их глаз, но и «цвет заглазный» [ССРП 4: 248]. По мнению Федора, ему по силам представить себе внутренние миры других людей и различить узор самой сути их жизни. Этот подвиг воображения сродни его фантазиям, в которых он сопровождает отца в экспедициях по Средней Азии: опираясь на рассказы и истории, труды различных исследователей и записи самого отца, Федор создает целостный мир, который разворачивается перед ним по мере того, как он обдумывает и записывает

---

[50] Федор приводит слова отца, охарактеризовавшего немцев как «превосходных собирателей, но плачевных разбирателей» [ВДД] (см. также вступительные абзацы, в частности, первый: «Пресловутые шметтерлингбухи...»).

его. Исследование жизни Чернышевского, предпринятое Федором (и Набоковым) — столь же исчерпывающее; подобно лепидоптерологу в полевых условиях, Федор погружается в мир объекта своего исследования, читая горы социалистической литературы, теории и пропаганды, а также дневники, письма и автобиографии, — и на основе этих впечатлений создает свое литературное произведение. Книга Федора о Чернышевском чрезвычайно откровенна в использовании и обнажении приема, и здесь можно провести грубую аналогию с тем, как наука использует и обнажает свои инструменты и методы. Набоков утверждает, что художник должен быть исследователем, первооткрывателем новых или неведомых явлений — включая и умственные явления, образы мира, отраженные в сознании как самого художника, так и других людей.

Ученый тоже может предпочесть рассматривать целостный объект, вместо того чтобы сводить его к перечню составных частей и управляющих ими законов. Так, по сути, и поступает Годунов-Чердынцев-старший, создавая свое «Приложение», итог многолетнего опыта наблюдения и классификации бабочек и мотыльков. Для понимания видообразования ему недостаточно опираться на механизм естественного отбора, и он интуитивно прозревает более глубокую суть появления и развития видов. То, что этот «примерный очерк» занимает тридцать малопонятных страниц, а его вымышленный толкователь «Мурчисон» заполняет своими объяснениями более трехсот, иллюстрирует идею непередаваемости явления на определенном уровне сложности и отвлеченности. Как предупреждает читателя Федор в своем кратком изложении, используемые в нем фигуры речи, — «лишь приблизительный образ» того, что на самом деле происходит в природе и что его отец, как подразумевается, постиг во всей глубине и сложности; ведь постигнуть это можно лишь обладая таким же глубоким зрением и интеллектом, как у Годунова-Чердынцева, а не читая его или чей-нибудь еще пересказ. Эта неупрощаемость напоминает о комментариях Шопенгауэра или Толстого к собственным произведениям — комментариях, отзвук которых слышится и в интервью Набокова [СС: 144].

Механизмы и целостность

Судя по взаимопересечениям искусства и науки у Набокова, он был прекрасно осведомлен о том, что происходило в творческой и интеллектуальной среде 1920–1930-х. В годы, когда Набоков формировался как художник, ширилось влияние формальной школы литературоведения и ее понятийного аппарата. Развивая научный подход к любым произведениям искусства, формализм стремился выделить универсальные принципы и художественные единицы — приемы, функции, — которые позволили бы полностью препарировать и систематически изучить произведение искусства или литературы. В некоторых самых знаменитых трудах раннего формализма использовался нарочито научный язык, как, например, в «Морфологии сказки» В. Я. Проппа. Предметом «научного» литературоведческого исследования стали механизмы, посредством которых в литературные произведения включались элементы наследия предшественников. Речь шла о культурно-психологических фактах и принципах, призванных дать научное объяснение тому, как произведения искусства вписываются в поток культуры, воспринимаемый объективно и механистически как часть естественно развивающейся поведенческой системы. То, что Пропп выбрал термин «морфология», несет в себе некую случайную иронию, потому что термин был изобретен Гёте, совершенно не намеревавшимся исследовать механические или даже количественные аспекты природы[51].

Интерес Набокова к трудам формалистов ясно показали другие исследователи; доказано и то, что он использовал их работы и идеи в личных целях (тем самым иллюстрируя принцип, возможно, ускользнувший от внимания формалистов: искусство вбирает

---

[51] Первое по времени применение термина «морфология» к культурному явлению я нашел, что любопытно, у А. Белого в работе 1909 года. Статья «Сравнительная морфология ритма русских лириков в ямбическом диметре» [Белый 2010: 246–293] вошла в его обширную и влиятельную книгу теоретических статей «Символизм», впервые опубликованную в 1910 году и хорошо известную Набокову. Эта работа часто рассматривается как важное провозвестие формального метода. См. [Эрлих 1996; Steiner 1984].

в себя саму критику и теорию, см. [Паперно 1993; Kostalevsky 1998][52]). Учитывая интерес Набокова к морфологии в природе (как в крупном, так и в малом масштабе), логично, что он нашел конгениальные элементы в формальном методе. В конце концов, почему бы не сравнить произведение искусства любого рода с живым организмом? Почему бы произведению не состоять из поддающихся идентификации компонентов, систем, почему бы не иметь генеалогии? Выше уже говорилось, что А. Белый, вдохновивший некоторые методы раннего формализма, разработал схему анализа стихов, основанную на пропущенных ударениях. Набоков открыл в анализе Белого инструмент для изучения вторичных узоров в искусстве и природе. Рассуждая о литературных произведениях других авторов, Набоков вникает в детали и структурные принципы романов и рассказов; он также использует биологические метафоры, например, «удар сердца». Но, вслед за Белым, Набокову гораздо важнее идея «пропущенного удара сердца», или пробел, лакуна в зримой природе, в жизни или литературе. Мастерство, или «сделанность» литературы (ср. классическую работу Б. М. Эйхенбаума «Как сделана "Шинель" Гоголя») — постоянная тема Набокова, и именно для того, чтобы выявить эти пробелы и разрывы, а не чтобы заявить, будто «все есть язык», Набоков снова и снова вплетает знаки авторского мастерства в свои собственные произведения. Вещь состоит из частей, компонентов, правил. Но есть еще одна составляющая, и в биологическом прототипе, и в произведении искусства: целое, или сама жизнь.

«Сделан» или нет роман или рассказ — а Набоков также апеллировал к романтическому представлению, будто он «сводит на землю» все, что «способен различить» в некой «целостной, еще не написанной» книге [СС: 88], существующей независимо от его сознательного творчества[53], — но произведение искусства, по-

---

[52] Об этом также пишет М. Глинн, исследуя влияние на Набокова идей В. Б. Шкловского [Glynn 2006].

[53] «Потом приходит время, когда мне изнутри сообщается, что сооружение готово. Теперь мне остается только записать все ручкой или карандашом» [СС: 45]. Или, как говорит Федор в «Даре»: «Это странно, я как будто помню свои будущие вещи, хотя даже не знаю, о чем будут они» [ССРП 4: 374].

добно живому организму, заключает в себе элементы, системы и законы. Однако настаивать на примате механических соотношений между этими составляющими, не обращая никакого внимания на *жизнь* произведения, на его живое сосуществование внутри интеллектуальной экосистемы, включающей мыслителей, художников, читателей и традиции, — это все равно что утверждать, будто пойманная и помещенная под стекло бабочка и ее научное описание воплощают в себе все, что о ней можно узнать. Набоков настаивал, что лепидоптеролог должен посвятить много лет полевым исследованиям, наблюдая природные жизненные циклы и виды поведения насекомого, прежде чем у него появится надежда понять это насекомое[54]. В чем заключается это понимание, если оно достигнуто? Как можно передать опыт его переживания? Это по определению невозможно — он так сложен и многогранен, что его возможно лишь прожить, и замен ему не существует. Коротко говоря, можно собрать и подсчитать какое угодно множество фактов, но без *жизни* эти факты останутся неполными, бесплодными и бессмысленными[55]. То же самое касается и романа, и любого произведения искусства: его можно препарировать и описать, но его полную сущность можно лишь пережить в активном эстетическом восприятии. Одна из целей Набокова, заставившая его воспользоваться идеями и методами формалистов, определенно заключалась в том, чтобы продемонстрировать: произведение искусства — нечто гораздо большее, чем сумма его частей. Этот всеобъемлющий подход характеризует взгляды Набокова не только на искусство, но и на природу: вид — не статичная единица, но скорее изменчивое и подвижное

---

[54] В черновых материалах 1944 года, не вошедших ни в одну статью, Набоков писал: «Я твердо убежден: чтобы говорить о той или иной популяции с любой точки зрения, исследователь должен иметь реальный полевой опыт на протяжении нескольких сезонов в том регионе, о котором пишет, должен пройти сотни миль и внимательно изучить сотни образцов» (Berg Coll., Материалы по лепидоптерологии, ящик 9; [NB: 308]).

[55] Цветные иллюстрации, изображающие бабочек и мотыльков, видимо, служили Федору частичной заменой благодаря искусному жизнеподобию изображений [ВВД].

множество. Формализм, как и позитивистская наука, привлекает внимание к тому, что можно точно подсчитать и описать; но он преуменьшает то, что невозможно аккуратно разложить по полочкам. Как и позитивизм, формализм закрепляет миф о точности, верности и передаваемости, который требует намеренно стереть, обойти вниманием все, что невозможно описать или подсчитать. Набоков, наоборот, постоянно напоминает своим читателям о том, что есть непостижимое, непередаваемое, неведомое; и его произведения, как все искусство, невозможно сжать или истолковать, не пожертвовав их сутью. Как ученый, переводчик и преподаватель он также старался подчеркивать природу неупрощаемых элементов произведения искусства и настаивал, что каждый, кто имеет дело с романом или рассказом во всей его полноте, должен приложить усилия, чтобы воспринять и постичь произведение.

Наука для Набокова всегда некая форма подхода к миру, «реальности», зримой природе. Как основополагающая деятельность человека, деятельность, которая обостряет в нас осознание нашей внутренней природы и природного окружения, наука может быть призвана на помощь всякий раз, когда мы пытаемся взаимодействовать с миром новым для нас способом. Но науку также можно вывернуть или извратить, поскольку она иногда использует ложные схемы, неточные или ошибочные приемы и инструменты, или упускает из виду собственную непредсказуемость. Те произведения Набокова, что показывают крушение сил разума, можно также соотнести с проблемами, с которыми сталкивается наука, формируя знания о мире. В обоих случаях наука дает робкое подтверждение очертаниям мира, какими они видятся в тот или иной момент времени. Дальнейшие главы посвящены тому, как открытия из трех сфер науки повлияли на развитие тем и структур в творчестве Набокова.

Глава 2
Научный подход у Набокова и Гёте

Набоков отзывался о Гёте на удивление скупо. Правда, в сборнике к столетию Гёте он опубликовал свой перевод посвящения к «Фаусту», а десятью годами позже отметил в шедевре немецкого поэта «ужасную струю чудовищной пошлости» [ССАП 1: 450]. Во всей прозе Набокова наберется разве что горстка отсылок к произведениям Гёте, не более того [Сендерович, Шварц 1998, 1999][1]. Однако оба были одновременно и учеными, и литераторами и потому занимают уникальное место в параллельно развивавшейся истории литературы и науки. При одновременном рассмотрении Гёте и Набокова можно вывести некоторые общие черты, характерные для ученого-художника. Сравнивая научные работы этих художников, я сосредоточусь на их точках соприкосновения, таких как эмпирический подход к сбору информации, размышления о субъективной природе наблюдения, предпочтение фактов теориям и общий интерес к универсальным, динамическим исследованиям.

Одна из задач этой книги — показать, что цели Набокова как ученого и как художника в основе своей взаимосвязаны, и следовательно, взаимно объясняют друг друга. Как исследователь Набоков стремился найти точные пути для описания конкретных природных явлений, дать почувствовать их изменение и развитие во времени. В литературном творчестве он моделировал разные

---

[1] См. также [Ронен 2013], где О. Ронен указывает возможные источники обвинения Гёте в «пошлости».

способы, которыми человеческий разум воспринимает и пополняет свой мир, свою «реальность», состоящую из отдельных эмпирических явлений, в том числе разнообразных сознаний, взаимодействующих с этими явлениями и друг с другом. Поскольку научная деятельность Набокова стояла особняком от основного направления науки того времени, а сам он с недоверием относился к сугубо количественному и статистическому анализу, принципиально важно соотнести его труды с работами предшественников.

Лучший и, пожалуй, единственный аналог, какой можно найти набоковскому сплаву научной и литературной деятельности, — это И. В. фон Гёте. Разумеется, вклад Гёте в науку был обширнее, чем у Набокова: он прожил жизнь, подобную которой мог бы прожить и Набоков, если бы не вынужденная эмиграция. Но страсть Гёте познавать и понимать мир природы привела его к естествоиспытательскому труду, поражающему своей всеохватностью и скрупулезностью. Для своих минералогических, остеологических и ботанических исследований Гёте собрал неимоверное количество образцов. Он исповедовал строгий эмпиризм, основанный на накоплении огромного количества доказательств, и применял его на практике. Теории Гёте — о первофеномене и метаморфозах, о цвете — возникли лишь после подробнейшего анализа собранных им образцов. Для своего учения о цвете Гёте собрал энциклопедическую подборку всевозможных проявлений цвета, известных человеческому воображению, включая физические и химические цвета, а также физиологические и субъективно-психологические. А практическим следствием его теории о теориях, согласно которой каждый факт или эмпирическое наблюдение уже несут в себе теорию, стало крайне осторожное отношение Гёте к роли масштабных отвлеченных теорий в определении стратегий исследования. Набоков наверняка счел бы его научный метод точным и честным — а может быть, и вдохновляющим.

Хотя нет веских доказательств тому, что Набоков читал «Учение о цвете», «Метаморфоз растений» или «О морфологии», он, вне всякого сомнения, читал об этих работах и знал о масштабной научной деятельности и широком кругозоре Гёте. Не стоит предполагать, будто Набоков хоть как-то подпал под влияние научных методов или стиля Гёте: столь же вероятно и гораздо показательнее то, что научный стиль Набокова был в той же мере присущ его личности, что и творческое начало. Сопоставляя этих ученых-художников, можно получить представление, насколько сильно ученый, ориентированный на эстетический и качественный аспекты, отличается от ученого, лишенного художественной жилки и опирающегося только на статистику. Благодаря глубинному родству Набокова и Гёте обзор путей, которыми историки и философы пришли к пониманию подхода Гёте к природе, отчасти поможет подобрать термины и описать синтетические произведения Набокова. Научные труды Гёте хотя и отличались от набоковских по глубине и масштабности, могут служить важным контекстом, позволяющим понять, как взаимосвязаны научная и художественная деятельность Набокова.

Художники, по крайней мере некоторые, обладают задатками превосходных ученых: они отличаются острой наблюдательностью, умеют подмечать детали и закономерности, наделены желанием отображать и сохранять проявления внешнего мира в долговечной форме. Художник — человек, который хочет выразить (и выражает) нечто, избирательно используя все словесное и выразительное (вербальное, музыкальное, осязательное и/или визуальное) богатство языка. Ученый — тот, кто стремится открыть некий секрет, закономерность или механизм, запрятанный в природе. Художники тоже порой испытывают потребность совершать открытия, но чаще они ищут истину в самих себе или в области трансцендентного и склонны верить, что истину, которую они стремятся постичь, невозможно выразить напрямую. Художник-ученый должен ощущать обе тяги: и к постижению тайны природы, и к выражению своих открытий или озарений. Научная деятельность такой личности будет окрашена универсальной, эстетической восприимчивостью художника, а в художественных произведениях проявится свойственная ученому жажда собирать, анализировать, экспериментировать и синтезировать. Можно даже вообразить, что именно художники-ученые демонстрируют самую полную способность постигнуть и описать природу — именно благодаря своей двойственной восприимчивости и стремлениям. Тем не менее научное сообщество обычно с подозрением смотрело на их деятельность и успехи — главным образом из-за их готовности бросить вызов базовым допущениям науки, тем самым сворачивая с магистрального пути исследований. Попытки «человека со стороны» ниспровергнуть Ньютона или Дарвина могут показаться бессмысленным донкихотством и вызвать сомнения у тех, кто полностью доверяет установившейся традиции.

Гёте как параллель Набокову — фигура тем более уместная, что оба автора демонстрировали горячий интерес к явлениям «реальности», особенно их выражению в природе, несмотря на свои сильные идеалистические склонности, которые, казалось бы, отвергают или умаляют значение физического мира. Есть смысл вкратце обобщить то, что известно о философии науки и практических научных методах Гёте, и я по необходимости буду опираться исключительно на уже существующие исследования на эту тему[2]. Многое из того, что было написано о Гёте как ученом, стоит здесь повторить. Вместо того чтобы каждый раз прерывать рассказ и добавлять: «Вот и у Набокова то же самое!», я буду некоторое время тешить себя надеждой, что читатель удержал в памяти особенности набоковских научных методов, описанные в главе 1.

Гёте изначально не был ученым в ортодоксальном понимании слова. У него не было формального образования ни в одной области науки; он не был экспериментатором и в своем эмпирическом подходе очень недоверчиво относился к теориям и гипотезам как движущим силам открытий. В отличие от ученых подобного рода, он был продолжателем традиции масштабного наблюдения и собирания деталей природы, как в мире физических объектов, например растений, так и в сфере психологических явлений, таких

---

[2]   Я недостаточно хорошо владею немецким, чтобы во всех деталях понять эти увлекательные тексты, которые я читал в основном на английском языке, с немецким оригиналом под рукой для справок.

как цвет. Исследования Гёте отличаются вниманием к форме и к экстенсивному, накапливающему детали наблюдению; они опираются не столько на количественный потенциал математики, сколько на перцептивные возможности человеческого сознания[3]. Благодаря своему интересу к форме как постоянной и определяющей черте природы Гёте придумал термин «морфология», в котором нашел выражение и единство неоднородный набор эмпирических пристрастий, не умещавшихся в рамки традиционной науки[4]; этот интерес заставил Гёте сосредоточиться на открытии природного прототипа, «первоявления» (*Urphaenomen*), или того общего, что стоит за формированием и эволюцией различных видов и другими природными явлениями.

Гёте без колебаний ставил под сомнение все научные истины и даже бросал вызов титанам науки. В труде «Метаморфоз растений» он обратился к системе классификации К. Линнея, предложив внести в метод великого таксономиста исправления и улучшения. В работах по остеологии Гёте опроверг царившее тогда представление о строении человеческого черепа и заявил, что между людьми, приматами и другими позвоночными существу-

---

[3] Недавние исследования подчеркнули, что Гёте в принципе не был против математики в науке: его беспокоило лишь ее избыточное применение. Так, Д. Л. Сеппер пишет: «Действительно ли Гёте — противник современной физики? Он выступал против оптики Ньютона; но мало кто помнит, что он одобрительно отзывался о волновой теории света, сформулированной в гораздо более сложных математических терминах, чем теория Ньютона» [Sepper 1987: 175]. Ср. у Гёте: «Математика, как и диалектика, является органом внутреннего высшего чувства. В практическом применении это искусство подобно красноречию. Для обеих имеет ценность только форма, содержание для них безразлично. Считает ли математика гроши или червонцы, отстаивает ли риторика истинное или ложное, это для обеих совершенно одно и то же» [Гёте 1964: 289].

[4] «Предмет морфологии, в отличие от объекта классификации, может быть определен как попытка описать и, если возможно, понять и объяснить относительное сходство, а также градуированные различия в форме и структуре, которые представляют нашему взору органические тела. Хотя исследование может проводиться как в большом, так и в малом масштабе, эти сходства и различия скорее проявляются в сравнительно небольших объектах живой природы» [Merz 1965: 231]. См. также [Steiner 1984: 69–71].

ет морфологическое родство (тем самым предоставив убедительное доказательство трансформации живых форм, или эволюции)[5]. В физике Гёте отмел притязания Ньютона, считавшего, что исчерпал научные познания о цвете, а также подверг английского ученого суровой критике, невзирая на его статус мифологической фигуры — а до некоторой степени и вследствие этого статуса [Sepper 1988: 102–103; 1987; Merz 1965: 231–252].

Гёте ставят в заслугу то, что он сформировал всесторонний подход к изучению природы[6]. Так, в одной из работ он пишет:

> Когда мы рассматриваем предметы природы, особенно живые, таким образом, чтобы уразуметь взаимосвязь их сущности и деятельности, то нам кажется, что мы лучше всего достигнем такого познания путем разъединения частей. <...> Однако эти разделяющие усилия, продолжаемые все дальше и дальше, имеют и свои недостатки. <...> Вот почему у людей науки во все времена обнаруживалось влечение познавать живые образования как таковые, схватывать внешние видимые, осязаемые части в их взаимосвязи, воспринимать их как проявления внутренней природы и таким образом путем созерцания овладевать целым. В какой мере эта научная потребность находится в близкой связи с художественным и подражательным влечением, нет, конечно, надобности излагать здесь подробно [Гёте 1957: 11].

Это подчеркнутое внимание к целому как к взаимосвязи, определяющей не только наше восприятие, но и ситуационную реальность отдельных частей, придает научному подходу Гёте свойство, требующее, так сказать, перескоков с одного уровня восприятия на другой и обратно, то есть синтеза, осуществить который способно человеческое сознание, но приборы или математические формулы, как правило, этого не могут. Сходным образом Гёте отчетливо понимал склонность науки изучать

---

[5] В третьем издании «Происхождения видов» Дарвин признал роль Гёте как главного предшественника его работ. См. [Richards 2002: 4n8].

[6] См. [Seamon, Zajonc 1998]. В статьях сборника рассматриваются научная и философская точки зрения на эту альтернативную систему.

и подсчитывать объекты, как будто они статичны и неизменны, в то время как на деле они всегда подвижны и изменчивы. По словам Гёте,

> ...если мы будем рассматривать все формы, особенно органические, то найдем, что нигде нет ничего устойчивого, ничего покоящегося, законченного; что все, напротив, скорее зыблется в постоянном движении. <...> Все образовавшееся сейчас же снова преобразуется, и мы сами, если хотим достигнуть хоть сколько-нибудь живого созерцания природы, должны, следуя ее примеру, сохранять такую же подвижность и пластичность.
> ...подвижная жизнь природы... [Там же: 12, 13].

Гёте считал, что когнитивно-перцептивные способности человека сами по себе служат органом и совершенствуемым прибором научного исследования — по сути, самым сложным из доступных приборов[7]. В расширительном смысле сила познания отчасти заключается в близости между сознанием (или «Я») и любым наблюдаемым в природе объектом: человеческое сознание не просто уникально приспособлено к тому, чтобы открывать различные виды закономерностей и узоров в природе, но может делать это еще и потому, что оно само — неотъемлемая часть природы. Субъект и объект взаимосвязаны и даже взаимопроникающи (создают и формируют друг друга). Категории разума — это выражение природы в сознании; с их помощью разум человека усваивает и понимает природу, которая его породила.

Это тесное взаимоотношение между субъектом и объектом и лежит в основе утонченной философии науки Гёте. Одна из важнейших характеристик его подхода — твердое понимание того, что в любом акте наблюдения сознание присутствует как определяющий компонент, и этот факт нельзя игнорировать или сбрасывать со счетов (идея, предвосхитившая утверждение

---

[7] «...надо признать высокую и как бы творчески независимую силу душевных способностей, которыми этот опыт воспринимается, собирается, упорядочивается и разрабатывается» [Гёте 1957: 368].

Э. Маха, что не существует абсолютно изолированных тел: изоляцию нарушает само присутствие наблюдателя) [Max 2000: 195–196]; это положение Гёте развивает в очерке «Опыт как посредник между объектом и субъектом». Основная критика в адрес так называемой объективной науки направлена на заблуждение, по его словам, заставляющее ученых «чувствовать отсутствие масштаба, помогавшего им, когда они с человеческой точки зрения рассматривали вещи в отношении к себе» [Гёте 1957: 367]. Путь к «объективному», то есть полностью независимому от субъективного восприятия знанию усеян не только опасностями, но и ошибками, потому что индивидуальное сознание, со всем его багажом, никак невозможно полностью подавить и изгнать с места событий, хотя легко изобразить, будто оно было изгнано. Стремление обрести объективное знание ценно, но у него неизбежно есть реальные пределы:

> ...там, где его [ученого] не легко может кто-нибудь проверить, он обязан быть своим самым строгим наблюдателем и при самом ревностном старании всегда с недоверием относиться к самому себе... всякому очевидно, как строги эти требования и как мало имеется надежды на их полное выполнение, безразлично, предъявлять ли их к другим или к себе [Там же][8].

---

[8] Набоков, похоже, выполнил это требование, признав, что предвзято рассматривает вопросы происхождения узора на крыльях, особенно линий, и обосновав свою предвзятость: «Хотя, возможно, на мое суждение могло повлиять то, что род, который я изучал и к которому мы должны обратиться сейчас, наиболее откровенно отмечен "пятнами" — а также то, что меня больше интересует происходящее в определенном промежутке времени, а не рисунок крыльев в целом, я совершенно уверен, что попытки превратить ту или иную иллюзию, созданную поперечным продолжением макул *Lycaenid* в тот или иной "прототипический" штрих — напрасная трата времени» [NMGL: 120–121]. Любопытный отзвук этого скрупулезного метода слышен в историческом очерке К. Х. Линдрота о первых шагах лепидоптерологии «Систематика в границах между Фабрициусом и Дарвином»: «[Г. Т.] Стейнтон был чрезвычайно дотошным и самокритичным. Он доходил до того, что рекомендовал, чтобы любой вид описывали не менее чем на двадцати-тридцати образцах, и выступал за такую степень самоотречения в этом деле, к какой, по-моему, вряд ли кто-либо из нас был готов» [Lindroth 1973: 136].

Именно по этой причине Гёте зачастую характеризуют как ученого-феноменолога, из тех, кто считает, что «все фактическое — уже теория», но никогда не упускает из виду, что все наблюдения совершаются в среде феноменов, доступных ощущению и познанию, равно как и умственным ожиданиям и реакциям[9]. Лучшее противоядие от ошибок в науке, по мысли Гёте, можно найти в совместной работе и в публичных сообщениях о каждой научной находке: «...весьма рекомендуется не возводить научное здание до тех пор, пока план его и материалы не будут рассмотрены, обсуждены и одобрены всеми» [Там же: 369]. Таким образом, исходя именно из этих соображений Гёте отдает предпочтение индуктивной науке и попутно руководствуется в своем научном поиске недоверием к теории. Если теории возникают из тщательного собирания и накопления сведений, то это теории достоверные, ценные и «делающие честь остроте ума их творцов»; но зачастую они начинают жить собственной жизнью, подавляя или искажая сбор новых сведений и новые наблюдения, поскольку «если они встречают больший, чем заслуживают, успех, если сохраняются дольше, чем следует, то сейчас же начинают уже мешать и вредить прогрессу человеческого духа, которому они до известной степени способствовали» [Там же: 371]. Такова, по мнению Гёте, оказалась участь Ньютона и его теории цвета, изложенной в «Оптике»: великий ученый позволил себе руководствоваться в исследовании предвзятой теорией, подразумевавшей верность определенных результатов, и выбрал лишь несколько экспериментов, призванных подтвердить эту теорию, вместо стремления представить исчерпывающую картину при-

---

[9]   Примечательно, что Д. И. Менделеев в «Основах химии» сделал сходное наблюдение:
Если самые факты, как видно даже по словопроизводству (от factum est), включают человека, их наблюдающего, то тем неизбежнее участие личных воззрений при передаче найденного по опытам, выведенного из них и сложившегося миросозерцания, составляющих сущность науки. А потому, при всем стремлении к объективности изложения науки, в нем всегда и неизбежно будет содержаться немало субъективно-личного и временного. [Менделеев 1906: iii].

сутствия и функционирования цветов в мире и человеческом сознании, см. [Sepper 1988: 142–157; Fink 1991]. В XIX веке нападки Гёте на Ньютона и его научный метод не принесли ему последователей — практическое применение открытия Ньютона слишком превосходило авторитетностью критику Гёте, чтобы у последнего появились сторонники; зато в XX столетии эту критику признали как точку зрения, имевшую определенную ценность для выработки подходов к научному познанию, не ограничивавшихся сведением феномена к элементам, поддающимся подсчету[10]. Для Гёте ключ к пониманию природы был в накоплении обширных и подробных данных: «В той работе... никакая тщательность, старательность, строгость, даже педантичность не будут излишни, ибо она делается для мира и для будущих поколений. Но эти материалы должны [не] быть... сопоставлены гипотетическим образом, не использованы для создания системы» [Там же: 375]. Данные (подробности) в первую очередь, теории (обобщения) во вторую, продолжает Гёте: «Если же собран ряд опытов высшего рода, то пусть себе над ними упражняются как только могут рассудок, фантазия, остроумие, — это не повредит, это даже будет полезно» [Там же]. Он не сомневается, что большое количество собранных фактов способно перевесить стремление человеческого разума «соединить все, что вне его, и все, что ему становится известным» [Там же: 371], но подозревает, что наука, руководствующаяся теорией, склонна и даже обречена стать деспотичной и ошибочной. По мнению Гёте, именно это произошло с «Оптикой» Ньютона, вследствие чего даже век спустя появлялись лишь рабские по-

---

[10] В XIX веке теорию Гёте подверг резкой критике Г. Гельмгольц; правда, позже он смягчил и даже опроверг свои нападки. Ср. доклад 1856 года «О естественноначальных трудах В. Гёте» [Гельмгольц 1866] и более позднее (1892) выступление «Предвидение будущих научных идей у Гёте» [Helmholtz 1971]. Д. Л. Сеппер предполагает, что «в XX веке произошла частичная реабилитация "Учения о цвете" Гёте, особенно его толкования физиологических и психологических аспектов цвета, что привело к большей готовности признать его достоинства (например, конкретность) на фоне современной теоретической физики» [Sepper 1987: 17].

дражания оригинальному научному труду, но никто не развивал его положения и не уточнял его содержание[11].

В свое время теорию цвета Гёте отвергли, но столетие спустя некоторые ученые начали признавать ценность его подхода; наряду с этим пришло понимание, что сам предмет исследований у Ньютона и Гёте далеко не один и тот же. Ведь Ньютон изучал конкретные свойства света — в особенности его состав, включающий разные цвета с разной «преломляемостью», что доказывали его эксперименты с призмами. Гёте, со своей стороны, сосредоточился на различных проявлениях цвета, включая физические, химические и физиологические[12]. Он уделил особое внимание воздействию среды на свет, например, тому, как окружающий фон может влиять на воспринимаемую интенсивность цвета, или на изменения цвета в тени. Разумеется, Ньютону были известны и эти явления, но он даже не попытался внести их в свою систему, которая охватывала лишь физическое поведение цвета, особенно его преломление в стеклянных линзах и призмах, но отнюдь не феномен воспринимаемого человеком цвета во всем его многообразии. С точки зрения Гёте, подход

---

[11] Р. Ричардс предполагает, что отношение Гёте к Ньютону отчасти обусловлено влиянием Б. Спинозы:
Им двигало то, что он считал недостатками ньютоновского подхода: недостаточность эксперимента и поспешное обобщение, нарушающее «права природы». А в статье [«Опыт как посредник...»] все еще ощущается мощное влияние Спинозы в той мере, в какой Гёте понимал, что траектория научной работы ведет от тщательной, последовательной систематизации экспериментальных результатов к высшим связующим началам. Систематизация позволила бы прийти к тому виду познания, который мог бы составить адекватную идею и в конечном итоге интуитивное прозрение целого (собственно scientia intuitiva) [Richards 2002: 439].

[12] Согласно Г. Беме, «в этом смысле теория Ньютона является физикой и имеет дело с объективными свойствами света; теория Гёте — это "наука о восприятии" и имеет дело с законами зрения» [Böhme 1987: 163–164]. Д. Сеппер утверждает: «Больше, чем с чем-либо другим, Гёте боролся с ущербной концепцией *науки и научного метода*, которая привела к догматическому закреплению учения о разной преломляемости» [Sepper 1987: 182]. Позднее К. Поппер опроверг утверждение Ньютона, будто он разработал свою небесную механику с помощью индукции [Поппер 2004 320–321].

Ньютона представлял собой пренебрежение полнотой цвета как явлением (или группой явлений), намеренный отказ изучать все грани проявления цвета в природе, в том числе в человеческой природе. Хотя Гёте ошибался по поводу ценности ньютоновской теории цвета для сферы научных интересов самого Ньютона, он справедливо указал на ее неполноту, узость и неспособность показать многообразие проявлений и функций цвета в повседневной жизни. В наши дни труд Гёте о цвете высоко ценится именно благодаря его открытиям в области физиологии и психологии цветовосприятия [Böhme 1987: 164–168].

Другой аспект деятельности Гёте, повредивший его репутации как ученого, состоял в его близости к главным адептам немецкой натурфилософии — идеалистического учения о природе, которое особенно активно развивали и провозглашали его друзья Ф. Шеллинг и Ф. Шиллер. Современники прочно ассоциировали Гёте с этими метафизически настроенными собратьями, так и не снискавшими себе репутации в эмпирической науке. Однако, как утверждает Р. Дж. Ричардс, хотя некоторые аспекты шеллинговского идеализма привлекали, а порой даже увлекали Гёте, он все же был слишком убежденным эмпириком: слишком сильна была его тяга к реальности природы, чтобы он мог полностью принять мистико-идеалистическое истолкование мира.

Одним из знаменитых эпизодов в отношениях Гёте с романтической натурфилософией была его первая продолжительная беседа с Шиллером. Когда Гёте изложил Шиллеру свою концепцию «перворастения» (*Urpflanze*), тот возразил: «Это не опыт, это идея» [Гёте 1957: 97]. В то время Гёте считал себя «упрямым реалистом» до мозга кости: ему даже представлялось, что интуитивно угаданное им «символическое растение» было частью постигаемой реальности. К воззрениям философов-идеалистов он относился недоверчиво и был едва ли не оскорблен предположением Шиллера, будто его, Гёте, опыт в конечном итоге «не реален». Но за возникшим спором последовало «перемирие», а потом и близкая дружба, которая длилась до самой смерти Шиллера в 1805 году. Разрешение видимого противоречия в умозаключениях Гёте Р. Ричардс предлагает искать в пантеизме

Б. Спинозы — в той его части, перед которой в долгу натурфилософия:

> Спинозианский монизм, предполагающий, что у природных процессов имеются ментальные двойники, устанавливаемые с помощью тщательной экспериментальной процедуры, а затем постигаемые на более высоком уровне познания — вот допущения, судя по всему, стоящие за методологическими декларациями Гёте. «Простые силы природы», если именно так они существуют во внешнем мире, недоступны уму кантианца. В этом и состояла притягательность шеллинговского идеалистического спинозианства: отталкиваясь от Канта, оно говорило о природе, которая не была безнадежно спрятана в ноуменальном мире, но непосредственно сообщалась с нашим сознанием [Richards 2002: 439–440][13].

Таким образом через изначальную связь сознания и природы в очередной раз подтверждалась реальность первофеноменов: физические, эмпирические объекты — «природа» — существуют и внутри сознания, и за его пределами в форме, превосходящей кантовский феномен, потому что человеку присуща непосредственная близость и даже единство с миром (тем, который находится «за пределами сознания»). Благодаря этому решению Гёте, оставаясь на твердой почве верности физической природе, мог одновременно ощущать, что его «идеи», или интуитивные прозрения, также неотторжимая часть собственной реальности природы.

С точки зрения научных взглядов Набокова гётевское понимание природы как изменчивого, развивающегося царства по понятным причинам представляет интерес. Ранее мы уже видели,

---

[13] Ричардс цитирует очерк Гёте «Чистая идея» (*Reine Begriff*) как иллюстрацию его попыток преодолеть пропасть между идеализмом и реализмом: «...поскольку более простые силы природы часто скрыты от наших чувств, нам приходится стараться достичь их силами нашего духа [die Kräfte unseres Geistes], и представлять их природу в нас... [ибо] наш дух находится в гармонии с более глубокими и простыми силами природы и может представлять их в чистом виде, как ясный глаз отражает предметы видимого мира» [Там же: 439].

что, согласно Гёте, природа в своих первофеноменах «зыблется в непрерывном движении», что «образовавшееся сейчас же снова преобразуется». Определение природы как «вечно подвижной» [Гёте 1947: 141] относится не только к динамике окружающей среды и жизненного цикла организма, но и к тому, что сами природные формы развиваются, все больше усложняясь и, как считал хорошо усвоивший уроки телеологии Гёте, все больше совершенствуясь. Таким образом, «существа… совершенствуются в двух противоположных направлениях, так что растение, наконец, достигает своего совершенства в виде дерева с его долговечностью и неподвижностью, животное — в образе человека с его высочайшей подвижностью и свободой» [Гёте 1957: 14][14]. Признавая, что форма адаптируется к природному окружению, Гёте приводит в пример тюленей, «внешность которых так похожа на рыб, тогда как их скелет еще вполне представляет четвероногое животное» [Там же: 112]. Согласно Гёте, этими преобразованиями руководит жизненная сила, направляемая и ограничиваемая первоявлением (*Urphaenomen*) и имманентной связью идеи с эмпирической формой и окружением. Статус первоявления как эмпирически «реального» приводит Гёте и других идеалистов к конфликту с третьей «Критикой» Канта[15], поскольку телеологический принцип, предполагаемый идеей первоявления, гипотетически ценен как регулирующее начало, но на практике не обладает настоящей валентностью. Ричардс подытоживает:

> Таким образом, биолог-кантианец должен лишь эвристически развертывать прототипические понятия, как если бы организмы были плодами некоего идеального плана, однако при этом искать соответствующие механистические причи-

---

[14] Р. Ричардс отмечает: «Шеллингова теория динамической эволюции, с которой был согласен Гёте, постулировала природу как основу ряда преобразований (собственно в абсолютный дух), а гётевская теория первоявления дополнила шеллингианскую концепцию; более того, ко времени написания "Z[ur] M[orphologie]" исследователи получили достаточно свидетельств таких преобразований на примере ископаемых окаменелостей» [Richards 2002: 490].

[15] «Критика способности суждения». Первые две «Критики» — «Критика чистого разума» и «Критика практического разума». — *Примеч. ред.*

> ны. Шеллинг и Гёте — и их последователи-биологи — считали, что если прототипы для биолога доказывают важное методологическое предположение, то нет причин, особенно на кантианских основаниях, отрицать, что природа изначально состоит из прототипов, то есть по свойствам скорее органична, чем механистична [Richards 2002: 9].

Как мы увидим, выводы из этой позиции в том, что касается как прототипов, так и антимеханистического подхода, явно перекликаются с некоторыми научными формулировками Набокова. Теория прототипов в природе, за несколькими примечательными исключениями, не получила большой поддержки у современных ученых. Наука скорее сосредоточилась на причинности, на механизме и на локальном взаимодействии физических или экологических сил. Гёте желал продемонстрировать ценность подхода, рассматривающего механистические системы как часть большего целого, которое включает и силы, направляющие движение первоявлений. Ученым было достаточно легко отклонить этот подход, поскольку его результаты, как правило, недостаточно ясны и отчетливы: им не хватает той черно-белой четкости «или-или», на которую привыкла полагаться постньютоновская наука. Принятие современной наукой ньютоновско-кантианской механистической методологии имело свой ряд серьезных последствий, которому сегодняшние гётеанцы пытаются найти противовес (см., например, [Seamon, Zajonc 1998: 1–14]).

Таким образом, гётевская концепция эволюции не полностью механистична, то есть ею управляют не только причинно-следственные факторы воздействия окружающей среды. Жизнь — это перемены, а перемены происходят разнообразными заданными путями во взаимодействии с требованиями физического выживания в среде. Именно этим объясняется приобретение тюленем или, что еще радикальнее, дельфином рыбообразной формы, которая одновременно сохраняет прототипический скелет и органы млекопитающего, о чем Гёте писал в работе «Опыт всеобщего сравнительного учения». Жизнь в воде вызывает у морских млекопитающих определенные гидродинамические модификации, в то время как внутреннее строение сохраняет семейное сходство с сухопутными млекопитающими, не уподобляясь рыбам. Иными словами, если биологическому виду *суждено* измениться, повинуясь законам природы, то едва ли можно сказать, что какой-то конкретный стимул *послужил причиной* этого изменения: он просто *дал направление* изменениям, которые бы неизбежно произошли. То, что на локальном уровне выглядит как причина и следствие, оказывается лишь деталями комплексного процесса, если взглянуть с более широкой, холистической точки зрения. Такой взгляд не отрицает существования причин и следствий, но пытается сдвинуться с точки зрения, согласно которой развитие и прогресс природы можно доказательно изучать только сквозь призму причинности. Очень похожую тенденцию мы увидим и в научных работах Набокова.

Согласно Гёте, природа развивается не механически (или, по крайней мере, не только механически), но, скорее, за счет своей внутренней созидательной силы. Таким образом он соглашался со взглядом на природу как на творческое начало, участником и выражением которого служит и человеческое сознание: «...посредством созерцания вечно созидающей природы мы становимся достойными принять духовное участие в ее творениях» [Гёте 1957: 382][16]. В созидательном начале самой природы Гёте также находил источник родства между искусством и наукой, двумя его страстями, так что интуиция и воображение не совсем чужды открытию тайн природы, а, скорее, подчеркивают их в контексте человеческого сознания и творческого начала[17]. Этот взгляд также

---

[16] Это утверждение предвосхищает наблюдение Набокова о том, что «Обыденная реальность начинает разлагаться, от нее исходит зловоние, как только художник перестает своим творчеством одушевлять субъективно осознанный им материал» [СС: 146].

[17] Как предполагает Ричардс, Гёте усвоил, что «искусство и наука глубоко укоренены в природе, охватывающей как субъективное, так и объективное. В воображении он видел не предателя истины, а свойство творческого начала. И стал более осмотрительно относиться к научной теории и путям, которыми она может привести к здравому наблюдению» [Richards 2002: 438].

подразумевает, что научная и художественная деятельность не стоят совершенно особняком: вернее сказать, что они отражают общую сущность и откликаются на нее. Подобный вывод уже звучал в одном из афоризмов Гёте: «Есть какая-то неизвестная законосообразность в объекте, которая соответствует неизвестной законосообразности в субъекте». Здесь присутствует также намек на глубинную общность между искусством и природой, помогающий по-новому понять двусмысленную фразу «искусство ради искусства», которую зачастую ошибочно толкуют как дозволение на декаданс или бессмыслицу. И искусство, и наука подразумевают интуитивное открытие потаенных законов. Если отделить Гёте от его собратьев-идеалистов, он являет собой образец мыслителя, который видит в природе и искусстве выражение высших истин, но отказывается согласиться, что эти истины существуют *независимо* от природы и искусства, их воплощающих. Абстрактный, метафизический «дух», или платоновский «идеал», сущность высшая по отношению к оказывающейся в подчиненном положении природе, был так же чужд Гёте, как «ноумен» Канта, поскольку, как ему казалось, обесценивает значение эмпирической реальности и природы.

Этот краткий обзор взглядов Гёте, служащего образцом художника-ученого, дает нам обширный контекст, в котором следует рассматривать двунаправленную деятельность Набокова. Если при этом принять во внимание отчетливые признаки симпатии Набокова к идеализму, мировоззрение Гёте также предоставляет особые инструменты для интерпретации ряда самых трудно постижимых научных и философских наблюдений Набокова.

С самого начала нетрудно заметить, что в научной работе Набокова много общего с Гёте. В его теории видообразования, так никогда и не оформленной в отдельный труд, но фрагментарно представленной в работах по лепидоптерологии и художественном отрывке «Отцовские бабочки», мы видим интерес к прогрессу в природе и ее неизбежному развитию: Набоков видел природу как нечто «текучее», утверждая, что самонадеянное внимание к биологическому виду как статичной форме подобно взгляду на путешествие исключительно как на череду остановок. Хотя Набоков и стремился открыть новые виды, что явствует из его стихотворения *A Discovery* («Открытие» [Ст: 394]), гораздо больше внимания он уделял связи между любым биологическим видом и его сородичами и подвидами. Политипический род или даже группа родов дает картину разностороннего развития природы, неиссякаемого зарождения и вариативности множества форм в сравнительно небольшом уголке природного мира. Продолжая свою метафору «путешествия», Набоков рассматривает большие группы видов, думая о целом как о континууме, в котором различные виды и подвиды служат моментальными снимками органичного, длительного процесса. Он также не совсем законно, но сознательно-иронически делает вид, будто рассматривает эти современные существа так, словно они отображают хронологический эволюционный ряд. Главное, однако, в том, что он описывает группу бабочек, в частности подсемейство Plebejinae, как отдельный, самостоятельный организм, который меняется, мутирует и развивается путями отчасти предсказуемыми, отчасти удивительными. В «Отцовских бабочках» мы видим, как Набоков облекает в художественную форму теорию, объясняющую органичный характер системного развития жизни с помощью «сферической» теории видообразования Годунова-Чердынцева. Кстати, эта теория не целиком замкнута в мире художественного вымысла, поскольку некоторые ее следы просматриваются также и в научных работах Набокова[18]. Его «магические треугольники» (см. главу 1) сродни первоявлениям Гёте и служат основой развития форм внутри определенного вида или рода.

Движет ли научными работами Набокова философский идеализм? Годунов-Чердынцев в «Отцовских бабочках» утверждает, что вид — это «определенный в идее оригинал», отражающийся в «зеркале природы» [ВДД]. Это, безусловно, неприкрытый идеализм. Отчасти именно подобные намеки вкупе с набоковским публичным противостоянием дарвиновской теории естествен-

---

[18] «Я бы, ни секунды не колеблясь, присвоил *subsolanus* и *scudderi* статус подвидов политипического вида *argyrognomon*, если бы они не были центрами, излучающими, если можно так выразиться, свои собственные формы...» [NMGL: 111].

ного отбора и насторожили некоторых ученых, усомнившихся в проницательности Набокова и его верности эмпирической науке [Remington 1995: 219; Gould 1999]. Из всего художественного творчества Набокова такие фрагменты едва ли не труднее всего поддаются трактовке, поскольку метафоры в них нагружены философским смыслом. Напротив, в самих научных работах Набокова ничего, напоминающего идеалистические заявления, не прослеживается, — этот факт демонстрирует желание Набокова заниматься наукой в пределах принятых кантианских границ. Гётевская точка зрения помогает нам обнаружить общность между этими двумя полюсами набоковской мысли.

Нападки Набокова на теорию Дарвина, на классическую идею естественного отбора, напоминают нападки Гёте на Ньютона: он точно так же косвенно обвинил сторонников теории в том, что они упустили из виду или проигнорировали встречные доказательства. Набоков и впрямь намекает на то, что предложенная Дарвином механическая модель эволюции неверна: в одной из статей он прямо заявляет, что «не удовлетворен ни одной из гипотез, выдвинутых по поводу того, как именно она работает» [NNP: 6; NB: 356]. В этой довольно мягкой критике Набоков просто отказывается признать как дарвиновскую, так и *любую другую* теорию видообразования: он, судя по всему, обеспокоен тем, что теория со временем начала контролировать и искажать восприятие данных — и что наукой управляет скорее гипотеза, чем эмпирическое наблюдение. В главе 1 мы уже видели, что Набокова отталкивал утилитарный душок «борьбы за выживание» и что он сомневался в причинности как единственном двигателе естественной истории и жизни. Однако нет никакого сомнения, что Набоков принимал основную посылку, согласно которой эволюция допускает и стимулирует порождение форм, более приспособленных к выживанию; так, например, он писал: «Зброидные узоры [крыльев], свойственные определенным группам в определенных средах, позволяют предположить, что это специализированные защитные приспособления, а не примитивная раскраска» [NMGLH: 483]. Аргумент против универсальности природного отбора, на который Набоков возлагал особые надежды — неутилитарную мимикрию, — можно рассматривать просто как отдельную несостоявшуюся гипотезу о природе: можно доказать, что в некоторых случаях мимикрия или подражательное сходство не дают своему носителю никаких преимуществ для выживания. Однако даже без этой лазейки отступничество Набокова было интеллектуально весомым, потому что дарвинизм был и остается гипотезой о том, как новые виды развиваются из старых под разнообразным давлением окружающей среды. Изменчивость, ключевая идея этой теории, оставалась необъясненной, и сам Дарвин охотно и часто допускал, что причина этого явления абсолютно непознаваема. Для Набокова дарвинизм, особенно в спенсеровском изводе, упускал из виду важнейшую часть естественной истории, игнорируя весь вопрос о происхождении и довольствуясь видимыми адаптациями как заменой недостающих знаний об эволюции. Набоков отвергал Дарвина по той же причине, по которой Гёте отвергал Ньютона: в частности, он отказывался признать ограниченную теорию универсальной и полной. Если естественный отбор счесть «всемогущим», как утверждал Вейсман, то предполагается, что он сумеет ответить на все мыслимые вопросы о жизни. Иными словами, версия Вейсмана подразумевает, что в дальнейшем живую природу можно будет изучать только инструментами естественного отбора[19].

Мы точно знаем, что задуманный Набоковым труд «Мимикрия у животных» содержал бы именно такой набор данных, какой Гёте считал принципиально необходимым для достоверной науки. Поразительна обстоятельность, с которой Набоков представляет собранные им морфологические сведения о вариативности бабочек, будь то особенности строения гениталий или

---

[19] Ч. Дарвин, прежде чем его вынудили опубликовать свою теорию, тщательно собирал и систематизировал свои доказательства в течение 20 лет, так что его ни в коем случае нельзя обвинять в тех же недостатках, которые Гёте обнаружил у Ньютона. Вдобавок сам Дарвин, по крайней мере в «Происхождении видов», старательно подчеркивал, что естественный отбор — основной, но не единственный механизм, с помощью которого эволюционируют виды.

расцветка крыльев. Если следовать его аргументации, можно предположить, что расцветка крыльев варьируется у видов и подвидов согласно законам направленного развития, как бы на основе первоявления, хотя и нельзя сказать наверняка, что какая-то из вариаций на заданную тему окажется сильнее других в плане выживания[20]. Суждения Набокова о морфологии гениталий бабочек еще более примечательны своей перекличкой с Гёте. Набоков проводит разграничение между внешними чертами, которые с большей вероятностью примут новую форму в новой среде, и внутренними, такими как половые органы (для Гёте аналогичным примером служили скелеты), которые не подвергаются прямому воздействию окружающей среды. Эти скрытые формы развиваются гораздо медленнее и потому сохраняют отпечатки видового родства гораздо дольше, чем внешние черты. И даже когда внешние и внутренние черты отчетливо различаются, Набоков, подобно Гёте, с наибольшим удовольствием отмечает семейное сходство между несхожими организмами. Сравним, например, следующие фрагменты, в которых оба автора рассматривают долго сохраняющееся сходство между разными группами животных.

> Гёте:
> Какая пропасть между os intermaxillare черепахи и слона! И все же можно между ними вставить ряд форм, связывающих их. Чего относительно целых тел никто не отрицает, то можно было бы здесь показать на маленькой части [Гёте 1957: 120].

> Набоков:
> Потеря в толщине, меньшая, чем составляющая разницу, скажем, между южными и северными особями формы [*Lycaeides*] Каскадных гор, в совокупности с ослаблением

---

[20] Упор на регулярность географических изменений, похоже, согласуется с распространившейся в начале XX века концепцией ортогенеза, отрицавшей естественный отбор как основу эволюции. В современной биологии такая изменчивость называется «нейтральной эволюцией», или «генетическим дрейфом».

крючка, была бы достаточным условием для превращения [*Lycaeides*] *argyrognomon longinus* (голотип) в [*Lycaeides*] *melissa*. Как будет показано далее, в районе озера Джексон такая интерградация и вправду происходит. <…> На этой стадии развития *argyrognomon* действительно превращается в *melissa* (от которой, однако, всего в 300 милях к западу резко отличается по всем признакам). То, что здесь она колеблется на перекрестке эволюции и может избрать другой курс, доказывается *ismenias*-подобными гениталиями паратипов [NMGLH: 517][21].

Или:

Полная последовательность промежуточных форм (более полная, чем я первоначально думал) существует между *argyrognomon* и *scudderi* в палеарктической ветви и между *argyrognomon* и *subsolanus* в неарктической ветви... [Там же: 111].

Когда речь идет о развитии природы и ее постоянном движении через различные состояния, в центре внимания Набокова стоит непрерывность форм в близкородственных таксонах. Его неослабевающее внимание к таким динамическим, масштабным природным явлениям подразумевает убежденность, что подобные метафеномены сами по себе выражают определенные реалии, скрытые в природе. Прийти к этой точке зрения можно только на основе тщательно подобранных данных и их сравнительного анализа, если обращать внимание на вторичные узоры, которые обнаруживаются в «пропусках» и «синкопированных толчках», встречающихся у разнообразных видов. С точки зрения современной эволюционной теории размышления об этом так называемом синтетическом характере видов и его проявляющихся узорах послужили бы Набокову лучшей платформой, чем мимикрия, для рассмотрения тайн эволюции, выходящих за пределы естественного отбора.

---

[21] Ср.: «К югу и востоку от Аляски *alaskensis* незаметно превращается в *scudderi*, нежная пятнистость испода крыла становится отчетливой на сероватом или белом фоне, а у самок лицевая сторона крыла приобретает более интенсивный голубой цвет с более или менее выраженным ореолом» [NMGLH: 504].

Согласно более широкому подходу Набокова, мимикрия выполняет двойную функцию: во-первых, служит предполагаемым доказательством того, что не все радикальные морфологические изменения подчиняются интересам выживания; во-вторых, — что гораздо менее «научно» — она свидетельствует о том, что в самой природе кроется художественный принцип. Это в основе своей романтическое воззрение на природу не удивляет, но показательно, что Набоков, скрупулезный собиратель эмпирических данных, думал, будто обнаружил способ *доказать*, что природа выходит за грань закона причинно-следственной связи. Набоков — не единственный серьезный постдарвиновский ученый, который заговорил о творческой или художественной составляющей динамического процесса в природе. Так, физик и философ науки Э. Мах считал, что некоторые виды исследовательского поведения обезьян отражают бескорыстное любопытство, никак не связанное с возможной ценностью объекта их внимания [Max 2003: 93][22]. Л. С. Берг в 1922 году обобщил ряд примеров предположительно неутилитарной мимикрии [Берг 1922: 215–227][23]. А интерес На-

---

[22] Э. Мах даже заявил: «Механика рассматривает не *основу* и даже не *часть* мира, а только одну сторону его» [Max 2000: 434].

[23] «Мэндерс [Manders 1911] прямыми наблюдениями и опытами, поставленными в природе на Цейлоне и в Индии, показал, что птицы истребляют бабочек в гораздо большей степени, чем обычно принимают; по его расчетам [Там же: 741], на Цейлоне на лесной дороге протяжением около ста верст сотня щурок, или пчелоедов (Merops), могла бы истребить всех бабочек одного вида (*Catopsilia pyranthe*) в две недели. Но при этом замечательно, что птицы — на Цейлоне и в Индии, по крайней мере — не делают никаких различий между "съедобными" и "несъедобными" видами: с одинаковым удовольствием поглощают они как "невкусных" Danais и Euploea, служащих моделями, так и "вкусных" Hypolimnas и Papilio, столь неудачно подражающих первым. Так что весь этот маскарад никчему» [Берг 1922: 215]. Л. С. Берг не утверждает, что мимикрия «всегда бесполезна», но отрицает предлагаемое теорией естественного отбора объяснение приобретения сходства «совпадением случайностей». Напротив, он предполагает, что у двух видов существует сильная скрытая тенденция к проявлению сходных форм: «Мы же предполагаем, что факторы сходства имелись с самого начала как у подражателя, так и у модели, имитируемого, и лишь нужен известный импульс для обнаружения их» [Там же: 224]. На книгу Берга мое внимание обратила в личном сообщении В. Александер.

бокова к витализму А. Бергсона широко известен [Alexander 2003: 189; Toker 1995, 2002; Blackwell 2003б: 256–257]. Конечно, можно возразить, что не обязательно доказывать бесполезность постоянного возникновения новых форм в природе, чтобы провести отчетливые параллели с искусством (а неутилитарность так же трудно поддается объективному доказательству, как и любое «отсутствие»). Так или иначе, мы видим, что на протяжении всего романа «Дар» и «Отцовских бабочек» живо отображается близость природы и искусства, включая даже предположение, что в природе содержится прообраз материалов для рукотворного искусства: рисунок на крыле бабочки «кажется мазком скипидаром пахнущей позолоты и, значит, должен быть скопирован (и скопирован!) так, чтобы работа художника передавала бы кроме всего прочего и сходство с работой художника!» [ВДД].

Само сознание — часть природы, что очень хорошо понимали и Набоков, и Гёте; его творческие акты также являют собой часть естественного развития природы. Набоков верил в индивидуальное творческое начало отдельного художника и в то, что художникам необходимо позволять работать беспрепятственно. В то же время он признавал, что на творческое начало наложены некоторые ограничения, суть которых особенно хорошо видна в его утверждениях о том, что свои романы он «переводит», словно они уже есть в ином, потустороннем или идеальном измерении. Казалось бы, второе утверждение впрямую противоречит первому, поэтому имеет смысл остановиться и разобраться в них. В конце концов, что это за разновидность творчества, которая просто «переводит» уже существующее в иной форме? Рассматривая прообразы, такие как золотое пятнышко на крыле, или предположение об изначальном пребывании разума на «складе» у природы, высказываемое в «Отцовских бабочках», так и хочется сделать вывод, что Набоков всерьез излагает дуалистическую платоновскую систему, в которой «реальное» отражает идеи трансцендентной или ноуменальной действительности. Однако следует помнить о предупреждении Федора, что это лишь «приблизительный образ» [ВДД]. Интерпретация этого художественного кредо в гётеанских терминах, возможно, даст более удовлетворительный и не столь противоречивый ответ. Вспомним, что Гёте, вслед за Шеллингом и Шиллером, считал субъект и объект неразрывными по своей сути, а человеческое сознание — неотъемлемой частью природы, развивающейся в единстве с природой, с самим мирозданием. Благодаря этому единству Гёте чувствовал, что и сам способен воспринимать природу как в ее поверхностных проявлениях, так и в потайной (первофеноменальной) сути, а свое восприятие скрытых, «идеальных» явлений определять как непосредственное и прямое. То, что воспринимает и выражает художник, может быть лишь частью естественного развития природы: как выразился Кант, «гений — это врожденная способность души, посредством которой природа дает искусству правила» [Кант 1994: 180]. Личность, наделенная воображением, может получать непосредственный доступ к производным феноменам или первофеноменам с помощью сознания или бессознательной интуиции. Сущности, приоткрываемые этими интуитивными догадками, бывают неполными или неясными, и цель художника — передать то, что приходит из самых сокровенных уголков сознания, «как можно правдивее и осмысленнее» [СС: 215] — ведь, как писал Гёте, «наш дух находится в гармонии с более глубокими и простыми силами природы и может представлять их в чистом виде» (цит. по: [Richards 2002: 439]). Проблема личности, наделенной подобной силой интуиции, заключается в следующем: все, что она таким образом воспримет, по сути, окажется новым творением природы, которому еще не было выражения ни в человеческом языке, ни в искусстве. Следовательно, его появление в искусстве и науке, скорее всего, будет пугающе незнакомым, а какое-то время и непонятным. Именно по этой причине Набоков утверждает, что авторы создают своих читателей [ЛРЛ: 40]. В текстах, далеких от науки, Набоков заявляет, что узоры и композиции в природе и человеческой жизни указывают на нечто скрытое или трансцендентное, «изнанку ткани» [БО: 13], «другие края... вселенной» [ССАП 1: 480], необыкновенную «подкладку жизни», «Неизвестного» [ССРП 4: 363, 503]. Эти пробные метафизические жесты, «приблизительные образы» появляются в основном в художественных или автобиографических произведениях (и в нескольких научных текстах в виде образа «мать-природа»); возможно, они также просматриваются в «синтетическом характере» видов, который анализируется в «Заметках о морфологии *Genus Lycaeides*». Они создают необычный контекст, в котором можно рассматривать набоковскую разновидность эмпирической науки. Подобно размышлениям Федора в «Отцовских бабочках», они демонстрируют возможность обосновать эмпирический, объективный подход к явлениям в непричинном, нематериальном толковании природных источников. Идеалистические тенденции не мешают качеству научных исследований, но в случае Набокова, как и в случае Гёте, мы видим, как эти тенденции определяют насущные задачи ученого. И главная задача — постараться обнаружить и понять немеханические явления, связанные с более масштабными, интуитивно угадываемыми, но, возможно, недоказуемыми сущностями.

В подходе Набокова к цвету также много важных точек пересечения с Гёте. Хотя Набоков никогда не стремился создать учение о цвете, цвета заворожили его с детства на всю жизнь. В юности, подумывая, не стать ли ему пейзажистом, он развивал в себе восприимчивость художника к теням, оттенкам, штриховке. Что касается Гёте, его желание создать собственную теорию цвета родилось во время путешествия в Италию, предпринятого ради изучения живописного искусства. Именно присущее художнику интуитивное понимание разнообразия и сложности цветов привело Гёте к экспериментам в психологии цвета. Набоков-писатель в своих произведениях проявлял острую восприимчивость к игре различных цветов и важности различения близких оттенков. Прямое развитие этой темы мы наблюдаем в романе «Пнин», где подросток Виктор, начинающий художник, уже в детстве умел видеть разницу в цвете теней от разных предметов.

Вплотную к исследованию частной науки о цвете Набоков подходит, изучая «цветной слух» — свой собственный, а позже жены и сына. В девятнадцать лет, а потом еще раз в сорок семь он подробно перечислил точные цветовые ассоциации, которые вызывали у него каждый звук и буква, тщательно отобразив в подробных сравнительных схемах разницу между звуками английской, французской и русской речи[24]. Эта особая когнитивная способность (семейная черта) была для него источником гордости и восхищения; свидетельство проницаемости «перегородок» между ощущениями — того, что он называл «просачивания и отцеживания» [ССАП 5: 339], — намекало на возможность высших форм восприятия, связанных с явлениями, в целом недоступными для человеческих чувств[25]. Опыт синестетического восприятия укреплял убежденность Набокова в том, что сознание по сути своей тайна.

В широком смысле научные устремления Набокова укладываются в гётевскую концепцию науки. Та же траектория просматривается и в его нереализованных мечтах как ученого. Он задумал, спланировал, а в некоторых случаях даже в общих чертах завершил четыре энциклопедические работы: полный путеводитель по чешуекрылым Европы (практически законченный, за вычетом фотографий); путеводитель по чешуекрылым Северной Америки (выполненный частично); «Мимикрия в животном царстве» (одна статья, которая была написана и, по-видимому, утрачена); бабочки в изобразительном искусстве (подборка некоторых материалов). Каждый из этих проектов отражает одно и то же стремление: собрать большой объем сведений за определенные годы, рассортировать их по порядку, опираясь на подробный анализ, исправить ошибки в публикациях менее внимательных предшественников и таким образом создать возможность обзора крупных подсистем природы с комплексной, синтетиче-

---

[24] «Стихи и схемы» (LCNA, контейнер 10); ежедневник 1945 года, 17 ноября 1945 (Berg Coll.). Набоков пишет о том, что «зрительный узор» любой буквы в сочетании с ее «звуковым воспроизведением» всегда дает определенный цвет [ССАП 5: 338–340; Johnson 1985].

[25] Это не означает, что цветной слух невозможно исследовать с научной точки зрения: это явление интересовало ученых-эмпириков (включая У. Джеймса) еще в XIX веке, и Набоков отметил его самое раннее упоминание в литературе: Alfred Binet. Le probleme de l'audition colorée. Revue des Deux [Mondes 113 (1892): 586–614] («Заметки на разные темы», Berg Coll.).

ской точки зрения. Такой источник помогал бы ученым выявлять эти в высшей степени набоковские явления — узоры и «синкопы» (пропуски, отсутствие).

Исчерпывающее исследование мимикрии в природе, проведенное в соответствии с гипотезой Набокова, дало бы по меньшей мере несколько примеров предположительно бесполезной мимикрии или подражательного сходства (допустим, если хищников, которые охотятся за данной добычей, не обнаружено). Кроме того, такое исследование продемонстрировало бы, как широко и щедро природа любит копировать саму себя, и доказало, что идея имитации и воспроизведения была заложена в природном мире изначально, задолго до того, как люди создали свою версию искусства. Поскольку бабочки и мотыльки воплощают для Набокова художественный импульс, компендиум чешуекрылых в искусстве показал бы, что человек традиционно ценит связь собственной деятельности с ее природными истоками. Не следует сбрасывать со счетов возможные трансцендентные или идеалистические импликации этой связи только потому, что они не поддаются научному изучению, равно как и порицать созданные художниками изображения бабочек и мотыльков за недостаток научной точности. Неточности следует отмечать, но они не лишают нарисованную бабочку художественной ценности в истории искусства или в истории человеческого восприятия природы.

Изучал ли Набоков труды Гёте по естествознанию, определить невозможно. Удобнее всего согласиться с общепринятым мнением, что Набоков читал все и, следовательно, скорее всего, читал и все произведения Гёте. Но это, по сути, не так уж и важно. Мы знаем, что в целом он и читал, и размышлял о Гёте, а в 1932 году, в ознаменование столетия смерти Гёте, опубликовал русский перевод посвящения к «Фаусту»[26]. В тот год русские эмигрантские сообщества в Берлине и Париже активно чествовали Гёте, и весь год в газетах появлялись объявления о том или ином памятном мероприятии. То и дело читались лекции на тему «Гёте

---

[26] Последние новости. 1932. 15 дек.

и...»; в Берлине даже прозвучал доклад на русском языке на тему «Гёте и закон». Помимо литературных произведений, на русском (как и на английском) были доступны автобиография Гёте и «Разговоры с Гёте» И. Эккермана, а уж их-то Набоков наверняка читал; в обеих книгах немало упоминаний о научных трудах Гёте. Самое важное указание на то, что Набоков был хорошо знаком с нехудожественными произведениями Гёте, — это название его лекции «Пушкин, или Правда и правдоподобие», прочитанной на столетнюю годовщину смерти А. С. Пушкина в 1937 году. Речь в ней идет о невозможности создать подлинную биографию любой исторической личности, особенно поэта, и, в широком смысле, о самой проблеме правды в изображении. Эссе было написано Набоковым по-французски и называлось *Pouchkine, ou le Vrai et le Vraisemblable*, что, безусловно, воспроизводит заглавие статьи Гёте «О правде и правдоподобии в искусстве»; оно также в общих чертах перекликается с теоретическими высказываниями Гёте о природе историографии и биографии [Гёте 1980; Fink 1991: гл. 5, 7]. Хотя Набоков и обмолвился о том, что в «Фаусте» заметна «струя» пошлости, скорее всего, он воспринимал Гёте-ученого как родственную душу, если вообще над этим задумывался. Кроме того, Набокова не могло не интриговать скрещение науки и искусства в лице лепидоптеролога Н. А. Холодковского, которым он восхищался, — самого известного на тот момент переводчика «Фауста» на русский язык.

Как это ни смешно, в критическом хоре недоброжелателей Набокова в 1930-е годы звучало и обвинение в «нерусскости», в частности, «нерусском» равнодушии к природе[27]. В конце «Дара» Федор, обращаясь к матери, говорит, что намерен написать роман со всеми отличительными признаками великой русской литературы, в том числе и «описанием природы» [ССРП 4: 525]. Когда в произведениях Набокова появляется природа — в виде чешуекрылых, орхидей, световых и цветовых эффектов или иных

---

[27] См. обзор русской эмигрантской критики Набокова [Foster 1972: 332–334]; Л. Фостер цитирует рецензию М. А. Осоргина на роман «Камера обскура» [Осоргин 1934].

физических явлений, например, скатывающихся водяных капель или колеблющихся травинок, — это результат пристальной внимательности автора, часть сложной вязи наблюдений художника и натуралиста. Именно взаимосвязь всех этих уровней, от естественнонаучного до психологического и металитературного, больше всего напоминает о гётевском восприятии единства природы. Подобное чувство единства недвусмысленно выражается в эстетике Набокова и даже его философских воззрениях в виде, по его собственным словам, «космической синхронизации» и иллюстрируется следующим известным фрагментом:

> И высшее для меня наслаждение — вне дьявольского времени, но очень даже внутри божественного пространства — это наудачу выбранный пейзаж, все равно в какой полосе, тундровой или полынной, или даже среди остатков какого-нибудь старого сосняка у железной дороги между мертвыми в этом контексте Олбани и Скенектеди (там у меня летает один из любимейших моих крестников, мой голубой samuelis) — словом, любой уголок земли, где я могу быть в обществе бабочек и кормовых их растений. Вот это — блаженство, и за блаженством этим есть нечто, не совсем поддающееся определению. Это вроде какой-то мгновенной физической пустоты, куда устремляется, чтобы заполнить ее, все, что я люблю в мире. Это вроде мгновенного трепета умиления и благодарности, обращенной, как говорится в американских официальных рекомендациях, to whom it may concern — не знаю, к кому и к чему, — гениальному ли контрапункту человеческой судьбы или благосклонным духам, балующим земного счастливца [ССРП 5: 434].

Таким образом Набоков объясняет, что и вопреки и благодаря науке само пребывание в природе, которую хорошо знаешь, уже дает тебе доступ к «труднообъяснимым» тайнам: отчетливо реальным, любимым, но не поддающимся объективному анализу.

Глава 3
Красота неутилитарности
Биологические этюды Набокова

Удивительная живая природа Нигабси не поддается объяснению: все на этом острове кажется чрезмерным и чуждым. Например, в глубине острова наблюдали бабочек вида Vanessa с размахом крыльев около 1 м 75 см.

Чудесный остров Нигабси (Berliner Illustrierte Zeitung. 1925. 1 апреля. С. 445)

Биологические основания научной мысли Набокова определили многие темы его литературных произведений, особенно сильно повлияв на их форму. Биология в широком смысле, о которой пойдет речь в этой главе, изучает органический мир живой природы. В нее входят теоретические вопросы, такие как теория эволюции, и более конкретные, например структура и ареал обитания той или иной бабочки или цветка. Явная артистичность и щедрость природы часто фигурируют в произведениях Набокова; с другой стороны, то же касается парадоксальной силы сексуальности (как правило, человеческой), которая временами приводит к весьма уродливым последствиям. Все произведения Набокова исподволь пронизаны противоречием между практической пользой любой физической или поведенческой черты и степенью ее неутилитарной способности порождать праздное удовольствие или экстаз. Среди продуктов природы — сознание человека (о котором мы подробнее поговорим в следующей главе) и производимое его посредством искусство.

Рис. 6. Первоапрельская картинка, опубликованная как иллюстрация
к пародийному научному отчету из Полинезии в газете «Berliner
Illustrierte Zeitung» (1925. № 445. 1 апр.), перепечатанному
в советском журнале «Красная новь» как подлинная новость, —
об этом курьезе сообщалось в газете «Руль» от 21 июня 1925 года.
Бабочка якобы представляет собой полутораметровый образец
ванессы.

Стремясь дискредитировать теорию Дарвина в чистом виде, Набоков устанавливает отчетливую связь между произведениями искусства — предметами, не слишком благоприятствующими физическому выживанию, — и их природными корнями и возникновением из природы. Нетрудно заметить, что Набоков уделяет едва ли не чрезмерное внимание характеристике своих произведений: они, по его словам, «не поучительны» [ССАП 2: 382] и, как нас убеждает Набоков, не служат никаким практическим целям, словно «голос скрипки в пустоте» [Pro et contra 1997: 42].

Набоков вслед за Пушкиным утверждал, что пишет ради собственного удовольствия, а печатается ради денег[1]. Существование высшей формы интеллектуального удовольствия — эстетического восторга — определяется возможностью убежать, пусть и ненадолго, от борьбы за выживание. Таким образом, наше понимание набоковского подхода к формам жизни и эволюционным изменениям основывается именно на этой проблеме «цели» и ее отсутствия. Как мы уже убедились в предыдущих главах, Набоков понимал живую природу как сферу безграничного творческого начала. Именно это начало одушевляет его взгляды на жизнь в самом широком смысле — и, скорее всего, воззрения на физический мир в целом. Творческое начало по определению требует не только ограничений, но и свободы, и потому имплицитно противоречит механистической и детерминистской гипотезам. Как и в природе, в произведениях Набокова происходит загадочная схватка между свободой и необходимостью («выдурь в обличии выбора» [ССАП 3: 282]). Набоков признавал эволюцию (как, разумеется, подобает любому ученому), и даже до некоторой степени механизм естественного отбора: в его статьях допускаются адаптивные преимущества ряда черт, порожденных эволюцией. Поэтому нельзя сказать, что он был слеп к игре причин и следствий в сложных системах. Однако

---

[1] «Пишу для удовольствия, печатаю для денег» [ССАП 2: 594]. Набоков цитирует слова Пушкина из письма П. А. Вяземскому от 8 марта 1824 года: «...я пишу для себя, а печатаю для денег, а ничуть для улыбки прекрасного пола» [Пушкин 1937: 88–89].

отбор, как уже было показано в главе 1, это по определению контролирующий фактор, а не творческий и созидательный, и, подобно некоторым ученым конца XIX — начала XX века, Набоков считал, что сила, заставляющая жизнь развиваться и изменяться, фундаментальна, в то время как сила отбора в дарвиновской теории вторична[2]. Сыграл ли в этом роль *élan vital* А. Бергсона или какой-то еще импульс, в понимании Набокова постоянное расширение и изменение природы было символом принципа обновления через свободное развитие органической формы. Разум играет в истории эволюции ключевую роль и как самый выдающийся из ее известных продуктов, и как гипотетическая предпосылка для ее развития. Утверждая, что разум, хранящийся «на складе у дарителя» [ВДД], предшествует его проявлению у человека, Константин Годунов-Чердынцев рискует быть обвиненным в телеологическом мышлении — идее, что природе суждено достигнуть конечной точки в развитии сознания (в человеческом или каком-то ином будущем обличье), а также в креационизме: ведь это его утверждение подразумевает, что природа произвольно «поставляет» формы из трансцендентного мира в феноменальный. Однако можно и по-иному истолковать метафору Годунова-Чердынцева, в большем соответствии с научными воззрениями Набокова: разум — это способ или принцип бытия (как, скажем, высшая субстанция или законы физики), который проявляется в формах, возникающих в ходе его развития, но не предопределяет заранее все возможные явления, которые могут из него возникнуть. Таким образом, он будет частью постоянно появляющейся природной материи, но не целью как таковой. В набоковском подходе к этим идеям видится некоторая непоследовательность, но тщательное рассмотрение показывает, что за ним стоит стройный набор принципов.

---

[2] Ср. [Холодковский 1923: 136]. Естественный отбор также можно рассматривать как производный фактор, *обусловленный* появлением мутаций, — похоже, именно эту позицию Набоков развивает в утверждении Годунова-Чердынцева о том, что и сама эволюция эволюционирует в природе [ВДД]. Этот вопрос остается актуальным и сегодня: см., например, [Pigliucci 2008: 75–82].

Например, поначалу неясно, как природу, порождающую свои формы с «целью» позабавить людей, можно назвать свободной (здесь свобода от механичности оборачивается рабством у «конечной цели»: сознательно доставить удовольствие). В «Память, говори» (но, что примечательно, не в научных статьях) Набоков подчеркивает «бесполезные упоения» природы, утверждает, что внутренне она свободна, хотя можно заметить, что неутилитарность и свобода вовсе не обязательно синонимы. Годунов-Чердынцев выдвигает идею «Природы» как творца, который создает — не по плану, а свободно — все узоры жизненного потока (даже если это «лишь приблизительный образ», «иносказание» [ВДД]). Внутри этой модели свободой наделены не обязательно составные элементы природы, но, скорее, оживляющая сила, которая стоит за ними[3]. Под вопросом оказываются собственно время и причинность, поскольку последовательность уступает место форме и структуре (как в возвратно-поступательной композиции «Бледного огня» с его многочисленными перекрестными отсылками). События, возможно, и связаны друг с другом неким вычленимым способом, но причинно-следственные связи могут также скрывать другие конструктивные или творческие принципы, которые втайне действуют под поверхностью природы. Если разум и предоставляет своим носителям подобие свободы, эта свобода не обязательно охватывает ежедневные взаимодействия с физическим миром в его конкретной форме. Если природа в каком-то трудноопределимом смысле свободна (т. е. не полностью механистична или предопределена), то способы существования внутренних явлений природы, включая эволюцию,

---

3 Подобная формулировка, если она точна, отчасти напоминает также определение А. Шопенгауэра, согласно которому свобода обнаруживается не в явлениях внешнего мира (механически, причинно детерминированных), а в скрытых путях воли (скрытых, так как они недоступны познанию или осознанию человеком) [Шопенгауэр 1991: 391, 397–398]. Ср. также современные теории сложности и эмерджентности. Хотя в годы, когда Набоков писал большинство своих произведений, этих теорий еще не существовало, в его подходе к видообразованию, как полагает В. Александер, интуитивно прозревается нечто близкое к эмерджентности [Alexander 2003: 177–192].

не всегда можно объяснить действующими причинами[4]. С другой стороны, произведения искусства как свободные порождения разума отражают свободу природы в границах постижимого человеческим сознанием. Такова набоковская философия природы и искусства, и эти принципы явственно проступают во всех его произведениях. Поэтому мы обнаруживаем в его творчестве образы, заимствованные из органической природы (как правило, в качестве символов свободного природного творческого начала, с намеком на то, что оно наделено скрытым подобием сознания), и сама проза строится по аналогии с этой концепцией[5].

Биология занимается вопросами, связанными с ростом, воспроизведением и взаимодействием живых организмов, а также с эволюцией форм жизни на планете. Романы, в которых биологические темы затрагиваются особенно интенсивно и широко, — это «Дар» и «Ада», но эти темы регулярно проступают во всем творчестве Набокова, и не только в виде образов бабочек и мотыльков. Достаточно принять во внимание глубокий интерес Набокова к вопросам о высшей сущности жизни (в особенности о том, где ее возможные корни — в свободном творческом начале или механике), — и мы начинаем различать биологические темы, скрытые в самых неожиданных контекстах. (Уже в «Соглядатае» [1930] Набоков оповещает читателя о своих — и рассказчика — зоологических познаниях, говоря о Линнее и вопросах классификации видов и подвидов[6].) Будучи

---

[4] В лекции «Трагедия трагедии» Набоков утверждает, что причинность *не является* основой жизни и не должна рассматриваться как фундаментальная характеристика в искусстве (особенно в трагедии) или в жизни [TrM: 508].

[5] С. Э. Суини предлагает новый взгляд: сама природа человеческого мышления направляет повествовательные формы Набокова, которые как будто имитируют врожденное, спонтанное сознание в своих внезапных и удивительных прыжках через пропасти словесного значения. См. [Sweeney 2009].

[6] «Так бывает в научной систематике. Давным-давно, с лаконическим примечанием "in pratis Westmanniae", Линней описал распространенный вид дневной бабочки. Проходит время, и, в похвальном стремлении к точности, новые исследователи дают названия расам и разновидностям этого распространенного вида, так что вскоре нет ни одного места в Европе, где бы летал типический вид, а не разновидность, форма, субспеция. Где тип, где подлин-

убежденным в творческом начале природы, Набоков верил и настойчиво пытался показать, как несостоятелен естественный отбор в роли движущего фактора всей эволюции. В научной среде попытки заменить теорию Дарвина предпринимались с разных сторон: среди них были чисто механистические объяснения изменчивости видов во времени (как, например, ортогенез, развитие живых форм, управляемое внутренними законами) и, разумеется, обновленный ламаркизм (наследование черт, приобретенных в течение жизни). Но Набокова интересовали вовсе не механические составляющие природы: скорее, он верил, что природа скрывает в себе дыры, складки, прорехи и огрехи в ткани жизни, — метафора, которую Набоков, возможно, позаимствовал в полемических целях из «Былого и дум» А. И. Герцена. Д. Т. Орвин показала важность этой метафоры в размышлениях Л. Н. Толстого об отношениях между дарвиновской биологией и историей. Толстой в письме Герцену возражал против его образа «ковра», в котором отдельные личности одновременно и ткачи и ткань в свободном течении истории, где «хозяина нет, рисунка нет, одна основа, да мы одни-одинехоньки» [Герцен 1957: 249][7]. Переосмысливая эту метафору заново, Набоков берет то, что для Герцена означало механическую

ник, где первообраз? И вот, наконец, проницательный энтомолог приводит в продуманном труде весь список названных форм и принимает за тип двухсотлетний, выцветший, скандинавский экземпляр, пойманный Линнеем, и этой условностью все как будто улажено» [ССРП 3: 69]. В список книг, составленный в Крыму в октябре 1918 года, Набоков включил и научную биографию Линнея: Виктор Андреевич Фаузек. Линней, его жизнь и научная деятельность. СПб.: Типография товарищества «Общественная польза», 1891 («Стихи и схемы». Задний форзац. LCNA).

7 См. [Толстой ПСС 60: 373–374]. Возможно, на оспаривание этой аналогии Набокова также вдохновил рассказ Г. Джеймса «Узор ковра». Акцент на изъянах и зазорах, складках и подкладке развивает и расширяет метафизические или просто мистические значения метафоры Джеймса, заранее дискредитированной в замечаниях Герцена. Дж. Рэми отмечает, что тема недостатков становится частью более широкой модели «литературного камуфляжа под природное» [Ramey 2004: 193], но не рассматривает вопрос о том, что именно их статус *недостатков* на одном уровне прорывается на другой уровень значимости.

конструкцию, регулярность узора, систему и организацию, и сосредотачивается на другой стороне реализуемой метафоры: на неровных промежутках между нитями, на огрехах, на способности ткани складываться и порождать удивительные, совпадающие при наложении узоры, на существовании «изнанки ткани» [БО: 13] или «подкладки» жизни [ССРП 4: 363]. Набоков выворачивает метафору Герцена, выдвигая на первый план тонкую структуру и прерывность ткани. Обнаруживаемые в ней нерегулярности складываются совсем в другой образ, ограничивающий материалистические аналогии.

Непременный первый ход в набоковском гамбите — создать угрозу самой идее утилитарности в природе и в человеческой жизни, которую он считает проявлением природы. В противовес дарвиновскому постулату, что природа сохраняет случайно приобретенные черты, если они служат каким-то целям, идущим на благо отдельной особи и, следовательно, выживанию вида, Набоков утверждает, что природа создает новые черты и свойства не случайно, но свободно, и что некоторые черты могут сохраняться, невзирая на их бесполезность. В 1930-е годы он будет утверждать, что этот принцип в природе проявляется в некоторых необычных узорах; даже к концу жизни он считал, что первейший пример этому — человеческое сознание. В то же время важно помнить, что Набоков, считавший идеализм по меньшей мере приемлемой философской позицией, по-видимому, чувствовал, что сознание могло бы предложить доступ к другим вариантам бытия, не подверженным превратностям физического существования. Следовательно, физическое выживание не является априори самым желательным результатом, как показано в «Защите Лужина», «Приглашении на казнь», «Под знаком незаконнорожденных» и «Подвиге», — это только самые яркие примеры[8].

Небольшой роман «Подвиг» (1931) так и напрашивается на обсуждение в связи с этой темой, поскольку главный соперник

---

[8] Этот намек также находит отражение в нескольких рассказах, например, «Сестры Вейн» и «Знаки и символы», а также в романе «Прозрачные вещи».

протагониста здесь носит фамилию Дарвин[9]. Этот персонаж (не биолог, а ветеран войны и автор рассказов) воплощает практичность (особенно ее стереотипную британскую разновидность), силу, рассудительность, энергичность, остроумие, обаяние — все черты, которые предполагают приспособленность к выживанию и благополучному продолжению рода. Однако в кембриджские, студенческие годы и писания, и поступки Дарвина отличаются бунтарством и целенаправленно противоречат утилитарности. Тем не менее он выживает и к финалу романа остепеняется: теперь он ведет благополучную жизнь признанного журналиста, который вещает «об успехах, о заработках, о прекрасных надеждах на будущее — и оказывается писал он теперь... статьи по экономическим и государственным вопросам, и особенно его интересовал какой-то мораториум» [ССРП 3: 243]. Дарвин побеждает в своей борьбе, но читателю дается понять: это никчемная победа. Иное дело Мартын Эдельвейс, чувствительный, интеллигентный, но нецелеустремленный и лишенный таланта русский эмигрант: именно он одушевляет творческую сердцевину романа. В сущности, Мартын вовсе не двигатель сюжета, он порождает не так уж много событий. «Подвиг», возможно, самый недооцененный роман Набокова, по-чеховски отражает бессобытийное, даже вялое течение жизни Мартына, в то же время окружая его существование чарующей текстурой природной среды и богатого воображения. В комментариях к роману А. А. Долинин и Г. М. Утгоф отмечают тематическую значимость противопоставления «слабого» персонажа Мартына «сильному» Дарвину: опровергая теорию естественного отбора, именно Мартын переживает духовный рост [ССРП 3: 727]. По сути, сквозные антидарвиновские мотивы залегают в «Подвиге» еще глубже, хотя напряжение между двумя протагонистами в самом деле служит средоточием борьбы Набокова с «борьбой». Любопытно, что в предисловии к амери-

---

[9] Примечательно, что фамилия художника, ставшего официантом, у которого Мартын заказывает еду ближе к концу романа, — Данилевский, в честь Н. Я. Данилевского, чей трактат 1889 года о дарвинизме был «тщательно структурированным синтезом всех антидарвиновских аргументов, циркулировавших во время его написания» [Vucinich 1988: 123].

канскому изданию Набоков говорит о «Подвиге» как о единственном «целенаправленном» романе [Pro et contra 1997: 65]. Это была цель «от противного»: описывая эпоху великих задач, яростной борьбы за политическое и экономическое выживание, Набоков предпочел подчеркнуть противоположные принципы: праздность и бесполезность. В разгар Гражданской войны в России, когда многие его русские знакомые идут воевать, чтобы вернуть себе отечество, Мартын мечтает и фантазирует, ищет любовных приключений и изучает русскую литературу. Учась в Кембридже, он даже не пытается выбрать себе какую-либо карьеру.

Учитывая эту непрактичность, любопытно, что Мартына особенно увлекают состязания: он хорошо играет в теннис, футбол, хорошо боксирует. Больше всего ему нравится, когда силы противника превосходят его собственные, даже если это означает почти неминуемое поражение, поскольку цель победы для него не трофей, не приз, а чувство победы (и, что желательно, хотя и маловероятно, свершение Гераклова подвига). В одном исключительном и очень показательном случае, на университетском футбольном матче, Мартын надеется, что своими победоносными вратарскими маневрами произведет впечатление на ускользающую Соню, может быть, даже завоюет ее сердце; но Соня безразлична, матч наводит на нее скуку, и она уходит со стадиона еще до конца игры [ССРП 3: 179]. Точно так же, когда Мартын и Дарвин устраивают боксерский поединок, отчасти спровоцированный их соперничеством за Соню, бой завершается не наградой победителю — ни один так и не добивается руки прекрасной девы, — но новым ощущением товарищества, словно единственной целью состязания было уничтожить его предполагаемую цель. В кровавом бою есть нечто возвышенное, и даже некое подобие катарсиса, но даже этот откровенно *биологический* поединок из-за желанной самки приводит к совершенно непредсказуемому и неплодотворному результату. Бессмысленный матч — сам себе награда.

Последствия активных действий особенно рельефно очерчены в размышлениях Мартына о смерти Иоголевича, революционерасоциалиста, который несколько раз проскальзывал через советскую границу по таинственным антибольшевистским делам. Мартын читает некрологи, и его поражает, что мир антибольшевистской борьбы свел этого человека (как и других ему подобных) к публицистическим штампам: «настоящий труженик», который «пламенел любовью к России»; эти слова «как-то унижают покойного» своей универсальной применимостью. Мартын думает о привычках Иоголевича:

> ...было больше всего жаль своеобразия покойного, действительно незаменимого, его жестов, бороды, лепных морщин, неожиданной застенчивой улыбки, и пиджачной пуговицы, висевшей на нитке, и манеры всем языком лизнуть марку, прежде чем ее налепить на конверт да хлопнуть по ней кулаком... Это было в каком-то смысле ценнее его общественных заслуг, для которых был такой удобный шаблончик [ССРП 3: 202].

Способность замечать и ценить подобные мелочи, как и сами эти мелочи, лишена утилитарной ценности, и тем не менее для Мартына детали и их восприятие «драгоценнее» патриотической доблести. То, что Мартын называет «своеобразием» Иоголевича, представляет одно из величайших сокровищ жизни, — то, которым, как показывают некрологи, слишком легко пренебрегают даже русские либералы. Появление таких ценностей и всего, что за ними стоит, показывает, согласно Набокову, что не все аспекты жизни утилитарны. Мартын, которого Набоков в предисловии к американскому изданию называет мучеником, доказывает собственную свободу от жизненной борьбы, погибнув за идею бесполезности. Да, это правда, что он не оставит потомства, его род пресекается; но Набоков хочет, чтобы читатели рассматривали эстетическую, сказочную организацию жизни Мартына, родственной тому, что Набоков находил в природе, как манящую историю жизни, прожитой ради ее собственного финала, с ее собственными тайнами. Именно такими размышлениями занят в конце романа Дарвин, остановившийся на лесной тропинке.

Как бы то ни было, Мартын потратил всю свою жизнь на то, чтобы войти в картинку, которая в детстве висела у него над кроватью, и углубиться в чащу по таинственной лесной тропинке, почти так же, как Константин Годунов-Чердынцев в «Даре» входит в основание радуги. Мартын стремится совершить деяние, рискованное и бесцельное, предпринять романтический подвиг — недаром роман носил рабочее название «Романтический век». Подвиг, выбранный Мартыном, — его личный выбор, подкрепленный некими таинственными судьбоносными знаками, — друзья и знакомые Мартына впоследствии осуждают, называя бесцельным и даже глупым (не говоря о самоубийственности). Мартын решает пробраться из Латвии в Советскую Россию, провести там сутки и вернуться через границу. У него нет никакого внешнего мотива, и единственное, что им движет, — восхитительная, бессмысленная опасность замышляемого подвига. До самого отъезда Мартын не сообщает о своих планах никому, кроме Дарвина, которого встречает почти случайно в Берлине, уже собираясь на вокзал [ССРП 3: 221]. К этому моменту миновало почти три года с тех пор, как они учились вместе в Кембридже, Дарвин еще больше заматерел и с точки зрения эволюции еще тверже стоит на ногах (он защищен как от опасностей, так и от воображения: бросил писать беллетристику). Почему Мартын исповедуется именно Дарвину, а не, скажем, Соне или какому-то случайному знакомому — или никому вообще? В нарративном плане это сделано, чтобы прямо противопоставить дарвиновскую (и дарвинистскую) идею приспособленности вопиющему образчику бесцельности и ее последствий. Дарвин-персонаж вынужден противостоять всей сложности душевной организации Мартына и его намерений. Мартын наверняка гибнет от рук советских пограничников, пробираясь по лесной тропке, похожей на ту, с картинки над его детской кроватью; Дарвин же кружит по другой лесной тропинке, внимательно вслушиваясь в звуки окружающей природы (журчание воды, птичий щебет). Образ Мартына сливается с природной обстановкой и декорациями его юношеского воображения; выживший Дарвин тихо размышляет — но о чем? Этого мы не знаем, но убеждены, что в его сознании что-то изменилось и приняло иную форму.

Возможно, как утверждает Ч. Никол, результат (но не цель) подвига Мартына состоит в том, что в Дарвине снова пробудилась художественная восприимчивость [Nicol 2002: 170–171; 1996: 48–53]. Это звучит почти как причинное объяснение, маловероятное, если считать, что целью, преследуемой Набоковым в «Подвиге», было продемонстрировать некаузальную основу природы и жизни (которая подчеркивается и узором в жизни Мартына, и тем, что его сны во многом сбываются) [Pro et contra 1997: 65]. События эти показались бы сверхъестественными, если бы не были просто удивительными совпадениями; они свидетельствуют, что композиционный принцип, на котором строится жизнь, выходит за рамки причины и следствия: они — скрытые изъяны в поверхности ткани жизни. Решение этой дилеммы отчасти заключается в непредсказуемости: Мартын не знает, что его поступок приведет к перемене в Дарвине. Но на Дарвина воздействует не только поступок Мартына, а еще и нюансы окружающего мира, где автомобиль съезжает в канаву и Дарвин, сам того не зная, видит картину, похожую на ту, которая висела над детской кроваткой Мартына, и одновременно на сцену из «Руслана и Людмилы» Пушкина. Но какие именно детали этой сцены влияют на Дарвина? Вода? Калитка? Серый снег? Возможно, в сознании Дарвина и не произошло решающих сдвигов — автор не подает нам никаких четких знаков; скорее, он открылся, как калитка, для нового направления действий, для возможных творческих реакций, которые еще облекутся, а может быть, не облекутся в форму. Согласно Ч. Николу, «Дарвин вступил в пушкинскую вселенную и одновременно двинулся тропой, по которой Мартын шел с самого своего детства». Мечты и фантазии Мартына сбылись; он растворился в фантастическом воображении. Дарвин остался, чтобы осмыслить значение жизни и смерти, борьбу за существование или подвиг, в то время как читателям (а они знают гораздо больше, чем Дарвин) остается размышлять о красоте бесполезности и о смысле жизни, принесенной в жертву ничему. «Подвиг» поначалу производит обманчивое впечатление самого простого, не перегруженного скрытыми смыслами произведения Набокова[10], но его гладкая поверхность скрывает глубину, которая превращает роман, возможно, в один из самых завораживающих у писателя.

Половой отбор и выживание видов

Можно бороться за выживание или искать подвигов, но, чтобы участвовать в эволюции, любому животному необходимо размножаться. За пределами русских эмигрантских кругов Набоков прославился благодаря будоражащей роли сексуального желания в своем третьем англоязычном романе. «Лолита» главным образом посвящена психологическому профилю патологического рассказчика и вреду, который он причиняет своей жертве. Роман не столько о сексе, сколько о противоправных половых сношениях и порабощении, а также о психологическом состоянии солипсизма — и это лишь самые важные и заметные из его тем[11]. Однако сексуальная составляющая «Лолиты» очень ощутима: она служит основой навязчивой страсти Гумберта и его способности разрушать, почти слепо, жизнь другого человека. Если рассматривать сексуальность Гумберта с точки зрения биологии и эволюции, в ней просматривается дополнительный нюанс: влечение направлено на девочку, которая, согласно точному определению нимфетки, данному Гумбертом, еще неспособна зачать[12]. Следовательно, это влечение, подобно гомо-

---

[10] Самые первые рецензенты, даже обычно поддерживавший Набокова М. Цейтлин, сочли роман даже слишком простым, лишенным общей идеи или сюжета. См. [ССРП 3: 714–715].

[11] Армейский товарищ А. Аппеля, комментатора «Лолиты», прочитал первые строки романа, обозвал «чертовой макулатурой» и отшвырнул прочь [AnLo: xxxiv].

[12] Набоков много читал о физиологии подростков; согласно одному из источников, средний возраст полового созревания у девочек составляет 13 лет 9 месяцев ([ССАП 2: 57], «Заметки к Лолите», папка 4, LCNA). Когда Гумберт знакомится с Долли Хейз, ей двенадцать лет и пять месяцев. Утром после их первого полового акта она, правда, покупает гигиенические прокладки, но,

сексуальности, нельзя рассматривать как *репродуктивное* сексуальное влечение. Эта тема давно занимала Набокова: он двадцать лет обыгрывал идею девочки-невесты, позаимствованную у Достоевского, По и Данте, и использовал ее уже в романе «Камера обскура» в 1932 году (позже она вновь появлялась в «Приглашении на казнь», «Волшебнике», «Под знаком незаконнорожденных» и «Прозрачных вещах»). Есть несколько способов символического прочтения и истолкования этой педофильской страсти, и большинство их зашифровано и осмеяно в самом романе. Показательность случая выражена в теме «возвращения к детству», введенной в начале романа рассказом-аллюзией об «Аннабелле Ли». Однако в истории Аннабеллы, в ее фрейдистской причинности есть нечто слишком удобное и обыденное. Она создает ощущение сподручного оправдания, но не более того. Сексуальные особенности Гумберта существуют независимо от эпизода с Аннабеллой; это, насколько мы понимаем, отличительная *часть его «Я»*, так же свойственная ему, как «нормальная» сексуальность свойственна прочим людям. По всем признакам, это глубинная сущность Гумберта: он, по крайней мере, когда дело касается страстей, не может быть другим (хотя может найти, а сделав усилие, и находит способы перенаправить свои наклонности). Аргументы Гумберта в пользу допустимости несовершеннолетних юных невест в некоторых культурах совершенно неубедительны: эти нимфетки всегда вырастают, но Гумберт остается завороженным их ушедшей, юной, еще не фертильной формой и множеством ее повторений, которые он видит вокруг[13].

похоже, это не связано с менструацией. Позже в мрачных раздумьях Гумберт действительно представляет, как Лолита зачинает от него детей — но только для того, чтобы создать цепочку девочек, каждая из которых в подходящем возрасте заменит свою мать в его постели [ССАП 2: 215] (см. также: «...выводок Лолит» [Там же: 365]).

[13] В связи с этим возникает вопрос: действительно ли Гумберт любит Долли, когда (если) он навещает ее в Коулмонте, — теперь уже молодую женщину на шестом месяце беременности? Думаю, что даже слово «любовь» неприменимо к Гумберту, что бы он ни утверждал.

Таким образом, на определенном уровне наклонности Гумберта представляют собой непродуктивную мутацию, отклонение сексуальной энергии, обреченное быть вечно направленным на объекты, еще не достигшие фертильности. Это не столько короткое замыкание фрейдистского причинно-следственного сексуального механизма, сколько дарвинистский тупик. Тем не менее личность Гумберта выходит за рамки его сексуальности, и особенно ясно это видно, когда он берется за написание своей «исповеди». Он, самое меньшее, представляет собой демонстрационный образец: он демонстрирует *сам себя*, пусть и не с абсолютной честностью или даже самопониманием, но, по крайней мере, с определенной степенью искренности, не боясь показать некоторые уязвимые стороны и слабости. Если к концу романа мы верим, что повествование Гумберта имеет ценность, что он, пусть даже самодовольно, выгораживая себя и запутывая читателя, сумел передать нечто жизненно важное о Долли и о том, как эксплуатировал девочку; если он, пусть сам того не ведая, художественно изобразил нам уродливую реальность некоторых привычек или черт сознания, значит, он преодолел свою преступность, свой порок и биологическую бесполезность. Если в трагедии романа есть доля правды и если понимание ее Гумбертом дополняет и собственную правду романа, и его трагедию, то существование Гумберта-художника оправданно — так, как никогда не будет оправдано его биологическое существование, во всяком случае в категориях дарвинизма. Скорее всего, именно поэтому Набоков милосердно жалует ему «в Раю зелен[ую] алле[ю], где Гумберту позволено раз в год побродить в сумерках», освободившись от вечного адского наказания, в то время как его предшественника Германа Карловича из романа «Отчаяние» «Ад никогда не помилует» [Pro et contra 1997: 55]. Гумберт, при всей его преступности, на протяжении романа проявляет некоторые важные черты человечности и даже зачаточные проблески способности любить. Герман из «Отчаяния», напротив, подчиняет всех вокруг своей солипсистской самовозвеличивающей фантазии. В его представлении он единственный возможный объект любви[14].

Когда Набоков делает средоточием романа сексуальность, он склонен выбирать отклонение от типичной репродуктивной потребности человека и представлять такую версию плотской страсти, которая исключает даже возможность появления потомства. Таким образом физиологическое сексуальное влечение особенно резко оторвано от выживания биологического вида. Несмотря на свое открытое неприятие гомосексуальности, Набоков наверняка знал, что она представляет собой явление, необъяснимое с точки зрения дарвинизма. Хотя гомосексуальность и появляется мимолетно в нескольких произведениях Набокова (возможно, из-за того, что среди его близких родственников было по меньшей мере двое гомосексуалов), основной темой она становится только в «Бледном огне»[15]. Сексуальность Кинбота существенно преувеличена, но особенно интересно в романе то, как разнообразно в нем обыграны понятия фертильности, оплодотворения, зачатия и рождения, представленные, с одной стороны, на фоне жизни Джона Шейда в Вордсмитском колледже, с другой — на фоне шаловливых стерильных похождений «Карла Ксаверия Кинбота».

Сексуальное влечение занимает в дарвиновской теории особое место как сила, способствующая размножению и сохранению многих видов[16]. Опираясь на этот основополагающий биологиче-

---

[14] Хотя представляется, что Герман в «Отчаянии» либо бесплоден, либо не хочет детей, его основная сексуальная энергия направлена на себя. Он представляет собой пародийное воплощение широкого спектра фрейдистских принципов в сочетании с дарвиновской темой убийства ближнего в борьбе за выживание. Его рассказ, призванный оправдать убийство как гениальное произведение искусства, выдает истинную мотивацию: получить деньги по страхованию жизни. Искусство, полагает Набоков, никогда не служит орудием борьбы, и, конечно же, убийство никогда не может быть искусством.

[15] Младший брат Набокова Сергей и дядя Вася были гомосексуалами. «Соглядатай», «Подвиг», «Камера обскура», «Отчаяние», «Дар» — во всех этих произведениях открыто или скрыто присутствуют гомосексуальные персонажи или темы.

[16] Полное название второй знаменитой книги Дарвина — «Происхождение человека и половой отбор».

ский факт, Фрейд и его последователи объясняли различные сексуальные «перверсии» как механические последствия детских протосексуальных травм или «эдиповых» нарушений — объяснения, которые Набоков в основном отвергал[17]. Возможно, Набокову было ближе по духу считать нерепродуктивные сексуальные влечения скорее врожденными, чем обусловленными причинной и психологической мотивацией. Необузданная сексуальность в жизни Кинбота, лишенная какой-либо цели помимо плотского удовольствия, отчетливо показывает человеческий культ чувственности, сексуального желания в полной изоляции от любых репродуктивных побуждений[18]. То, что нечто настолько основополагающее, как сексуальное влечение, может быть полностью оторвано от функции продолжения рода и эволюции, должно быть, поражало зоолога Набокова — специалиста по гениталиям бабочек! — особенно сильно[19]. На эту загадку он дает интригующий творческий ответ: вместо того чтобы показать эволюционную бессмысленность подобного варианта, Набоков пользуется случаем смоделировать переход из природы в сознание, когда «вдруг глаза у нас раскрываются» [ВДД], как выражается Годунов-Чердынцев-старший (подробно о ВДД см. главу 1).

В историях о Зембле, своем утраченном королевстве, Кинбот щеголяет и даже похваляется собственной сексуальностью. Мы понятия не имеем, в какой степени его фантазия соотносится с любой возможной реальностью; нам не дано знать, есть ли у его землянских гомосексуальных похождений и формального брака с королевой Дизой хоть какая-то основа в «реальной» биографии персонажа, в противоположность его измышлениям.

---

[17] Набоков называет фрейдизм «тоталитарным государством полового мифа» [ССРП 5: 329].

[18] В сексуальном мире Кинбота любовь совершенно явно отсутствует, но в мире его снов она есть: «Снившаяся ему любовь к ней [Дизе] превышала по эмоциональному тону духовной страсти и глубине все то, что он испытывал в часы существования на поверхности» [БО: 199–200].

[19] Здесь стоит вспомнить его утверждение о том, что половые органы относительно изолированы от факторов воздействия среды при естественном отборе [NNP: 5].

Насколько мы понимаем, Кинбот действительно ведет активную, хотя и мучительно сложную гомосексуальную половую жизнь во время пребывания в доме судьи Голдсворта. Приняв гомосексуальность Кинбота за диегетическую «реальность», так же как и его случайное знакомство с соседом-поэтом Джоном Шейдом, мы наблюдаем, как разворачивается очень странная история, в которой секс и сексуальность только сбивают с толку. Творение Кинбота — история Зембли и побега из нее короля Карла — во многих отношениях представляет собой *tour de force*. Если на миг оставить в стороне сложную взаимосвязь между его историей, развивающейся в комментарии, и поэмой Шейда «Бледный огонь», мы сможем оценить драматичность, юмор, напряжение и пафос повествования Кинбота. Тем не менее само по себе оно вряд ли наделено признаками великого романа или длинной современной поэмы. Эта история не по-настоящему автобиографична (поскольку во внешней реальности романа Карл Ксаверий не существует *как таковой*), однако она создает то, что Шейд называет «блестящей выдумкой», которая занимает место «серого и несчастного прошлого» Боткина-Кинбота [БО: 225].

Кинбот пересказывает историю жизни Карла Ксаверия: первое осложнение в ней возникает, когда молодой принц становится королем и от него ждут женитьбы и рождения наследника. Женщины Карлу сексуально противны, и, несмотря на красоту своей жены Дизы и некоторые добросовестно предпринимаемые им самим усилия, он не в состоянии выполнить свою биологическую роль в продолжении династии. Исследователи возводят имя Дизы к названию орхидеи *Disa uniflora*, то есть «цветка богов», который король Карл приносит жене, навещая ее на Ривьере [Бойд 2015; ССАП 4: 670]. Как выяснил Д. Циммер, род *Disa* состоит в основном из орхидей, которые лишь изредка опыляются необходимыми для оплодотворения насекомыми, и поэтому многие особи в каждом новом поколении погибают, так и не дав потомства [Zimmer 2001: 147–148][20]. Таким образом, бесплодие

---

[20] Д. Циммер отмечает, что название *Disa* также относится к виду бабочек *Erebia disa* (Thunberg, 1791); он возводит родовое имя Диза к легендарной уппсальской королеве, воспетой в первой шведской исторической пьесе,

Дизы помещено в биологический контекст, который на свой лад
подкрепляет тему эволюционного отклонения: какой, собственно, цели выживания может служить неспособность привлекать
оплодотворителей, и, следовательно, размножаться?[21] Положение
Дизы тем более тягостно, что красота и, насколько мы знаем,
фертильность (вдобавок подчеркнутые ее высоким социальным
статусом) должны были повысить ее шансы передать свои гены
будущим поколениям. Понятно, что нормальное функционирование особей в эволюционном механизме каким-то образом

написанной Й. Мессениусом в 1611 году (см. также комментарий А. Люк-
сембурга и С. Ильина [ССАП 4: 670]. Любопытно, что в самой легенде речь
идет о проблеме выживания. Ч. Дарвин написал об орхидеях целый трактат,
чтобы продемонстрировать, что «необходимость для высших органических
существ по временам скрещиваться с другой особью можно считать почти
общим законом природы; или что, говоря иначе, ни один гермафродит не
самооплодотворяется в течение непрерывного ряда поколений» [Дарвин
1950: 81]. И далее: «...перекрестное опыление... является правилом для орхидей... Тем не менее некоторые виды регулярно или часто самоопыляются...
В Южной Африке *Disa macrantha* часто опыляется собственной пыльцой, но
м-р Уил полагает, что она опыляется также и перекрестным путем, при помощи ночных бабочек» [Там же: 252].

[21] Дарвин отметил: «Принимая в соображение случаи, подобные тем, какие
представляют нам роды *Ophrys, Disa* и *Epidendrum*, у которых только один
вид в каждом роде способен к полному самооплодотворению, между тем
как другие виды вообще редко опыляются каким бы то ни было образом
вследствие того, что они редко посещаются подходящими насекомыми...
мы оказываемся вынужденными предположить, что вышеупомянутые са-
моплодовитые растения первоначально нуждались в посещении насекомых
для своего опыления и что вследствие отсутствия этих посещений они не
приносили семян в достаточном количестве семян и стали приближаться
к вымиранию» [Там же: 253]. Отсюда должно следовать, что насекомые,
которые опыляют эти роды, раньше были многочисленны, но теперь стали
редкостью из-за неизвестных экологических сдвигов. Нам указывают на
выживание бесполезной, даже, вероятно, вредной физиологической особенности, или же на то, что эта особенность многократно воспроизводится
самой природой. В любом случае тенденция к производству таких бесплодных форм дает Набокову веские основания для предубеждений против отбора. Сам Дарвин не был уверен в том, что адаптация этих видов к самоопы-
лению имеет ценность для выживания.

нарушилось. Альфа-самец отрекся от своего дарвинистского трона[22].

Дочь Шейда, Хэйзель, также обречена на фактическое бесплодие, но по другим причинам: шанса найти партнера ее лишает внешность. Однако она наделена высоким интеллектом, что создает дарвинистский парадокс. (Разве более высокий интеллект не должен помочь ей преодолеть внешние препятствия? Если интеллект *Homo Sapiens* — это селективная адаптация, то разве интеллект сам по себе не должен быть чертой, которая повышает выживаемость и шансы на потомство?) Более того, если оставить в стороне земные тяготы, Хэйзель была причастна к потустороннему общению с тетушкой Мод и, судя по всему, к явлениям полтергейста в доме. Подобное сочетание предлагает еще один эволюционный ребус: если повышенные способности (умственные и, возможно, паранормальные) сочетаются с ослаблением фертильности, то какой эволюционной цели это служит? Ясно, что, с дарвинистской точки зрения, никакой. Среднестатистический сторонник адаптации ответил бы, что эти психические мутации, если они настоящие, встречаются редко и с той же вероятностью могут проявиться у физически привлекательной особи, что и у непривлекательной. Однако этот ответ сбрасывает со счета ценность подобных личностей как *самоцели*[23], и в то же время не без оснований отметает недоказуемую гипотезу, согласно которой сознание, возможно, представляет собой особую фазу эволюции, своеобразный мостик к неведомым состояниям бытия. Но если ее отмести, без ответа остаются некоторые важные вопросы — по крайней мере, важные для Набокова. То, что

---

[22] Термин «альфа-самец» появился в журнале *Science* 5 июня 1954 года (С. 1179), но определенно уже вошел в обиход к 1937 году, когда Дж. Урих написал работу «Социальную иерархию мышей-альбиносов». Тема «альфа» обыгрывается в романе в двух родословных: отзвук имен четырех монархов Зембли — Альфин, Бленда, Карл, Диза — слышен в именах четырех дочерей судьи Гольдсворта: Альфина, Бетти, Кандида, Ди (имена приводятся по оригиналу, так как ни в одном из русских переводов аллитерации не сохранены. — *Примеч. ред.*).

[23] Самоцель — важнейшее понятие этики Канта и русского неоидеализма. См. [Poole 2002: 33].

происходит в уме человека с «усиленным» сознанием, может быть как-то связано со сторонами реальности, которые для большинства обычных людей непроницаемы. В воображаемом мире, где причинность и борьба за выживание вызывают только насмешку, подобные одаренные личности вносят в жизнь людей особый вклад, не связанный с продолжением рода. По мысли Набокова, это может быть вклад художественный, научный или духовный. Именно такой вклад он выдвигает на первый план как указатель направления, в котором может далее двинуться жизнь, ведомая сознанием.

В конечном итоге «Бледный огонь» прорастает из бесплодия, из биологических тупиков[24]. Ведь даже Джон Шейд и его жена Сибилла, счастливо женатые и фертильные, не сумели передать свои гены в будущее. Их одаренная дочь тонет в озере, провалившись сквозь подтаявший лед, и гибнет как Офелия. Однако, согласно анализу Б. Бойда, воздействие Хэйзель на мир «Бледного огня» не прекращается с ее физической кончиной. Рассматривая ее влияние на земблянскую историю Кинбота, нам даже не нужно принимать сугубо оккультную точку зрения. Даже без паранормальных толкований Хэйзель, словно призрак, незримо витает в поэме Шейда, так же как и в повествовании Кинбота о последних событиях в жизни Шейда. Если, как утверждает Кинбот, его с Хэйзель (которую он никогда не встречал) объединяет странное родство, то уже одной этой связи может быть достаточно, чтобы оправдать всевозможные апелляции к Хэйзель, которые мы находим в земблянской линии повествования. И все же именно это слияние Джона Шейда, Хэйзель и Кинбота порождает «Бледный огонь», роман невероятно сложный, с множеством переплетенных смысловых нитей. Куда этот плод художественного воображения может привести *сознание* читателей — вопрос, который побивает проблемы наследственности

---

24 В письме к матери от 15 июня 1926 года Набоков назвал гомосексуальность своего брата Сергея противоестественной и тупиковой, а также настаивал на своем безразличии к религиозной стороне вопроса (Berg Coll.). Гомосексуальность в природе в то время еще не была открыта.

и биологической приспособленности. Набоков считает, что он ведет вЗемблю (последний пункт в алфавитном указателе), ко всем сокровищам воображения и искусства.

Интеллект, творческое начало и пределы эволюции

Если бы у нас были хоть малейшие сомнения, что сквозь творчество Набокова красной нитью проходит тема биологии в разных вариантах, то роман «Ада» рассеял бы эти сомнения. Написанный вскоре после «Бледного огня», этот роман представляет собой вершину набоковских произведений с эротическим уклоном (последовательность написания которых нарушил только «Пнин»). Игра с контрэволюционной сексуальностью приводится здесь к драматичной развязке. Уже исследовав педофилию и гомосексуальность, Набоков в этом романе, пронизанном наиболее откровенной страстью, сочетает инцест и биологическое бесплодие. Ван и Ада, чья взаимная страсть зарождается, когда ему четырнадцать лет, а ей двенадцать, быстро узнают, что они биологические брат и сестра (хотя по закону они двоюродные). Повзрослевший Ван с восторгом узнает, что совершенно бесплоден. Эта ситуация разрешает очевидную проблему контрацепции и несколько менее очевидную — генетических последствий, обычно приписываемых потомству от кровосмесительных связей. Что мы должны извлечь из этой барочной путаницы эволюционных ошибок, в которой бесплодие *в радость*, потому что предотвращает появление потомков-мутантов? Этому сопутствует еще один поворот: мало того, что Ван и Ада, брат и сестра, страстно и навек влюблены друг в друга (чего, разумеется, не должен был допустить эволюционный отбор), они в интеллектуальном плане намного превосходят даже самый высокий человеческий уровень (если нам важны эти различия, то они, возможно, еще более высокоразвиты, чем Хэйзель в «Бледном огне»).

В этой структуре Набоков разрабатывает сразу несколько разных направлений. Ада, в отличие от брата, — лепидоптеролог-любительница, а также изучает ботанику, особенно разнообразные виды орхидей. Эти цветущие растения вписываются в биологический нарратив Набокова несколькими способами: посредством разнообразных декоративных механизмов (включая мимикрию под насекомых), они приманивают живых существ для опыления, необходимого им для размножения, — и в этом смысле они, похоже, воплощают принцип выживания в природе. Разновидностей орхидей очень много, что говорит об успешности и изобретательности этой линии природного развития[25]. Зачастую орхидеи вызывают фаллические (точнее, и фаллические, и тестикулярные) ассоциации: цветки нередко напоминают мошонку и при этом растут на толстом стебле. Само название «орхидея» происходит от греческого *орхис* — «яичко», раскрывая древние тотемные ассоциации. Их способы опыления очень разнообразны и нередко включают самооплодотворение. Орхидеи — воплощенная жажда размножения, как сами по себе, с их подчеркнутыми и доминирующими репродуктивными органами, и с точки зрения антропоморфизма, с их ложной мимикрией под половые органы человека. Наконец, орхидеи демонстрируют созидательную мощь и обманчивость природы, наряду с ее сложностью и декоративной красотой[26].

---

[25] «Орхидеи составляют самое крупное семейство из всех растений, около тридцати тысяч видов, что составляет около 10 % всех видов растений в мире» [Alcock 2006: vi]. Дарвин в цитированной выше работе признает, что орхидеи «принадлежат к числу наиболее оригинальных и разнообразных форм растительного царства» [Дарвин 1950: 81]. Согласно М. Т. Гизелину, книга Дарвина об орхидеях «представляет собой первое подробное изложение дарвиновской эволюционной анатомии» (и «вызвала революционный переворот в ботанике и биологии в целом») [Ghiselin xvi, xi]. «С другой стороны, преобладающим подходом к структуре была морфология, которая, по определению, представляет собой изучение чистой формы без учета функции. Этот формалистический подход, который еще не изжит до конца, был мистическим и уходил корнями в платоновскую метафизику. Его популяризировали Окен и Гёте» [Там же: xii].

[26] См. также главы из книги Б. Э. Мейсон «Насекомые и инцест» и «Ада или орхидеи» [Mason 1974]. Мейсон подробно разбирает ботанические и энтомологические примеры, использованные в романе Набокова, и утверждает, что Набоков включает их в книгу как знак солипсистской и разрушительной природы страсти Вана [Там же: 49–54, 74]. Она также обращает внимание на утверждение Дарвина о том, что самоопыляющиеся орхидеи «вырождались»,

И все это — в романе, который начинается с генеалогического семейного древа (некогда составленного, чтобы одновременно и подчеркнуть, и скрыть биологические звенья) и заканчивается угасанием двух бесплодных любовников, брата и сестры, которые, вместо того чтобы завершить свое повествование традиционным образом, постепенно превращают его в аннотацию, описывающую тот самый роман, в котором они выступают как главные герои[27]. Ада и Ван в силу необходимости не оставляют потомства и последние (предположительно) сорок лет поглощены почти исключительно той неизменной, счастливой и взаимной любовью, которая в конечном итоге находит свою кульминацию в воспоминаниях Вана (они одновременно и есть роман Набокова). Отсутствие событий после того как герои окончательно и навеки соединяются, логически вытекает из цитаты Толстого (оригинальной, а не искаженной, которой открывается роман «Ада»): «Все счастливые семьи похожи друг на друга», поэтому и их истории оказываются банальными.

«Ада» в сексуальном отношении куда сложнее и причудливее, чем родственные ей романы: двум главным героям автор подарил ненасытное либидо, и их неутомимый секс явно замышлялся как очередной выпад против дарвинизма. (В какой-то момент восьмилетняя Люсетта интересуется: «может ли пчела-мальчик оплодотворить цветок-девочку прямо сквозь — чего он там носит — сквозь гетры или шерстяное белье?» [ССАП 4: 281].) Самый глубокий пласт романа таит в себе и некоторые совершенно другие проблемы; так, этические соображения по поводу того, как Ван и Ада обращаются со сводной сестрой Люсеттой, определенно тоньше тех, что вплетены в «исповедь» Гумберта. Тем не менее «Ада» похожа на своих предшественников тем, что и в этом романе берется некая биологическая, психическая или физиче-

---

и, по-видимому, рассматривает сексуальные отклонения в «Аде» с сугубо нормативной точки зрения [Там же: 56–57, 80]. Мейсон также первой отметила возможное значение поэмы Э. Дарвина «Ботанический сад» в «Аде» и «Бледном огне» [Там же: 170–172].

27 Б. Бойд предполагает, что они умрут, «как бы вписывая свою кончину в повествующий об их прошлом манускрипт» [Бойд 2010б: 638].

ская проблема и подчеркнуто трансформируется в художественное, или идеальное, решение. Здесь «проблема» — это прекращение биологического продолжения рода; «решение» — расширение человеческого сознания в подлинно творческую сущность и «реальность» его творческих плодов.

Это решение отчасти находит выражение в орхидеях, которые рисует Ада: она берет природные формы и расцветки и экспериментирует с ними, опираясь на свое художественное чутье, гармонирующее с чувством природы: так она может «скрестить один вид с другим (сочетание не открытое, но возможное), внося в них удивительные мелкие изменения и искажения, казавшиеся, притом что исходили они от столь юной и столь скудно одетой девочки, почти нездоровыми» [ССАП 4: 99], или «выписывать цветок: диковинный цветок, изображавший яркую бабочку, в свой черед изображавшую скарабея» [Там же: 100]. И, что очевиднее всего, этот ответ отчетливо заявлен в самой форме романа, который представляет собой общие воспоминания Ады и Вана, памятник жизни, любви, природе, сознанию и страсти. Набоковское представление о прогрессивном сознании в романе развивается еще и в противопоставлении Антитерры и Терры, которые, хотя и представляют совершенно отдельные «миры», тем не менее соприкасаются посредством явных аберраций в сознании, по крайней мере в мире «Ады» (мы не знаем, отражаются ли эти откровения на Терре). Но параллельное, искривленное существование этих двух миров, скорее, связано с достижениями физики — темой, в которую углубимся в главе 5.

Романные структуры: искусство как организм

Набоков стремился к тому, чтобы его романы, рассказы, пьесы и стихи были образцами органичной художественности. То есть их следует рассматривать как своего рода органические, порожденные самой природой произведения, в которых части и целое сосуществуют в естественном единстве, превосходящем механизмы их соединения. Эта концепция искусства коренится, самое позднее, в романтизме, в свойственном романтикам представлении о нераздельной связи художника с природой. Хотя Набоков наверняка был бы рад исповедовать такие воззрения, ситуация в его произведениях осложнена натиском современности, геноцида и войн. Учитывая эпоху их создания, весьма значимо то, что во всех произведениях Набокова подразумевается единство бытия, благоприятствующее жизни, в отличие от раздробленности и прерывности, характерных для модернистской и особенно постмодернистской литературы. Даже затрагивая типичные острые вопросы современности, романы и рассказы Набокова развиваются последовательным путем; даже если эта последовательность не строго линейна или когда *кажется*, что нарратив распадается на фрагменты, это всего лишь аллегория *кажущейся* раздробленности бытия в более масштабном контексте единства. Например, меняющийся голос нарратора в «Даре» можно воспринять как знак фрагментарности субъекта, подобно сходным приемам у других авторов начала XX века; на самом же деле эти сдвиги в повествовательном голосе просто представляют множество граней одной и той же творческой личности, чья жизнь синтезирует все эти фрагменты в единое целое. Многочисленные защитные слои окружают основной смысл «Лолиты», до сих пор таящей немало сюрпризов. Тем не менее роман демонстрирует отчетливое, пусть и неуловимое, единство; на самом базовом уровне в нем изображены неудачи некоего мужчины и страдания некоей девочки — изображены так, словно эти вещи важны сами по себе, в любой системе координат. «Бледный огонь», возможно, самый внешне бессвязный роман Набокова, который труднее всего соотнести с любой конкретной версией «реальности», тем не менее остается привязанным к соединенным между собой судьбам двух главных героев и их близких. Его развитие, хотя и хаотичное, все-таки следует путем, заданным врожденной творческой потребностью и внутренней трагедией одного из персонажей. Именно это чувство *значимости происходящего*, обусловливающее целостность произведений Набокова, подтверждает идею, что все в мире наделено смыслом, несмотря на кажущуюся бессмысленность и произвольность. *Мимикрируя* под

органические явления, или, попросту говоря, будучи *изоморф-
ными* последним, произведения Набокова подчеркивают свою
неотъемлемость от идеального, исполненного ценности субстрата, скрытого под развитием природной жизни[28].

В утверждении, что произведение искусства — органический
плод сознания, нет ничего нового. Эта идея восходит к эпохе
романтизма, обожествлявшего природу и провозглашавшего
связь искусства с высшими сферами истины и духа[29]. Однако
в случае Набокова, подчеркивавшего творческое начало в природе как противоположность теории Дарвина, имеет смысл
рассмотреть сами формы развития произведения искусства,
возникающего в результате этого весьма специфичного творческого процесса.

В жизни, природе и искусстве Набокова прежде всего интересовал узор[30]. Существование на всех трех уровнях невероятных
узоров, различимых человеческим сознанием, напоминает
о творческой силе, таящейся за жизнью, но необязательно о твор-
це. Сейчас уже стало общим местом то, что Набоков выстраивал
свои произведения с их слоями потаенных узоров как воплощение этого принципа — по некоторым утверждениям, в знак того,
что за узором таится творец узора. Как показал Б. Бойд, закоди-
рованный в произведениях Набокова акт чтения и перечитывания подражает процессу живой жизни с полным, энергичным
и творческим сознанием[31]. Но подобная мимикрия (и даже сами

---

[28] В связи с этим см. [Grishakova 2006: 67].

[29] Эта мысль также присутствует в «Критике способности суждения» И. Канта: в § 46, озаглавленном «Прекрасное искусство — это искусство гения»,
дается определение: *Гений — это врожденная способность души* (ingenium),
посредством которой природа дает искусству правила» [Кант 1994: 180].
Согласно предположению Р. Дж. Ричардса, для романтиков это определение
подразумевало, что «невыразимые правила создания красоты вытекают из
природы художника, которая представляет собой неотъемлемую часть
природы в целом» [Richards 2002: 431].

[30] О типологии узоров и теоретических обоснованиях использования узора
Набоковым см. [Grishakova 2006: 64–71].

[31] См. первую часть книги Б. Бойда "Ада" Набокова: Место сознания» [Бойд
2012].

узоры) — лишь часть созидательного цикла, которым располагает природа. Следует ожидать, что в произведениях Набокова содержатся и другие знаки родства между искусством и творческим эволюционным процессом, и мы действительно находим подобные указания и в отдельных произведениях, и как сквозную нить, проходящую через все творчество Набокова, воспринимаемое как органическое целое.

Мимикрия

Из всех фокусов природы любимый у Набокова — это мимикрия, и она же самый частый аналог из области биологии, который появляется в его книгах; она служит основным образом самой устойчивой черты природы: обмана. Для Набокова мимикрия представляет природный эквивалент человеческому творчеству: воспроизведение существующих форм или их перемещение в новый контекст. Иными словами, мимикрия — это присвоение узора, свойственного какой-либо области природы, как камуфляжа, скрывающего существо из другой области. Можно сказать, что мимикрия — доминирующий биологический образ действий в таких жанрах, как пародия или травестия, хотя в пародии основной акцент, пожалуй, приходится на различие, а не на сходство. Это верно и для природы, потому что предметом мимикрии становится лишь внешний облик или повадка, черта. Точно так же травестия сохраняет основные поверхностные формальные признаки жанра, в то же время заменяя их скрытое содержание. Она становится насмешливым повторением исходной формы, хотя цель ее — ниспровергнуть оригинал, вывернув его наизнанку. (Пародию и травестию в этом смысле можно назвать *паразитирующими* жанрами, помимо того, что это акты псевдомимикрии[32].) Важно то, что пародия не скрывает своих целей и сущно-

---

[32] Мне не вполне ясно, насколько широко Набоков использует паразитизм как структурную форму в своем творчестве в целом, но, по крайней мере, «Бледный огонь» в значительной степени выстроен на концепции паразитизма. Сам роман — паразитическая пародия на научное издание; комментарий Кинбота

сти, как скрывает их *подделка*. Можно также сказать, что мимикрия лежит в основе как любых видов художественного конформизма, так и новаторства в случаях, когда оно проявляется в небольших отличиях. Эта фокусировка на несовершенном сходстве объясняет применение к искусству термина «мимезис», восходящего еще к Аристотелю (произведения искусства не только имитируют природу: они имитируют и усвоенные способы имитации).

Идея мимикрии как создания внешней иллюзии или маскировки согласуется с анализом архитектонических принципов «Дара» в работах И. Паперно [Паперно 1993] и, позже, М. Косталевской [Kostalevsky 1998]; этот анализ в дальнейшем был существенно развит и расширен Д. Циммером и С. Хартманн [Zimmer, Hartmann 2002]. В этом случае общий, полный текст построен так, чтобы выглядеть органичным, оригинальным и внутренне целостным, притом что, как показала И. Паперно, Набоков использовал принципы мимикрии (маскировочного сходства), чтобы скрыть чужеродность цитируемых текстов в общем течении романа. По сути, тот же принцип работает всегда, когда

паразитирует на поэме Джона Шейда; заглавие намекает на паразитическое отражение Луной солнечного света. Дж. Рэми находит в повествовательной форме «Бледного огня» еще один убедительный пример паразитизма: жизненный цикл овода, который использует комара как носителя, чтобы передать свои яйца хозяину, в котором затем заползают его новорожденные личинки. Доклад о личинках овода Набоков прослушал в октябре 1944 года, после своего выступления о голубянках перед Кембриджским энтомологическим клубом [NB: 346]. По словам Рэми, «Кинбот во многих отношениях напоминает овода. <...> Подобно оводу, он в некотором смысле "размножается", прикрепляя то, что считает своей историей жизни, к ничего не подозревающему носителю, поэме Шейда, которая с гораздо большей вероятностью достигнет потенциальных "хозяев", чем собственные публикации Кинбота» [Ramey 2004: 189]. Согласно Рэми, собственные тексты Набокова воплощают поведение новоизобретенного волшебного насекомого, «Короля-овода», использующего язык, чтобы паразитировать в умах читателей и производить новых «маленьких Набоковых» [Там же: 208]. При всей заманчивости и остроумии этой формулировки, думаю, что из нее логически следует противоречие или по меньшей мере недооценка творческих возможностей произведения искусства, выработанного новой формой сознания. С этой точки зрения собственная набоковская метафора «крыльев» [ЛЗЛ: 336] более уместна, чем предположение Рэми об авторском самоклонировании.

Набоков вставляет интертекстуальную отсылку: она рискует остаться незамеченной, если читатель не обладает энциклопедической памятью. Набокову недостаточно открытых ссылок на других авторов: свои аллюзии он нередко зашифровывает так, что они кажутся органичной и естественной частью разворачивающегося повествования, притом что на самом деле они находятся на другом текстовом уровне. Это касается как дословных цитат, так и заимствования образов и других культурных мотивов.

Используя эту художественную аналогию биологической маскировки, «сокрытия», Набоков получает возможность увеличить культурную и языковую плотность своих произведений, не воздвигая препятствий течению самого повествования. В результате возникает другой вид мимикрии, пусть даже метафорической: произведение, выстроенное с соответствующей степенью сложности, способно мимикрировать под многослойную реальность человеческой культуры, а также под сложные и взаимозависимые узоры природы. Это направление исследований развивают С. Я. Сендерович и Е. М. Шварц, особенно в своей совместной работе «На подступах к поэтике Набокова» [Senderovich, Shvarts 1999]. Согласно их взгляду, Набоков стремится закодировать системную сложность как природы, так и культуры настолько полно, насколько это возможно в нарративной форме.

Мимикрия в том или ином виде присутствует в любом художественном произведении, вне зависимости от силы авторской интенции. У Набокова почти все случаи мимикрии можно рассматривать как сознательные художественные решения[33]. В част-

---

[33] Серьезным контрпримером мог бы послужить вопрос о «криптомнезии» в связи с возможным подсознательным воспоминанием Набокова о рассказе немецкого писателя Х. фон Лихберга (1890–1951) «Лолита» (1916) — версия, выдвинутая М. Мааром [Maar 2005; Maar 2007]. Однако рассказ настолько малоизвестен и «не приспособлен к выживанию», что с биологической точки зрения определение мимикрии здесь неприменимо (особь мимикрирует под объект, чтобы быть на него похожей или чтобы ее за него принимали). Но роман совсем не похож на рассказ фон Лихберга; связь между ними (если она существует) скорее можно рассматривать как очередной компонент набоковского «коллекционирования бабочек» в культуре, — с результатами, незримо насаженными на булавку в узоре когерентного нарратива.

ности, на уровне интертекстуальных или культурных перекличек (там, где особые аллюзивные слова мимикрируют под «обычные экспрессивные») можно утверждать, что мимикрия пронизывает почти каждую фразу набоковской прозы. Другой тип мимикрии возникает, когда повествование ведется от первого лица и текст мимикрирует под психологический портрет рассказчика. Такие произведения, как «Соглядатай», «Отчаяние», «Истинная жизнь Себастьяна Найта», «Лолита», «Бледный огонь» и «Ада», вписываются в эту модель, потому что мы знаем, что на самом деле автор и каждый из рассказчиков — не одно и то же лицо. В «Даре» и «Пнине» ситуация несколько иная, потому что рассказчик — писатель, весьма напоминающий Набокова (а подражать можно только тому, чем сам не являешься), поэтому мимикрия фактически подавлена пародийной и искажающей игрой. Эти игры достигают апогея в романе «Смотри на арлекинов!», где рассказчик — откровенная автопародия и роман представляет собой шуточную автобиографию его непридуманного автора.

Важной составляющей набоковской палитры служит также и жанровая мимикрия: можно сказать, что «Бледный огонь» подражает форме комментированного научного издания, хотя подобная идентификация проблематична, потому что мимикрия здесь слишком уж явно несовершенна. Строго говоря, это травестия, потому что сохранена лишь форма научных комментариев, в то время как содержание лишь временами носит отдаленное сходство с традиционными примечаниями. Справедливо будет сказать, что поэма Шейда имитирует американское повествовательное стихотворение XX века (примером жанра обычно называют стихи Р. Фроста[34]) — в том, что она была написана не как самостоятельная поэма, но исключительно как часть романа и стартовая площадка для безумного комментария Кинбота. Под эту же категорию подпадает еще одно стихотворение Набокова: в знаменитой истории с рассказом «Василий Шишков», с помощью которого Набоков одурачил Г. В. Адамовича, предводителя «ан-

---

[34] В ходе обсуждений на электронном набоковском форуме NABOKV–L было также выявлено важное родство с поэзией Э. Форда. См. [Roth 2007].

тинабоковского» парижского кружка литераторов, и обманом заставил похвалить стихотворение «Поэты», опубликованное под именем «В. Шишков», но написанное самим Набоковым. Узнав о своей ошибке, Адамович заявил, что «Сирин достаточно талантлив, чтобы имитировать гениальность» [ССРП 5: 407–413]. На самом же деле в «Поэтах» Набоков сымитировал тот тип поэзии, которым Адамович больше всего восхищался, и тем заставил своего давнишнего противника публично похвалить поддельные стихи. (Ирония в том, что этот розыгрыш можно воспринять как часть литературной «борьбы за выживание», поскольку Адамович был самым уважаемым в эмигрантском кругу и красноречивым недоброжелателем, обвинявшим романиста, помимо прочих грехов, в преобладании «стиля» над серьезным содержанием.)

Другие романы имитируют (или кажется, что имитируют) различные типы литературных образцов. Может показаться, будто «Лолита» имитирует детективный роман; кроме того, она откровенно мимикрирует под литературную исповедь, а также, возможно, под описание фрейдистского «случая». «Ада» по меньшей мере претендует на имитацию «семейной хроники» (определение, составляющее часть ее заглавия); мысль о том, что это может быть семейной хроникой традиционного образца, просто не лезет ни в какие рамки. В другой работе я выдвинул предположение, что «Подвиг» имитирует «апофатическую» повесть (в которой «почти ничего не происходит»), в то же время скрывая тайные послания и смыслы, которые его форма как будто бы отрицает [Blackwell 2003a: 363–364]. «Жизнь Чернышевского» авторства Федора в «Даре» имитирует «биографию»; а посмертно опубликованная глава 16 из книги воспоминаний «Убедительное доказательство» имитирует книжную рецензию[35].

В «Отчаянии» мимикрия принимает другое воплощение: рассказчик думает, что он и его случайный знакомый Феликс — двойники. Хотя случай осложнен тем, что на деле сходство лишь

---

[35] В переводе на русский язык см.: Набоков В. Убедительное доказательство. Последняя глава из книги воспоминаний / пер. С. Ильина // Иностранная литература. 1999. № 12. С. 136–145. — *Примеч. пер.*

легкое или вообще отсутствует, то, что Герман использует Феликса, чтобы имитировать собственный труп, несет легкий утилитарный оттенок: ведь с помощью этой уловки он рассчитывает получить деньги по страховке жизни и бросить свое разваливающееся шоколадное производство. В отличие от Германа, сам Набоков превозносит мимикрию именно как создание *неутилитарной*, бесполезной копии, особенно такой, которая своей детальностью и совершенством намного превосходит остроту чувств того, кого хочет обмануть. В этом смысле неудавшаяся попытка Германа совершить «идеальное убийство как произведение искусства» показывает всю пустоту мимикрии и борьбы, направленной только на утилитарные цели выживания и обогащения.

Метаморфозы

Подобно тому как некоторые существа имитируют не только облик, но и ритмику или движения объектов подражания, произведения искусства способны изображать и воплощать узоры конкретных природных жизненных циклов. Одно из самых удивительных событий в природе, а для Набокова еще и одно из самых завораживающих, — это метаморфоза гусеницы бабочки или мотылька, которая преображается из чего-то совершенно земного в нечто воздушное, летучее, зачастую яркое и символизирующее свободу духа. Эта удивительная перемена и возрождение явственно и внятно подают Набокову сигнал о будущих перспективах человека, и нетрудно заметить, что почти все его зрелые произведения построены вокруг тематической или нарративной метаморфозы того или иного рода. Наиболее очевидны тематические метаморфозы в романах «Приглашение на казнь» и «Под знаком незаконнорожденных», где персонажи, которые, казалось бы, убегают из мрачной действительности, попадают в посмертную реальность в сопровождении необычной ночной бабочки. В «Приглашении на казнь» бабочка ускользает от рук пытающегося ее убрать тюремщика перед тем, как Цинцинната уводят на казнь; в «Под знаком незаконнорожденных» «автор» приветствует ночного бражника, который опускается на сетку в его окне ровно тогда, когда Кругу даруется безумие и освобождение из его адского мира. Не столь очевидны скрытые, *текстовые* метаморфозы, которые мы обнаруживаем в таких романах, как «Дар», «Истинная жизнь Себастьяна Найта», «Лолита», «Бледный огонь», «Пнин», «Прозрачные вещи», в рассказе «Сестры Вейн», — и это далеко не все. В этих произведениях нарратив, как правило к концу или после первого прочтения, порождает сомнения относительно самого себя и своего происхождения (например, личности рассказчика). Так происходит в «Даре», когда Федор объявляет, что исказит мир, в котором живет, в будущем романе, который об этом мире напишет; в последней главе «Пнина» мы узнаем, что вся история Пнина исходит из ненадежного источника, — и, следовательно, все, что мы прочли, следует пересмотреть в свете новых сведений о нашем субъективном рассказчике. В «Лолите» аномалия в отсчете дат заставляет читателя несколько раз менять подход к событиям романа и их изложению (прочтение «Лолиты» чревато и другими трансформациями, такими как хорошо известные перемены отношения читателя к Гумберту и степени своего отождествлении с ним).

Такой тип метаморфоз достигает вершины в «Бледном огне», где, за счет последовательных прочтений и размышлений над романом, читателя заставляют усомниться сначала в основном сюжете, излагаемом рассказчиком (о Зембле), затем во вторичном сюжете (о Кинботе) и, наконец, в самом источнике поэмы, ставшей основой комментария, так что читатели начинают задаваться вопросом, какой «автор» создал какого «персонажа». Но эта «разлаженность» не говорит о том, что описанный мир произволен и бессмыслен (по крайней мере, для Набокова это не так): она просто дает толчок к выходу на совершенно иной уровень понимания, новое, возможно, озадачивающее, но ни в коем случае не бессмысленное отображение романа в сознании. Метаморфоза происходит радикальная: то, что начинается как предположительно прямолинейный образчик «текста с комментарием», со временем превращается в размышление о том, что текст, предисловие, комментарий и алфавитный указатель представляют одну версию истории, в то же время намекая на совсем другую версию, с деталями, которые выплывают именно из удивительной игры между частями романа. В то же время предполагаемая роль потусторонних существ — призраков — как в сюжете романа, так и в его возникновении выводит на новый уровень сложности, по мере того как читатели моделируют и обдумывают варианты предполагаемого происхождения фиктивного текста. В художественный метод Набокова входит также загадывание в романах множества маленьких загадок с конкретными отгадками (зачастую основанных на литературных аллюзиях), но по мере того как они оказываются отгаданными, загадки, как правило, порождают новые возможности толкования текста. Эти более широкие метаморфозы плодятся и множатся, вовсе не будучи предназначены для единого, окончательного и точного решения. В главе 1 мы уже видели, что подобные отражения в сознании сами по себе представлены как *часть эволюционного процесса*. Феноменальная форма романа больше не ограничена очевидным повествовательным содержанием, она расширяется, чтобы включить различные метаморфозы, которые он претерпевает со временем (а также множественные формы самого понятия метаморфоз).

Стоит задуматься, почему метаморфоза — такой важный элемент художественного мышления и философии Набокова. Дело тут не только в сугубо эмоциональной аналогии между трансформацией гусеницы и переходом человека в более высокое духовное состояние после смерти. Верил ли Набоков, что смерть неизбежно ведет человеческую душу на новый, высший уровень, остается неясным. Однако сама идея и пример лепидоптерической метаморфозы — исключительно мощный образ, подразумевающий возможность дальнейшего развития жизни, особенно в сфере человеческого духа. Как видно из его лекций, Набокова интересовало, через какие уровни постижения может пройти литературное произведение. Применительно к романам XIX века он отмечает хронологически-линейный способ чтения, навязанный первым прочтением: «Когда мы в первый раз читаем книгу, трудоемкий процесс перемещения взгляда слева направо, строчка за строчкой, страница за страницей, та сложная физическая работа, которую мы проделываем, сам пространственно-временной процесс осмысления книги мешает эстетическому ее восприятию» [ЛЗЛ: 26]; см. также [Grishakova 2006: 68].

Даже тексты, сами по себе не противоречащие обычному реалистическому изображению и хронологии, Набоков призывал читать таким способом, который нарушал бы не только линейно-хронологическую форму книги, но и стоящую за ней причинность, маркирующую ее поверхностный закон развития, — так, он привлекал внимание к нарушению естественного течения времени в «Анне Карениной» [ЛРЛ: 219–220]. Иными словами, метод чтения, который предлагал Набоков, а именно многократное перечитывание, направлен на то, чтобы преобразовать линейное, основанное на причинности восприятие в другое, нелинейное, не причинное, в котором правила развития, узор и форма — действующие «законы природы» — подчинены живой работе воспринимающего сознания. Творческое начало читателя потенциально ставится на один уровень с творческим началом писателя. Линейность, причинность и пассивность претерпевают «метаморфозу», превращаясь в многомерность (непредсказуемую свободу), осознание и активность. Поразительное совпадение: гусениц мы воспринимаем как линейные существа, ограниченные двухмерным миром (символом чего служит гусеница-землемер), в то время как бабочки и мотыльки воспринимаются как «свободные», пьющие нектар обитатели трех измерений. Хотя применительно к произведениям XIX века Набокову требовалось создать четкое руководство для осуществления такой метаморфозы, в собственных книгах он встраивал стимулы к преображению линейного текста непосредственно в нарративные структуры.

Природа предвосхищает некоторые позднейшие возможности собственной эволюции: так, мимикрия предсказывает изобразительное искусство, а появление новых видов — предвестник подлинного сознательного творчества. Творческая увлеченность романом и преображающий переход от линейного чтения к многомерному перечитыванию отражает сдвиг внутри самой природы от эволюции видов к эволюции сознания и познания природы. Точно так же метаморфоза в отдельной форме жизни позволяет предположить, что человеческое сознание на каком-то неведомом рубеже пройдет собственную поразительную метаморфозу.

Однако трансформации могут быть подвержены задержкам и искажениям. «Лолита» — это, помимо прочего, роман о метаморфозе, которой герой отчаянно *не хочет*. Гумберт весьма сведущ в вопросах полового созревания, но жаждет поймать это мгновение в начальной стадии перехода и остановить его навсегда. Ему нужна вневременная и неизменная Лолита, вечная нимфеточность, которая вечно будет в распоряжении его плотской страсти. Это сопротивление переменам и развитию, «преходящей» реальности жизни и человеческого опыта — главнейший знак заблуждения Гумберта. Его чудовищная извращенность заключается не просто в сексуальной потребности, направленной не на ту цель, а в метафизическом стремлении остановить время и универсальность перемен. Гумберт сражается против всей природы. Признав свою ошибку и преступление, Гумберт в конце романа сообщает нам, почему затеял писать свою «исповедь»: в качестве компенсации она предлагает ему суррогат метаморфозы, по его выражению, «очень местный паллиатив словесного искусства» [ССАП 2: 346][36]. Гумберт, приняв разумом повзрослевшую Долли Скиллер (чья беременность еще больше подчеркивает ее благополучную дальнейшую метаморфозу), признает глубину своей ошибки и понимает ее последствия. Он верит или хочет поверить, что способен преобразовать прошлое в художе-

---

[36] Мучения Гумберта обусловлены пониманием, что его преступление имеет «цену и вес»: «Поскольку не доказано мне (мне, каков я есть сейчас, с нынешним моим сердцем, и отпущенной бородой, и начавшимся физическим разложением), что поведение маньяка, лишившего детства североамериканскую малолетнюю девочку, Долорес Гейз, не имеет ни цены, ни веса в разрезе вечности — поскольку мне не доказано это (а если можно это доказать, то жизнь — пошлый фарс), я ничего другого не нахожу для смягчения своих страданий, как унылый и очень местный паллиатив словесного искусства» [ССАП 2: 346].

ственное воплощение той самой метаморфозы, с которой боролся. Если роман заканчивается на отчетливо амбивалентной ноте, то это потому, что предположение, будто «оно того стоило», исключено (невзирая на пошлейшее утверждение «Дж. Рэя-младшего», что, если бы Гумберт сумел предотвратить трагедию, то «тогда не было бы этой книги») [Там же: 13]. Его эстетизированная исповедь попросту лучшее, что Гумберт способен сделать, чтобы искупить свое трагическое желание обладать невинной маленькой девочкой и заморозить ее во времени. Но этого всегда будет мало.

Природа, творческое начало и художественная эволюция

Сказать, что произведения Набокова воплощают в себе созидательность как природную тенденцию или силу, — значит произнести тавтологию. Разве не все произведения искусства по определению «созидательны»? Однако я хочу заявить, что Набоков стремится к такому искусству, которое не просто что-то «создает», но и в формальном, даже морфологическом смысле созидательно и экстенсивно. Притом что его пылкий интерес к естествознанию откликается на поразительное разнообразие форм и явное творческое начало, которое движет их появлением, произведения Набокова открыто воспроизводят этот природный принцип. Они не просто рассказывают какую-то новую историю или старую на новый лад или с новой точки зрения. Набоков регулярно пытается создать совершенно новые *виды* литературных форм, и делает это на самых разных уровнях, от нарративной структуры до интертекстуальной плотности. Эта приверженность новаторству говорит об упорном стремлении создавать искусство, в котором реализуется высший доступный потенциал природы-в-сознании. Это искусство, нацеленное, так сказать, на порождение новых видов художественного творения. Однако эта созидательность не безудержна: в отличие от своих предшественников-футуристов, Набоков не хотел сбрасывать Пушкина с «парохода современности» и разрушать или отвергать литературную традицию[37]. Его творческий принцип аналогичен эволюции в природе (но, разумеется, не дарвиновской эволюции) и, таким образом, находит применение всему, что было раньше, и возводит на этом фундаменте постройку архитектонически приемлемыми способами, как и подразумевает кантовское определение гения. Художественные мутации возникают из уже существующих форм в определенных границах изменчивости: границы необходимы, чтобы новые формы продолжали считаться «искусством» в культуре в целом[38].

Если задуматься над тем, как произведения Набокова связаны одно с другим с точки зрения эволюционного развития, то мы проследим общую тенденцию к возрастающей сложности. Не менее важно обыкновение Набокова соединять разные романы за счет «сквозных» персонажей, тем самым укрепляя и даже преувеличивая органическую связь между произведениями. Для внутренней структуры каждого отдельного романа не так важно, что его персонажи существуют и в другом тексте, но при общем рассмотрении творчества Набокова это дает еще больше оснований воспринимать весь корпус его текстов как взаимосвязанное целое.

В ранних произведениях не всегда легко увидеть эволюционный принцип в действии. Явного развития в переходе от «Машеньки» к «Королю, даме, валету» не просматривается, как и между последним и «Защитой Лужина». Однако при ближайшем рассмотрении мы заметим по меньшей мере один принципиально важный шаг, отличающий каждый следующий роман от предыдущего. «Король, дама, валет», скажем, отличается от «Машеньки» тем, что в нем действуют уже персонажи-немцы, а не русские и не эмигранты. (В этом можно увидеть предугадан-

---

[37] См. манифест русских кубофутуристов «Пощечина общественному вкусу» (1912), подписанный Д. Д. Бурлюком, А. Е. Крученых, В. В. Маяковским и В. В. Хлебниковым.

[38] Ср. «Поминки по Финнегану» Дж. Джойса: Набоков считал, что это произведение выходит за пределы допустимого диапазона вариаций и, следовательно, самого искусства [СС: 129].

ное *органическое* движение, поскольку Ганин покидает свое русское прошлое, воплощенное в Машеньке, на железнодорожной платформе, и садится в поезд, чтобы отбыть в другие края, покинув и берлинские эмигрантские круги.) «Защита Лужина» отдаляется от предыдущих двух романов за счет того, что в ней фигурирует главный герой, наделенный аномальной психикой (кто-то просто назовет его безумцем), а также здесь возникает откровенная игра с идеей жизненного узора. (Кроме того, в «Защите Лужина» впервые у Набокова появляется большой временной разрыв — в третьей главе, между детством Лужина и его взрослыми годами [ССРП 2: 352].)

В каждом романе присутствует несколько приемов из предыдущих текстов; они не просто накапливаются и расширяются, но возникают в различных комбинациях — и всегда в сочетании с какой-либо новой нарративной структурой или приемом, порождающим внутреннюю художественную энергию романа. Так, предупреждающие, преждевременные пояснения, которые впервые возникают в «Защите Лужина», станут постоянной чертой в «Подвиге» и «Даре». Это явление может помочь объяснить определенное внешнее сходство между романами Набокова, отмеченное, в частности, в интервью Г. Голду: на вопрос интервьюера Набоков ответил, что «художественная оригинальность может воспроизводить только саму себя» [СС: 121]. Суть не в том, что Набоков «повторяется», потому что снова и снова черпает из одного колодца; важнее то, что повторяющиеся элементы сюжета не стояли в центре его нововведений: скорее, они были знаками органического сродства, основой, из которой произрастали и развивались различные мутации. Эта биологическая аналогия справедлива для литературного новаторства: ведь когда возникает новый биологический вид, он будет скорее похож, чем непохож на «родительский»[39]. Или, возвращаясь к научной работе

---

[39] Несмотря на фантастическое утверждение Константина Годунова-Чердынцева, будто «в безмерно далекие времена», до появления в природе видов, «ползучий корень... становился змеей лишь потому, что природа, подметив движение, захотела его повторить» [ВДД].

Набокова, набор подвидов будет иметь «синтетический характер», выраженный в закономерностях наличия и отсутствия конкретных черт.

Эти формальные модификации возникают в тандеме с тематическими новшествами. Как мы уже видели, особенно в случае героини «Лолиты», скрытая история этих новых формаций зачастую восходит к более ранним произведениям. В текстах Набокова легко проследить тематические генеалогии и обнаружить, где возникают новые композиционные элементы и каким образом они появились из более ранних форм[40]. Таким образом получается, что Набоков рассматривал собственную творческую созидательность как своеобразный изменяющий, трансформирующий фактор проявляющегося сознания. Корпус его текстов можно воспринимать как единый организм, постепенно раскрывающий свой онтогенез, или, если посмотреть на это с другой точки зрения, как серию связанных организмов, выражающих творческий порыв природы[41].

Мы видим, как Набоков забавляется изменениями подобного сорта в любимой игре Джона Шейда «словесный гольф», где игрок начинает с заданного слова и пытается, меняя за один ход одну букву, выстроить цепочку значащих слов, ведущую к заранее намеченной цели: «"жены" в "мужи" в шесть приемов, "свет" в "тьма" в семь... и "слово" в "пламя" тоже в семь» [БО: 248]. Работая над «Бледным огнем», Набоков составил и записал на

---

[40] Например, структура «Бледного огня» предвосхищена еще в «Даре», в главе 5, где упоминается текст на неизвестном языке и маргиналии, имитирующие настоящие заметки читателя [ССРП 4: 485], и в рассказе «Ultima Thule», где рассказчик иллюстрирует поэму, которую не способен прочитать, потому что не знает языка, на котором она написана [ССРП 5: 125]. Зачаток «Лолиты» появляется в «Даре» [ССРП 4: 366–367] и в рассказе «Волшебник». Это явление в природе — образование временных, зародышевых форм, которые могут проявиться на более поздних стадиях эволюции — одно из положений ортогенеза, теории, которая зачастую противопоставлялась естественному отбору в конце XIX — начале XX веков. См. [Берг 1923: 89].

[41] Ср. утверждение Гёте, что все растения — это выражение «перворарастения» (*Urpflanze*).

карточках с заметками несколько таких цепочек[42]. Сходство между этой моделью и природной эволюцией поразительно, если посмотреть на его графическое выражение. Например, *lass to male: lass-bass-base-bale-male*. Конкретные примеры, которые приводит Кинбот, содержат в себе крайности и парадоксы, но смысл игры не в логичности или биографической соотнесенности выбранной цепочки. Дело, скорее, в принципе обновления за счет постепенных, дозированных перемен, наряду с творческим актом открытия причудливых последовательностей. С эволюционной точки зрения каждая найденная трансформация так же нова, как целое, как и сама игра. Эволюционное начало в сознании выражается через сознательное продуцирование романной игры, моделирующей эволюцию. «Цель» в ней — не заданное слово (не оно служит «телосом»), но, скорее, восторг, вызванный новыми забавными открытиями (таким образом можно опровергнуть предположение, что Набоков полагал, будто у эволюции есть замысел или цель, как подразумевает структура загадок «начало — конец»: однонаправленность игры служит лишь эстетическому удовольствию). Показателен в этом смысле фрагмент из «Дара», где буквенная или анаграмматическая игра соединяется с темами эволюции и метаморфозы. К концу романа, в письме к матери, Федор описывает странные трансформации, которые слово способно претерпеть в сознании при пристальном рассмотрении: «Знаешь: потолок, па-та-лок, pas ta loque, патолог, — и так далее, — пока "потолок" не становится совершенно чужим и одичалым, как "локотоп" или "покотол"» [ССРП 4: 524]. Способность обычных слов, например «потолок», вырваться из общепринятого, нормативного языка и обрести свободу и необузданность, представляет собой резкое отклонение от эволюционных приспособлений кинботовского «словесного гольфа». Этот последний, иррациональный шаг — подобный шагу в радугу? — пере-

---

[42] Черновик «Бледного огня», карточка 773а (LCNA). В. Александер разбирает многозначительную аналогию между «словесным гольфом» и «нейтральным» генетическим дрейфом в [Alexander 2003]. Термин «генетический код» стал общеупотребительным примерно в 1957 году (см., например: Time. 1957. 14 июля. С. 58).

водит метаморфозу в новую фазу лексического бытия: не просто логическую и законную анаграмму, но предположительный неологизм, который способен расширить человеческое сознание и возможности выражения. Федор тотчас подмечает: «Я думаю, что когда-нибудь со всей жизнью так будет».

Ясно, что подобные фантазии являют собой трансформации, производные (хотя и несколько другого рода) от тех, что имеют место в природе: либо между видами (эволюция), либо внутри видов (метаморфоза). Бабочка *внешне* не похожа на гусеницу, но, так или иначе, это развитие одного и того же существа. Однако если природа способна предвосхитить свои будущие формы — в «мазке позолоты» на крыле бабочки или в «мертвой голове» на груди мотылька, значит, метаморфозы из ларвы в имаго могут когда-нибудь найти фантастическое продолжение во «всей жизни», как выражается Федор[43]. Разумеется, это лишь спорное допущение, но из тех, которые относятся к открытым и непознаваемым возможностям будущего. Произведения Набокова, воспроизводя и переосмысляя природные формы, указывают на «неограниченные возможности» [ССРП 4: 373] творческого начала в человеке и природе. Само сознание — одна из основных арен подобных фантастических скачков; и, соответственно, романы Набокова включают множество поразительных трансформаций человеческого интеллекта. В следующей главе мы рассмотрим то, как Набоков использует возможности и свойства самого сложного и непознаваемого продукта природы: человеческого разума.

---

[43] Конечно, предположение о том, что рисунок черепа присутствовал на теле ночной бабочки еще до того, как развился человеческий череп, в высшей степени умозрительно, но он наверняка появился раньше, чем образ «мертвой головы» стал расхожей частью человеческих культурных представлений.

Глава 4
Антипсихологическое

Полагаю, писатели любого ранга — психологи. <...>
Любой самобытный роман — анти.

Интервью Альфреду Аппелю, 1970[1]

В бывшем кургаузе в Тегеле открылась первая в Берлине психоаналитическая клиника[2].

Хроника (Руль. 1927. 12 апр.)

Набоков верил в эволюцию, но верил он и в тайну разума. В одной из своих лекций он писал: «Не будем, однако, путать глаз, этот чудовищный плод эволюции, с разумом, еще более чудовищным ее достижением» [ЛЗЛ: 26]; чьим достижением — не говорится. В романе «Под знаком незаконнорожденных» протагонист-философ размышляет о своем сыне:

> ...слиянье... двух таинств или, вернее, двух множеств по триллиону таинств в каждом; созданное слияньем, которое одновременно и дело выбора, и дело случая, и дело чистейшего волшебства; созданное упомянутым образом и после отпущенное на волю — накапливать триллионы собственных тайн; проникнутое сознанием — единственной реальностью мира и величайшим его таинством [ССАП 1: 354].

---

[1] [СС: 208].

[2] Это была первая в мире психоаналитическая клиника, основанная Э. Зиммелем во Дворце Гумбольдта, также называемом «дворец Тегель». В берлинском районе Тегель находятся русская церковь и кладбище, где в 1922 году был похоронен отец Набокова.

Подобные утверждения отодвигают задачу постижения разума в далекое-далекое будущее, если не вообще за пределы человеческих возможностей. Тем не менее наука психологии на протяжении всей творческой деятельности Набокова жила и процветала.

С начала XX века психология представляла собой самую разобщенную сферу науки. Конкурирующие школы одна за другой пытались дать все новые определения природе психологических исследований, стараясь создать науку столь же стабильную и надежную, как физика, биология и химия. В молодости Набокова самыми заметными направлениями в новой науке были фрейдистский психоанализ, бихевиоризм и, в гораздо меньшей степени, функционализм и гештальтпсихология. Первые два направления кажутся диаметрально противоположными, поскольку психоанализ исследует мир бессознательного посредством кода сновидений и неврозов, в то время как бихевиоризм занимается только поддающимися внешней оценке поступками, объективно наблюдаемыми в ходе строгого эксперимента, и не признает ни сознания, ни разума. Однако у этих направлений было нечто общее: оба допускали, что объект изучения (сознание или поведение) можно перевести в конечную логическую систему, которая объяснила бы явления в причинно-следственных категориях.

Гештальтпсихология и функционализм были меньше озабочены определением механических законов сознания или поведения. Возможно, Набоков что-то знал о гештальтпсихологии, которая была весьма популярна как в Берлине до 1933 года, так и в США к моменту переезда туда Набокова. А вот прямое знакомство Набокова с функционализмом менее вероятно; это направление психологии выросло из эклектического эволюционного подхода У. Джеймса к душевной жизни. Ученые обеих школ ставили себе задачу понять систему как целое, как нечто большее, чем сумма ее частей. Гештальтпсихология, в частности, изучала «единицы восприятия мысли высшего порядка», которые невозможно свести к составляющим более низкого уровня [Mandler 2007:

144][3]. Это желание видеть в сознательном поведении череду последовательных целостных структур, а не механизм в строгом смысле, возможно, мешало получить большие объемы статистически доказуемых сведений или четких ответов на вопросы о причинах[4]. Но теперь мы отчетливо видим, что по своим методологическим тенденциям гештальтпсихология могла стать подходящим подспорьем для антифрейдистских и антибихевиористских убеждений Набокова. Поэтому ниже, называя его подход к психологии целостным и нередукционистским, я подчеркиваю параллели с конкретными школами, которые существовали в области психологии в течение творческого пути Набокова. Со временем гештальтпсихология и функционализм вовсе не были отвергнуты или забыты: напротив, они стали составной частью психологии в ее современной форме [Mandler 2007: 164; Hothersall 2004: 391; Owens, Wagner 1992: 10][5].

Самой излюбленной мишенью набоковских насмешек стал фрейдизм в его популярной форме. Эти нападки перетянули на себя практически все внимание критиков, исследовавших отклики Набокова на академическую психологию на протяжении его творческого пути. Однако Набоков также проявляет явную враждебность к экспериментальному бихевиоризму, особенно

---

[3] Дэвид Хозерсолл вкратце излагает четыре принципа гештальтпсихологии: «1. *Целостное мышление*: целое всегда больше, чем сумма его частей. Принцип *сверхсуммарности* — главный принцип гештальтпсихологии. 2. *Феноменологический подход*. Предметом психологии служат *феномены*. <...> 3. *Методы*: гештальтпсихология использует жизнеподобные (реалистичные) эксперименты с небольшим количеством испытуемых. 4. *Изоморфизм*: Психологические процессы напрямую связаны с биологическими, особенно мозговыми процессами» [Hothersall 2004: 209–210].

[4] Дж. Мандлер говорит об «ограниченной полезности системы» [Mandler 2007: 164].

[5] Дж. Мандлер так характеризует эволюцию дисциплины: «...сложные эмерджентные функции нуждаются в своих собственных законах и принципах, которые нельзя без потери смысла свести к "универсальным законам"» [Mandler 2007: 15]. С. Уилкокс превозносит холистическую (и эволюционную) честность экопсихологии, или того, что он называет неофункционализмом [Wilcox 1992: 42].

в первых трех романах, написанных в США («Под знаком незаконнорожденных», «Лолита» и «Пнин»). Делая жизнь своих персонажей сложной и непредсказуемой, Набоков отстаивает особую эпистемологию сознания. Сам его метод изображения характеров подчеркивает, что эмпирическая психология должна идти рука об руку с философскими размышлениями о природе сознания. В этом отношении Набоков противостоял расколу между двумя этими дисциплинами, которым сопровождался расцвет экспериментальной психологии.

В отличие от других наук, о которых идет речь в этой книге, сама суть психологии со времен ее зарождения оставалась противоречивой. Различные психологические школы нередко становились мишенью для шуток (включая и шутки самого Набокова в адрес фрейдизма). Около ста лет тому назад начались споры, которые продолжаются по сей день: можно ли вообще считать психологию наукой. В 1892 году У. Джеймс назвал ее «лишь надеждой» на науку; сто лет спустя бывший преподаватель университета С. Уилкокс заявил, что институциональная психология — просто «огромная благотворительная программа для психологов»[6]. Не так давно Р. Таллис написал: «Мы пока не в состоянии объяснить человеческое сознание», а *The Economist*

---

6   Вопрос о статусе психологии беспокоил У. Джеймса. М. Хант сообщает: «Другу-поэту он [Джеймс] пишет, саркастически оценивая Новую Психологию немецких механистов: "Единственная Психе, признаваемая теперь наукой, — обезглавленная лягушка, корчи которой выражают более глубокие истины, чем приходили когда-нибудь в головы ваших слабоумных поэтов". <...> В письме брату, писателю Генри Джеймсу, он называет психологию "противным мелким предметом", исключающим все, что человек хотел бы знать. Всего через два года после завершения своих огромных и авторитетных "Принципов психологии" он пишет: "...что представляет собой психология в данную минуту? Кучу сырого фактического материала, порядочную разноголосицу во мнениях, ряд слабых попыток классификаций и эмпирических обобщений чисто описательного характера, глубоко укоренившийся предрассудок, будто мы обладаем состояниями сознания, а мозг наш обусловливает их существование, но ни одного закона в том смысле, в каком мы употребляем это слово по отношению к физическим явлениям, ни одного положения, из которого могли бы быть выведены следствия... психология еще не наука, это нечто, обещающее в будущем стать наукой"» [Хант 2009: 189–190].

объявил, что «сознание еще ожидает своего Эйнштейна» [Tallis 2008: 11–12]. С годами объект исследования менялся: от ощущений и восприятий к анализу феноменов сознания и душевных состояний, внешнего поведения и систем «организм — среда», и это лишь самый сжатый список[7]. Отношение Набокова к этой зарождающейся науке было отстраненным, опосредованным его кругом чтения и философскими убеждениями. Хотя отдельные его установки в отношении к психологии так и бросаются в глаза, основные убеждения Набокова остаются, в сущности, скрытыми. Его отвращению к Фрейду уделялось более чем пристальное внимание, были подробно проанализированы и противоположные фрейдизму взгляды Набокова, постулировавшие ложность обобщений и свободу человека от любых механических или мифологических законов развития личности. Однако рассматривать интересы Набокова в области психологии исключительно в плоскости «Фрейд/не-Фрейд» — значит пренебрегать многообразием научного контекста, составляющего фон и почву набоковского творчества. Ведь Набоков становится гораздо интереснее, если понимать, как психологизм в изображении поступков его персонажей отражает некоторые основные научные и философские концепции сознания XX века.

По мере взросления Набокова психология как научная дисциплина претерпевала колоссальные изменения. Причиной отчасти послужил расцвет фрейдистского психоанализа, а отчасти переход других школ от интроспективных описаний психики к поведенческому и причинному объяснению психологических закономерностей. Потребность в «научной», экспериментальной психологической практике особенно остро ощущали те, кто воспринимал психоанализ как едва ли не мистическую угрозу науке о феномене сознания [Dunlap 1920: 502–517]. С некоторых позиций слышались упорные призывы убрать из сферы психо-

---

[7] В книге «Психология» Р. С. Вудворт цитирует остроту, придуманную, по его выражению, «группой озорных критиков»: «Сначала психология потеряла душу, потом разум, и наконец, сознание; у нее еще осталось нечто вроде поведения» [Woodworth 1921: 2].

логии рассмотрение таких явлений, как сознание и разум, сосредоточившись исключительно на поведении и реакциях, поддающихся количественному измерению. Новые методы рассматривали сознание человека как механизм: для фрейдистов это был механизм «психических объектов», для бихевиористов — механизм физических нервных путей, ощущений и реакций. Интроспективная психология Э. Титченера и других ученых, со свойственным ей отношением к сознанию как к единому, поддающемуся исследованию научному объекту, постепенно вытеснялась из основного русла. Бихевиоризм во главе с Дж. Б. Уотсоном и новые пути исследования, открытые русским физиологом И. П. Павловым, стремились сформулировать законы, управляющие физиологическими основами поведения человека в его среде обитания, зачастую методом сравнительного исследования реакций у животных. Те, кто продолжал изучать психику и сознание, по большей части фрейдисты и бывшие фрейдисты (отступники 1910–1920-х годов), также пытались разложить функционирование психики на составные части и причинные структуры (например, фрейдовские «Я», «сверх-Я» и «оно»). Но беда науки, изучающей содержимое сознания, заключалась в том, что, какую бы форму она ни принимала, она не располагала научными методами доказательства. Невозможно обеспечить объективный доступ к информации, которая порождается и передается только в интроспективном повествовании человека[8]. Следовательно, с одной стороны, перед нами научное отрицание, или добровольное игнорирование сознания; с другой — научно несостоятельное (и, лично для Набокова, неоднозначное) толкование душевной жизни. Одна из целей, которые Набоков преследовал в своих произведениях, была в том, чтобы показать разнообразие психических явлений в сознании — явлений, позволяющих читателям предположить, что существуют разные

---

8 Современный читатель Фрейда прежде всего замечает, насколько предвзяты суждения психоаналитика о психозах пациентов, основанные в значительной степени на интерпретации Фрейдом его собственных снов и внутренней жизни. Л. де ла Дюрантай приводит поразительный пример такого анализа в работе Фрейда о Леонардо да Винчи [Durantaye 2005: 66].

виды сознания. Человеческий разум и мысль, в конце концов, выступают в «Отцовских бабочках» как вершина, которой на сегодняшний день достигла эволюция, как величайшая тайна — и потому самая увлекательная область научного исследования, пусть мы и не обладаем всеми инструментами, необходимыми, чтобы понять объект исследования. В более общем смысле творческое начало и искусство как продукты сознания представляют собой психологические явления — конечно, этот факт не укрылся от внимания Фрейда и прекрасно проиллюстрирован в некоторых интерпретациях Набокова.

Набоков своим творчеством провозглашал неизменную ценность интроспективной психологии, выдвигая на первый план своих размышлений не сводимую к упрощенным объяснениям тайну человеческого сознания. Его персонажи составляют целую галерею индивидуумов — «конечных индивидуальных сознаний» (У. Джеймс), — чьи действия можно отчасти, но никоим образом не до конца, объяснить вероятными или возможными причинными цепочками. Создавая эту галерею, Набоков особенно старается подчеркнуть реальность *качественных* явлений, которые сопротивляются истолкованию в количественных категориях, тем не менее их можно собрать и относительно подробно описать. Далее в этой главе, рассмотрев корни и происхождение воззрений Набокова на психологию, я расскажу о том, как набоковское восприятие человеческой психологии проявляется в его разнообразных персонажах, идя вразрез с модными веяниями фрейдизма или количественного анализа.

Важнейшая тема произведений Набокова — исследование способов, которыми разум отдельного человека воспринимает окружающие миры, взаимодействует с ними, придает им очертания и сам формируется под их воздействием. Персонажи Набокова варьируются от интеллектуалов до весьма средних умов (и хуже), от очень творческих до абсолютно разрушительных. Набоков представляет нам ярко и живо придуманные, сложные личности, которые, обычно в повествовании от первого лица, показывают на своем примере, как причудливо взаимодействуют разум и мир. Прежде чем мы начнем рассматривать, как произведения Набокова отражают его психологические интересы, необходимо определить, что было для него правильным объектом психологического изучения[9].

Психология versus психоанализ

Выбирая подход к отдельным персонажам как психологическим образцам, Набоков должен был определить, что он подразумевает под понятиями «сознание», «разум», «личность», «индивидуальность». Статус этих понятий философия пыталась прояснить еще со времен Декарта. В XIX веке эмпирическая психология предприняла попытки перенести споры на твердую почву. Некоторые исследователи предпочитали отрицать реальность метафизических сущностей, таких как «душа» или «дух», лежащих в основе личности, и предлагали заменить их теориями разума, основанными на механическом развитии нервной системы как части эволюционного процесса. Подобные объяснения, с их зачастую материалистическими предпосылками, все больше и больше тяготели к тому, чтобы рассматривать сознание и личность как случайные проявления взаимодействия сначала животных, а в конечном итоге и приматов друг с другом и с окружающей средой[10]. Самым зна-

---

[9] Вот несколько определений психологии, бытовавших в годы детства и юности Набокова. В энциклопедии Брокгауза и Ефрона она определялась как «наука о душе». У. Джеймс назвал ее «наукой о конечных индивидуальных сознаниях», которая «признает своими данными (1) мысли и чувства, и (2) физический мир во времени и пространстве, с которым они сосуществуют и который (3) они познают» [James 1981: 6]. Согласно Р. Вудворту, «психология — это наука. Это наука, изучающая — как бы точнее выразиться? "Наука о душе" — вот что означает это название, исходя из происхождения и древнего употребления. "Наука о разуме" звучит более современно. "Наука о сознании" — еще более современно. "Наука о поведении" — это последняя попытка дать краткую формулировку. Ни одну из этих формулировок нельзя признать полностью удовлетворительной» [Woodworth 1921: 1].

[10] В «Истории психологии» Дж. С. Бретта подробно рассказывается о роли А. Бэна в выдвижении на передний план физиологического, наблюдательного подхода к психологии и о неприятии им «мистических» понятий, таких как «душа» или «Я» [Brett 1962: 441–450, 642–646].

менитым среди тех, кто оставлял место для души, был У. Джеймс, несмотря на уклон в дарвинизм в «Принципах психологии». Джеймс также подчеркивал метафизические допущения, лежащие в основе материалистических наблюдений и выкладок, и указывал, что идеалистические теории, признающие существование индивидуальной «души», с точки зрения логики ничем не уступают механистическим рассуждениям, хотя и не вписываются в научный метод [James 1981: 180–182]. Другая влиятельная часть наследия, на которое опирался Набоков, — возникшая еще до начала XX века традиция рассматривать психологию без отрыва от философии: примером служит знаменитое Московское психологическое общество — группа, состоявшая преимущественно из философов-идеалистов (некоторые ее участники были близко знакомы с отцом Набокова)[11]. Близость Набокова к этой группе позже подкрепилась и дружбой с Ю. И. Айхенвальдом, который был ученым секретарем Общества с 1895 примерно по 1902 год.

Судя по всему корпусу художественных произведений Набокова и его высказываниям на данную тему, писатель склонен был признавать существование таинственного, недостижимого, индивидуального «Я», которое можно назвать «душой» и для которого возможно — или невозможно — бессмертие и жизнь вне тела. Нет свидетельств, что он считал индивидуальное сознание иллюзией, побочным эффектом мозговой активности. Таким образом, «Я» становится *первым принципом* во всех его произведениях. В результате идея независимого индивидуального сознания играет ключевую роль в набоковском изучении и психологии как поведения человека и его возможных объяснений, и психологии как науки, официально изучающей человеческое поведение, — науки, которая постепенно сформировалась при жизни Набокова.

---

[11] Та же тенденция очевидна и в англо-американской традиции, о чем свидетельствует важное справочное издание той эпохи — «Психологический и философский словарь» Дж. М. Болдуина [Baldwin 1901–1905].

Ниспровержение Фрейда

Опасливо кивнув на фрейдистский психоанализ, мы могли бы сказать, что персонажи Набокова представляют собой «клинические случаи». Хорошо известно, что Набоков всю жизнь поносил Фрейда и его наследие. Причины этой антипатии спорны: по мнению одних, Набоков опасался, что фрейдистская интерпретация разоблачит его глубочайшие эмоциональные тайны и поэтому следует разоружить ее заранее; другие полагают, что он отвергал и осмеивал редукционистские выводы фрейдистского психоанализа, сводящие всю психику к сексуальности [Elms 1989: 353–368][12]. Есть и те, кто считает, что во фрейдизме Набоков видел сильнейшего культурного противника, с которым был вынужден сражаться, если хотел, чтобы его собственные, противоположные взгляды на личность и разум были приняты всерьез[13]. Точно известно одно: когда в октябре 1919 года Набоков поступил в Кембридж, фрейдистское движение как раз вовсю завоевывало мир[14].

Теория Фрейда, основанная на сексуальности, возможно, никогда не стала бы вездесущей, если бы не возникла на излете викторианской эпохи с ее подавлением телесности и особенно

---

[12] В том же ключе пишет Дж. Грин [Green 1988]. О противостоянии Набокова главенству проблемы пола в фрейдистском психоанализе см. [Blackwell 2002/2003: 129–150].

[13] Дж. Шют весьма подробно рассматривает некоторые из этих непростых вопросов в статье о Набокове и Фрейде [Shute 1995], а также в своей диссертации [Shute 1983]. Дальнейшее развитие этого подхода и выводы о независимости Набокова от теории Фрейда см. в [Durantaye 2005]. Более позднее и самое подробное исследование вопроса — [Trzeciak 2009].

[14] В ноябре 1919 года в журнале *The Cambridge Review* была напечатана ироническая заметка о «шарлатанах»-фрейдистах «Шарлатаны среди нас» (The Cambridge Review. 1919. 28 нояб.). Лихорадочная мода на фрейдизм, охватившая культуру, вскоре начала порождать розыгрыши и пародии: см. статью «Студенческая мистификация» (Таймс. 1921. 12 дек. С. 9) и редакционную статью-отклик в одном из последующих номеров «Полезная мистификация» (Таймс. 1821. 17 дек. С. 11). Об истории и предыстории раннего столкновения Набокова с психоанализом как явлением культуры см. [Blackwell 2002/2003].

сексуальности (см., например, [Naiman 2006]). Несомненно, успех теории Фрейда был отчасти обусловлен ясностью и живостью изложения, плодовитостью ее автора и тем, что его клинические случаи казались на удивление знакомыми; публике, несомненно, импонировало и то, что теория четко и доступно, почти в художественной форме, и одновременно в позитивистском ключе разъясняла человеческую природу. Практическое применение метода и очевидные клинические успехи привели к культурной буре, которая к 1920 году породила дискуссионные группы, психоаналитические общества и побочные публикации — короче говоря, индустрию. Бо́льшую часть XX века «психология» в представлении широкой публики была синонимом «фрейдизма». Так что Набоков в основном направлял свое полемическое и пародическое острословие именно против этого чудища массовой культуры[15].

В 1926 году, когда Набоков посетил доклад некоей «мадемуазель Иоффе» в кружке Татариновой — Айхенвальда, он, несомненно, был уже знаком с трудами Фрейда: перед этим он иронически отозвался о теме как о «приятной», а после назвал Фрейда «знахарем» [ПВ: 95, 97]. В 1931 году его враждебное отношение к фрейдизму вылилось в полной мере в эссе «Что всякий должен знать?», шуточно-рекламный текст, восхваляющий «патентованное средство» от любой хвори «фрейдизм для всех» [ССРП 3: 697–699][16]. В том же году Набоков приступил к работе над «Отчаянием», своим первым яростно антифрейдистским художественным произведением. Удивительно, что в 1931 году он отверг предложение Г. П. Струве написать что-нибудь о Фрейде

---

[15] К. Поппер в книге «Предположения и опровержения: рост научного знания» называет фрейдовский психоанализ ненаучным из-за его недоказуемости [Поппер 2004: 65].

[16] Впервые опубликовано в «Новой газете» 1 мая 1931 г. Здесь стоит упомянуть книгу М. Кутюрье [Couturier 2004], содержащую тонкое и подробное прочтение творчества Набокова под углом воззрений Ж. Лакана. К сожалению, из соображений объема я не могу должным образом рассмотреть здесь этот аспект, поэтому предлагаю заинтересованному читателю ознакомиться с работами М. Кутюрье.

для газеты «Россия и славянство», предположительно в связи с широко отмечавшимся 75-летием Фрейда: Набоков ответил, что на тот момент устал от этой темы[17].

Устал он или нет, тема фрейдизма в творчестве Набокова стала лейтмотивом и к тому же почти навязчиво упоминалась в авторских предисловиях к переводам его русских романов и новым редакциям англоязычных. Однако постоянное возвращение к ней само по себе еще не воплощает *психологический* аспект набоковского искусства — хотя, по мнению Дж. Шют, оно свидетельствовало о том, что всеобщее помешательство на Фрейде тревожило Набокова[18]. Но, скорее, битва Набокова с фрей-

---

[17] См. недатированное письмо Набокова Г. П. Струве 1931 года: «Мое мнение о фрейдизме (от которого меня тошнит) я недавно высказал в "Новой газете", так что охоты у меня нет писать об этом вновь» [ПГС 2: 148].

[18] Дж. Шют предлагает весьма язвительное истолкование «танго» Набокова с Фрейдом. Однако можно поспорить с ее утверждением, что «сами методы, используемые для доказательства независимости текста, подрывают ее: пародийность и полемичность настойчиво указывают на прецедентный текст, который они призваны опровергать. Они отнюдь не провозглашают абсолютную свободу, а, напротив, очерчивают горизонт конкретного исторического момента и границы авторской власти» [Shute 1995: 419]. Это утверждение было бы верным только в том случае, если бы полемика с фрейдизмом была единственным важным смысловым пластом в художественных произведениях Набокова. а это, конечно же, не так. Избежать призрака фрейдистской интерпретации невозможно, но его можно вытеснить, как монстров на фасаде собора, о которых Набоков говорит в одном из интервью [СС: 31], — и освободить место для других, независимых способов обозначения и расшифровки. Одно из самых метких замечаний Дж. Шют гласит, что «Набоков, в отличие от Фрейда, считает настоящей сферой психологии именно сознание, а не бессознательное» [Там же: 418]. Но для Набокова и сознание, и бессознательное в значительной степени непознаваемы, и подтверждение этой позиции, как мы убедились, он нашел у У. Джеймса. По словам Шют, Дж. Грин в своей работе «Фрейд и Набоков» пытается доказать, что Набоков был фрейдистом вопреки самому себе. Л. де ла Дюрантай рассматривает другие причины, по которым Набоков считал необходимым так неустанно бороться с Фрейдом. Наряду с привычными объяснениями (сосредоточенность Фрейда на общем в ущерб частному) де ла Дюрантай выдвигает заманчивую гипотезу: «Набоков упрекал психоанализ не столько в том, что он так и не стал наукой... сколько в самих претензиях

дизмом была связана с психоаналитической концепцией символа и попытками соотнести художественные произведения с детством их авторов. Антифрейдистская полемика представляет собой идеологическую аргументацию, направленную против сведения всех человеческих поступков и патологий к сексуальным причинам — то есть к причинности в целом[19]. Она содержит предпосылки для развития иного, отличного от фрейдизма направления психологического исследования, не забывающего, что человеческий разум слишком сложен, таинствен и полон сюрпризов, чтобы определять его через единственную глубинную причину, такую как детская травма, сексуальность или потребность в продолжении рода.

С учетом того, что психоанализ, подобно литературе и в отличие от экспериментальной психологии, сосредотачивается на отдельных личностях и их историях, и что его методы очень скоро начали применяться к литературе даже самим Фрейдом, вполне естественно, что литератор становился соперником Фрейда; ведь они практически делили между собой одну и ту же территорию — область личностного нарратива[20]. У Набокова

психоанализа на статус науки, его стремлении действовать в сфере гуманитарных наук так, как функционирует естественная наука, — в качестве всеобъемлющего, объединяющего дискурса» [Durantaye 2005: 63]. Соглашаясь со второй частью этого утверждения, я подозреваю, что дисбаланс во фрейдизме между теорией и данными — невнимание к огромному разнообразию, свободному от теоретизирования (практика, скажем, лепидоптеролога Годунова-Чердынцева в «Отцовских бабочках») — противоречил собственным научным инстинктам Набокова.

[19] О месте, которое занимает причинность в психологических и психоаналитических исследованиях, по мнению О. Ранка, см. [Menaker 1982: 9]. Э. Менакер также объясняет глубинные мотивы, вызвавшие отход Ранка от ортодоксального фрейдизма, — расхождения, из-за которых «правоверные» фрейдисты исключили его от своих рядов [Там же: 11–37].

[20] То же самое утверждает Дж. Шют, но идет несколько дальше, предполагая, что, когда Набоков начал писать, Фрейд «уже присутствовал во всех текстах, которые тот хотел написать», что «структуры, которые писатель хотел бы создать и вплести в свои произведения, уже насквозь пронизаны» Фрейдом [Shute 1995: 416]. Я бы сказал, что, хотя фрейдизм присутствовал как основ-

ключевое различие между этими «соперниками» выражено словами Ардалиона в «Отчаянии»: «Художник видит именно разницу. Сходство видит профан» [ССРП 3: 421]: это прямой выпад в адрес теории, пытавшейся на основе отдельных случаев делать поспешные обобщения и выводить универсальные законы. Набоковские воззрения на психологию были основаны на вере в то, что уникальные индивидуальные черты важнее общностей или законов развития и что даже в случае аномального поведения обобщенных ответов недостаточно. В своем крестовом походе против фрейдизма он применял двойную стратегию: открытые насмешки над сексуальным редукционизмом, присущим теории, и создание целой череды примеров-контраргументов, персонажей различных типов — нормальных и ненормальных, — личность которых невозможно адекватно объяснить через парадигмы психоанализа. Скрытая дополнительная стратегия заключалась в постоянном акцентировании того, что одному человеку не под силу познать все явления, происходящие в сознании другого (даже при помощи исповеди): подразумевалось, что без такого знания любые выводы об универсальных закономерностях и психологической причинности будут преждевременны. Невозможность проникнуть во внутреннюю жизнь другого человека была для Набокова важной художественной проблемой, той самой, которая, как он обнаружил, очень подробно рассматривалась в седьмой главе «Принципов психологии» У. Джеймса.

Энциклопедическая работа Джеймса послужила Набокову крепким подспорьем для будущих сражений. В этой книге с поразительной тщательностью рассмотрены все известные на тот момент составляющие душевной жизни, в том числе и ее много-

---

ной потенциал и общий способ интерпретации, версия Шют заходит слишком далеко, подразумевая, что главенствующая роль фрейдизма служит универсалией современного литературного дискурса. Согласно критическому наблюдению Н. Данлэпа, сделанному в 1920 году, психоанализ уже «претендует не только на область психологии, но и на области литературы, искусства, религии, истории, политики и археологии» [Dunlap 1920: 513]. Но законность этих претензий, как отмечает Данлэп, еще не была повсеместно признана.

численные аберрации[21]. Особенно должна была импонировать Набокову способность Джеймса описывать когнитивные и поведенческие системы с точки зрения, которая, с одной стороны, признавала дарвинизм и его вклад в теорию эволюции человеческого поведения, а с другой — сохраняла веру в непостижимость сущности природы разума[22]. Джеймс уделял особое внимание потоку мыслей в сознании как основному источнику сведений о личности, и это не могло не привлечь Набокова, который с гордостью утверждал, что Л. Н. Толстой в «Анне Карениной» изобрел «поток сознания» примерно за десять лет до того, как У. Джеймс ввел этот термин в обиход ([ЛРЛ: 312], ср. [James 1890 1: 296]). В то же время, регулярно демонстрируя необходимые границы эмпирического знания о человеческом разуме и его поведении, Джеймс обеспечивает мощную поддержку любому,

---

21 В письме от 24 марта 1957 года Набоков сообщает Э. Уилсону, что отец давал ему читать Джеймса, «лет в двенадцать-тринадцать» [ДПДВ: 432]. Неполный список любопытных отголосков Джеймса, которые появляются в разных местах и зачастую весьма заметны, включает иллюзию скрещенных пальцев и горошины («Подвиг», ср. [James 1981: 703]); гипнагогические галлюцинации («Память, говори», ср. [Там же: 767–768]); рассматривание горизонта с запрокинутой головой («Дар», ср. [Там же: 847]); множественные личности («Соглядатай», «Бледный огонь», ср. [Там же: 356]); движение поезда («Король, дама, валет», «Другие берега», «Прозрачные вещи», ср. [Там же: 736]); калейдоскоп («Смотри на арлекинов!», «Под знаком незаконнорожденных», ср. [Там же: 17]); цветной слух («Дар», «Память, говори», ср. [Там же: 676]); силлогизм Сократа «другие люди смертны» («Бледный огонь», ср. [Там же: 1245]); пересечение параллельных линий («Дар», ср. [Там же: 1251–1252]); отвращение к теплу предшественника на сиденье или другой поверхности («Лолита», ср. [James 1890: гл. 24, прим. 35]).

22 Например, Джеймс писал: «...наша психология останется позитивистской и неметафизической; и хотя это, конечно, лишь временная остановка и когда-нибудь все будет более тщательно продумано, в этой книге мы удовольствуемся тем, что имеем, и так же, как отрясли прах разума, не будем принимать во внимание душу. Читатель-спиритуалист, тем не менее, может верить в душу, если того желает; между тем, позитивист, желающий прибавить к изъявлениям своего позитивизма оттенок тайны, может продолжать говорить, что природа в своих непостижимых замыслах сотворила нас из глины и огня, мозга и разума, что эти два начала, несомненно, связаны и определяют друг друга, но как и почему, ни один смертный никогда не узнает» [James 1981: 182].

кто отказывается приписывать душевной жизни доказуемую, механическую природу[23].

Весь это фон, плюс почти несомненное знакомство Набокова с трудами Московского психологического общества по философии сознания и личности давали ему прочную, добротную основу для вдумчивых и точных размышлений о сознании и его тайнах[24]. Но на этом он не остановился. То немногое, что мы знаем о его круге чтения в области психологии, показывает, что в этом предмете, близком к его собственной литературной деятельности, он был начитан широко и изучал его старательно. Различные источники указывают, что Набоков читал З. Фрейда, Х. Эллиса, Ч. Ломброзо, И. И. Мечникова, Г. В. Александровского; скорее всего, он также был знаком с работами Г. Спенсера, Р. де Гурмона, Т. Рибо, И. Тэна, О. Вейнингера и В. М. Тарновского: книги этих авторов были широко известны и к тому же имелись в обширной библиотеке Набокова-старшего[25]. Вполне воз-

---

[23] См. главу 5 в [James 1890]. О научном познании внутренних состояний мозга Джеймс пишет: «Орган будет для нас чем-то вроде чана, в котором чувства и эмоции каким-то образом продолжают вариться вместе и в котором происходят бесчисленные вещи, но мы не в состоянии уловить из них ничего» [James 1981 1: 138].

[24] Философская антология «Проблемы идеализма» вышла в 1903 году, когда Набокову было четыре года; учитывая политические пристрастия отца, есть большая вероятность, что Набоков прочитал этот сборник, а также последовавший за ним том «Вехи» (1909) в подростковом возрасте. В. Д. Набоков был близок с несколькими членами Московского психологического общества, см. [Dragunoiu 2011; Poole 2002]. В 1920-е годы Набоков подружился с бывшим секретарем Общества Ю. И. Айхенвальдом, см. [Бойд 2010а: 301–303; Долинин 2004: 369–375; Blackwell 2000: 25–36].

[25] Первые двое упоминаются в разных письмах или интервью; Ломброзо, Мечников и Александровский названы в записной книжке Набокова за 1918 год (PP, LCNA, контейнер 10). Ломброзо также упоминается в негативном ключе в эссе «Искусство литературы и здравый смысл» [ЛЗЛ: 501]. Спенсер и остальные были очень известными фигурами, чьи труды имелись в личной библиотеке В. Д. Набокова. Из книг по психологии самый большой интерес в его собрании представляют следующие: Н. Баженов, «Психология казнимых» (М., 1906); В. Бехтерев, «Внушение и его роль» (СПб., 1904) и «Психика и жизнь» (СПб., 1904); Ch. Darwin, «L'expression des emotions chez l'homme et les animaux» (Paris, 1877); R. de Gourmont, «Physique de l'amour»

можно, что к концу 1930-х годов он также прочитал по меньшей мере некоторые работы К. Г. Юнга и О. Ранка, скорее всего, ранние (напрямую Набоков упоминает Юнга только в «Пнине», но юнгианские мотивы просматриваются в «Отчаянии») [Davydov 1995: 100n21]. К этому списку можно добавить ряд книг и научных работ, упомянутых в черновых заметках Набокова к «Лолите», «Пнину» и «Бледному огню». Учитывая, что наше документально подтвержденное знание о круге чтения Набокова и доступных ему работ сводится лишь к обрывочным сведениям, справедливо будет заключить, что читал он значительно больше перечисленного списка[26].

Психология у Набокова: субъекты и объекты

Притом что Набоков был хорошо осведомлен об основных направлениях психологии, его произведения сосредоточены на внутренних явлениях сознания, на природе потока мыслей и его связи с памятью. И это логично, учитывая гуманистическую приверженность Набокова индивидуальности, личности как основополагающему принципу и аксиологическому центру. На

(Paris n. d.); J. Grasset, «Demifous et demiresponsables» (Paris, 1907); О. Вейнингер, «Пол и характер», с пред. А. Волынского (СПб., 1909); Г. Спенсер, «Основание науки о нравственности» (СПб., 1880); и по одной или более книг А. Бэна, Т. Рибо, И. Тэна, В. Тарновского и В. Вундта. Английского раздела психологической литературы в приложении к каталогу за 1911 год нет; возможно, в период между выпусками каталога (1904–1911) англоязычных работ по психологии в библиотеку Набоковых не поступало. И. Тэн, похоже, интересовал Набокова и восхищал его отца; помимо нескольких отдельных изданий трудов Тэна, в библиотеке имеется его четырехтомник и биография, написанная Ф. А. Оларом. Более подробный разбор значения О. Вейнингера и его работ для произведений Набокова, особенно «Отчаяния», см. в [Trzeciak 2009, 2005].

[26] В переписке Набоков довольно сдержанно говорил о своих читательских пристрастиях. Хотя он иногда упоминает о чем-то ближайшим корреспондентам, как правило, в письмах он не раскрывает своего текущего круга чтения. Это касается как архивных материалов, так и опубликованных собраний писем.

практике это означает, что главным художественным побуждением Набокова было создание полноценных личностей, психология которых правдоподобна и внутренне последовательна, хотя и не всегда подчиняется логике и видимым законам причинности. Хотя среди второстепенных персонажей Набокова немало психологов или психиатров, из его рассказчиков и главных героев только Ван Вин в «Аде» профессионально занимается психологией (причем им определенно движет интерес к паранормальным явлениям, связанным с Террой, что напоминает об интересе У. Джеймса к сфере, которую в наши дни называют парапсихологией)[27]. Гипотезы прочих персонажей-психологов в его романах пронизаны иронией: как правило, они карикатурно отображают фрейдистские или бихевиористские теории (взять хотя бы врача-психиатра, который лечит Лужина в «Защите Лужина» (третий роман Набокова, написанный в 1929 году), бесчеловечные бихевиористские эксперименты в романе «Под знаком незаконнорожденных» (1947) или Эрика и Лизу Винд в «Пнине» (1957))[28].

Разделив психологическую «принадлежность» персонажей произведений Набокова на самих ученых и тех, кого они изучают, мы видим, что первая группа представлена лишь несколькими вариациями на тему чудака или шарлатана, в то время как вторая включает более обширную и разнообразную коллекцию типажей. Этот дисбаланс отражает неравнодушие Набокова к разнообразию и непостижимости индивидуальной личности и его отвращение к психоанализу, пытающемуся «объяснить» сознание и сущность личности или разума, и бихевиоризму, сводящему внутреннюю жизнь человека к набору внешних проявлений. Учитывая эту явную предвзятость, можно утверждать, что Набоков действительно отвергал психологию как науку: это выражалось в неприятии преобладавшего в его время подхода к из-

---

[27] У. Джеймс был одним из первых президентов Общества психических исследований, которое выступало за научное исследование паранормальных явлений (см., например, [Hothersall 2004: 338]). Джон Рэй-младший, написавший «Предисловие» к Лолите, — психолог, не вполне тождественный рассказчику, хотя Дж. Фергер отыскал для него роль в тексте Гумберта [Ferger 2004].

[28] Повод к размышлению на эту тему дает З. Кузманович [Kuzmanovich 2003].

учению человеческой природы, личности и патологий. Однако точнее будет сказать, что его подход к сознанию приблизительно совпадал с подходом других школ, особенно гештальтпсихологии и функциональной психологии: хотя и менее известные широкой публике, чем психоанализ и бихевиоризм, эти направления оказали не менее серьезное и долгосрочное воздействие на развитие науки.

Психологи у Набокова, за исключением Вана Вина, в той или иной степени демонстрируют влияние фрейдизма, и этот факт выдает тревогу Набокова о том, что фрейдизм монополизировал изучение человеческого разума. Начиная с врача-психиатра в «Защите Лужина», фирменным знаком этой роли становятся модные психоаналитические словечки. Психиатр Лужина изображен как беспримесный фрейдист, и его метод лечения Лужина заключается в том, чтобы заставить пациента испытать «рождение заново», постепенно снова войти в жизнь, из которой вымараны все тревожащие элементы, приведшие Лужина к одержимости шахматной игрой. Хотя поначалу лечение вроде бы идет успешно, именно оно провоцирует последний психический срыв гроссмейстера. Этот психиатр-фрейдист, по крайней мере, считал, что делает доброе дело, и стремился излечить пациента. В романе «Под знаком незаконнорожденных» Набоков создает откровенно вредоносный сплав фрейдистской и бихевиористской психологии, воплощенный в некомпетентной команде экспериментаторов, работающих на тоталитарный эквилистский режим. Логика научного исследования сочетается с институциональным отрицанием нравственной ценности отдельного человека (отрицанием, которое практиковал советский режим). В ходе экспериментов эти ученые, помимо прочего, исследуют смягчающее воздействие пыток и убийства детей на последующее поведение преступников, совершивших насильственные преступления.

Более изощренное, но не менее пародийное изображение современного психолога предстает перед нами в лице Джона Рэя-младшего, вымышленного автора «Предисловия» к книге «Лолита. Исповедь светлокожего вдовца». Рэй — автор «удостоившегося премии» труда «Можно ли сочувствовать чувствам?» — заглавие, вызывающее любопытные вопросы о взаимосвязи органов чувств, которыми воспринимается мир, и чувств-эмоций, то ли связанных, то ли не связанных с первыми. Моральный релятивизм Рэя, выдаваемый за философские ухищрения, проявляется в его утверждении, что «"неприличное" бывает зачастую равнозначаще "необычному". Великое произведение искусства всегда оригинально; оно по самой своей сущности должно потрясать и изумлять, т. е. "шокировать"» [ССАП 2: 13]. Эта точка зрения в некоторых набоковских контекстах могла бы заслуживать похвалы, но от нее так и веет «пошлостью». Автор умышленно усугубляет наши подозрения по поводу этики Рэя, вложив в его уста банальные похвалы моральному измерению исповеди: ее персонажи «предупреждают об опасных уклонах; они указывают на возможные бедствия. "Лолита" должна бы заставить нас всех — родителей, социальных работников, педагогов — с вящей бдительностью и проницательностью предаться делу воспитания более здорового поколения в более надежном мире» [ССАП 2: 14]. Если, как утверждает Набоков, это лучший ответ, который психология способна дать на рассказ Гумберта, значит, психология зашла в тупик[29]. В «Лолите» также есть несколько пародий на бихевиористские эксперименты: в одном из них подопытным платят за то, чтобы они провели целый год, передвигаясь на четвереньках и питаясь только бананами.

Вереницу издевательских образов лжефрейдистов продолжает в романе «Пнин» Эрик Винд, являющий собой смесь веяний фрейдистского и постфрейдистского психоанализа. Он и его жена Лиза (бывшая жена Пнина) пытаются воспитывать своего сына Виктора, руководствуясь этими теориями и стараясь «изо

---

[29] Этот образ Рэя дополняется ассоциацией с доктором Биянкой Шварцман, чья работа о педофилах, очевидно, так мало просветила Рэя, и упомянутой Куильти «цветовой противоположностью» Шварцман — доктором Мелани Вайс, «психоаналитиком и порнографом». Г. Барабтарло указывает на близость последнего имени к имени Мелани Кляйн, автора книги «Детский психоанализ» (1932) [Barabtarlo 1989: 161]. Ср. также: «доктор Альбина Дункельберг» в романе «Пнин», см. [ССАП 3: 49].

всей их психотерапевтической мочи изобража[ть] Лая с Йокастой» (то есть родителей Эдипа) [ССАП 3: 81]. Винд утверждает, что «беременность, в сущности говоря, есть сублимация стремления к смерти» [Там же: 48]. Наконец, хотя в романе «Ада» и встречается слегка завуалированная насмешка над Фрейдом («Доктор Фройт из лечебницы Зигни-Мондье-Мондье» [ССАП 4: 16]), Ван Вин стоит особняком среди персонажей Набокова, потому что в основном занимается умственными аберрациями, связанными с паранормальными явлениями и таинственной Террой.

> Как еще предстояло узнать самому Вану Вину в пору его усердных занятий террологией (бывшей тогда отраслью психиатрии), даже глубочайшие мыслители и чистейшие философы — Паар из Чуса и Сапатер из Аардварка — проявляли эмоциональную двойственность в оценке возможной существенности «кривого зеркала нашей корявой земли» [ССАП 4: 28].

Клинический опыт Вана подви́г его на то, чтобы написать роман «Письма с Терры», отчасти основанный на «отчет[ах] Вана о "трансцендентальном трансе" его пациентов» [ССАП 4: 327]. Подобно У. Джеймсу и другим ученым его эпохи, Ван столь же философ, сколько и психолог; он сочиняет блистающее эрудицией, шутливое и вызывающее эссе «Текстура времени» (которое составляет четвертую главу романа). Однако в «Аде» нет никаких указаний на то, что Ван как психолог и впрямь понимает хоть кого-то из своих пациентов (несмотря на то что «к безумию он питал такую же страсть, какую иные питают к арахнидам и орхидеям») [Там же: 325]. Невзирая на свой поразительно высокий интеллект, он столь же поразительно бесчувствен к психологическим потребностям своей сводной сестры Люсетты. Однако этот недостаток проницательности скорее обусловлен тайнами личности, чем некомпетентностью Вана.

«Триллион таинств»

В произведениях Набокова выведены личности, чье сознание необходимо исследовать как бы изнутри, посредством косвенной интроспекции, а не анализировать извне или ассоциировать с предопределенными причинными механизмами, размеченными в виде удобной последовательности снов. В этом акценте нет ничего неожиданного: в конце концов, как настаивал Набоков, зачастую психология составляет главное содержание словесного искусства. В письме Г. П. Струве он высказывал мнение, что писания многих авторов, с энтузиазмом строивших сюжеты на фрейдистских темах, не имеют отношения к литературе[30]. Если тщательно рассмотреть, какого рода психологией занимался Набоков в своих произведениях, окажется, что он исследовал человеческий разум — не ища его неведомых побуждений и источников, но создавая как можно более полный психологический портрет героя, сколь бы противоречивым он ни был. Набоков стремился исследовать, как предпочитает действовать активный ум, то есть какими способами он целенаправленно взаимодействует с окружающим миром. Далеко не все эти действия можно объяснить какими-либо причинами, будь то «разумный эгоизм» (как сказал бы Чернышевский и прочие радикалы) или фрейдистская связь между детскими травмами и взрослыми психозами. Романы и рассказы Набокова не ищут причин, чтобы объяснить, почему персонаж поступает так или иначе. В этом отношении Набоков — эссенциалист, который, как уже было отмечено выше, верит в целесообразность самодостаточного «Я» как рабочую гипотезу, если не явную реальность. Эта вера может вызвать обвинения в мистицизме, как случилось с У. Джеймсом: персонажи поступают определенным образом не потому, что это предписывают законы личности или выявленные факторы психологического развития, а по причинам, суть которых скрыта[31]. Эта «обскурантистская» точка зрения предполагает, что мы не в силах

---

[30] Письмо Г. П. Струве (1931, без даты): «Кроме всего, фрейдизма, я ей-Богу, не вижу в литературе (у модных пошляков, вроде, скажем, Стефана Цвейга, оного сколько угодно — но ведь это не литература)» [ПГС 2: 142].

[31] Ср.: «Джеймс, безусловно, был мистиком, как, наверное, мистиком должен быть любой поборник воли к вере и любой защитник неупрощаемой сущности, называемой личностью. Анализ несовместим с этим настроем, при котором удовлетворение приносит лишь созерцательное изучение единства; у Джеймса же эти взгляды дали свои плоды в изучении опыта» [Brett 1962: 657].

постичь, почему люди (в том числе и преступники) ведут себя именно так, а не иначе. Иногда в персонажах Набокова как будто просматривается намек на причинные механизмы, стоящие за их поступками. Вспомним Роберта Горна в «Камере обскуре», или Франца и Марту в «Короле, даме, валете», или Германа в «Отчаянии» и до некоторой степени Гумберта в «Лолите»: их всех объединяет некое общее свойство, из которого растут корни преступления или попыток совершить преступление, — свойство, которое читатель может принять за подспудную причину. Набоков говорил, что преступникам недостает воображения — в частности, они не могут представить себе жизнь за тюремной решеткой [ЛЗЛ: 497; Anemone 1995]. Возможно, и так. Что важнее, им недостает уважения к достоинству и независимости других людей в целом (в мире Набокова им может также недоставать способности любить). Но и у этого недостатка тоже должны быть свои первопричины, а их-то среди причинных цепочек в произведениях Набокова нигде не обнаруживается. Мы не знаем, почему так нарциссичен Герман в «Отчаянии»; не знаем, почему Гумберт так долго остается слеп и не осознает разрушительности своих поступков; не знаем, почему Франц и Марта в «Короле, даме, валете» укрепляются в мысли, что жизнь Драйера всего лишь расходный материал. В «Отчаянии» и «Лолите» содержатся соблазнительные намеки на фрейдистские причинные объяснения. Но намеки эти не подкрепляются: и Герман, и Гумберт могли бы поступить совсем иначе, если бы только захотели. Но они этого не захотели. То, что персонажи решили поступить именно так, а не иначе, объясняется складом их личности, возможно, перверсией. (Набоков искренне верил, что разум способен пойти по извращенному пути, хотя и неясно, считал ли он, что все эти пути ведут к вредоносным, преступным и убийственным поступкам.) Набоков отрицал причинность как универсальную систему и, следовательно, мог утверждать, что причины, по которым личность выбирает подобные пути, непознаваемы. Едва ли эту точку зрения можно счесть научной, зато она привлекает внимание к возможным границам *научной* психологии: «Мы никогда не узнаем... о природе мышления» [CC: 60]. Набоков оказался в хорошей компании: даже

Джеймс, отец современной психологии, оставлял место для таинственных и непознаваемых элементов каждой личности — для того, что не постигнуть научными методами.

Серийные «Я»

Один из лучших способов проникнуть в сознание персонажа — вести повествование от первого лица, но Набоков-прозаик усвоил этот метод на удивление поздно: лишь в 1930 году, в повести «Соглядатай», главный герой которой, Смуров, — также и первый в творчестве Набокова ненадежный рассказчик, чья психическая уравновешенность сомнительна. Неудивительно, что повесть содержит большое количество многообещающих в плане психологии мыслей. Главная аномалия, которая должна была бы бросаться в глаза, по сути, долгое время остается скрытой от читающего текст впервые: рассказчик, который, по всей видимости, застрелился, после того как был избит ревнивым мужем своей любовницы, продолжает повествование «из потустороннего мира». Именно с этой потусторонней точки зрения он и выступает в роли «внутреннего соглядатая» событий, окружавших его прежнее существование. В конечном итоге становится ясно, что рассказчик не умер, но испытывает нечто вроде расщепления личности, воспринимая себя и свои взаимоотношения с другими словно извне, превращая свое «Я» в фокус скорее объективного, чем субъективного анализа.

Происхождение заболевания или душевного состояния Смурова отчасти можно связать с психологическим понятием диссоциативного расстройства, которое фигурирует также в «Отчаянии» в фрейдистско-сексуальном контексте. Возможно, Набоков почерпнул эту идею из сообщений о раненых ветеранах войны, которые верили, будто умерли, и рассматривали свое тело как мертвое, в полном отрыве от уцелевшей психики[32]. Такое объяс-

---

[32] О таких случаях идет речь в книге Т. Рибо «Болезни личности», которая имелась в библиотеке Набоковых в Санкт-Петербурге. Э. Мах в «Познании и заблуждении» также цитирует Рибо: «Наконец, всем известен факт, о ко-

нение тем более правдоподобно, если принять во внимание, что Смуров, по его утверждению, участвовал в русской Гражданской войне (1918–1921), и учесть, что перед попыткой самоубийства его избили[33]. Как мы знаем из комментария к «Соглядатаю» О. Ю. Сконечной [ССРП 3: 713], текст включает множество отсылок к сексуальным и культурным реалиям литературы Серебряного века (1890–1916) [Сконечная 1996; Brodsky 1997][34]. Несколько двусмысленная сексуальность Смурова, как и его имя, отсылают к герою романа М. А. Кузмина «Крылья» (1907), содержащего откровенно гомосексуальные мотивы (гомосексуальность в символистских и декадентских интеллектуальных кругах имела идейный и даже мистический смысл). Опыт и переживания «потусторонней» жизни Смурова заставляют его поверить, что все окружающие — «только воображение мое, только зеркало» [ССРП 3: 87], включая и объект его влюбленности, Ваню (мужское имя, хотя и с гендерно неоднозначным звучанием), молодую женщину, невесту другого. С одной стороны, прочие люди и мир существуют только как часть его потустороннего солипсизма; с другой, сам Смуров существует лишь как отражение в сознании

тором упоминает Фовиль. Один солдат считал себя умершим со времен битвы под Аустерлицем, в которой был тяжело ранен. Когда у него спрашивали о здоровье, он отвечал: "Вы хотите знать, как себя чувствует отец Ламберт? Его больше нет, он убит пушечным ядром. То, что теперь перед вами, — это машина, которую сделали по его образцу. Попросите, чтобы они сделали другую". Говоря о самом себе, он никогда не говорил я, а всегда это. Кожа его была нечувствительна, и он часто впадал в состояние полной неподвижности, которое длилось несколько дней» [Рибо 2001: 32]. (Рибо, в свою очередь, ссылается на статью К. Ф. Мишеа, опубликованную в *Annales médico psychologiques* в 1856 году.) Обратим также внимание на фразу: «Этот старый солдат не считал себя *другим* (Наполеоном, например, хотя и был в Аустерлице)» [Там же: 33]. Далее Рибо с разных точек зрения рассматривает другие виды двойственных личностей.

[33] Набоков также мог знать о диссоциации из книги У. Джеймса: см. прим. 10 к главе 25 в [James 1890].

[34] Похоже, но самостоятельное прочтение, посвященное в первую очередь межтекстовым связям «Соглядатая» с романом М. А. Кузмина, см. в [Rylkova 2002].

прочих людей («Ведь меня нет, — есть только тысячи зеркал, которые меня отражают» [ССРП 3: 93]). Разумеется, в конце психологическая аберрация Смурова доходит до экзистенциального ужаса, вызванного его неудачной попыткой соединить свое «внутреннее "Я"» с «внешним» восприятием его окружающими (подробно об этом см. [Connolly 1991: 101–107]). Тем не менее представляется, что его диссоциативное состояние в некоторой степени добровольно. Если так, то это пример, противоречащий идеям о воздействии подавленных или подсознательных феноменов сознания. Если странное переживание по сути своей представляет творческий акт, то можно предположить, что у измененных или аномальных психических состояний есть и иные источники, помимо подсознания. Однако автор не заводит случай Смурова слишком далеко; похоже, Набокова больше интересовало исследование нарративных возможностей осознанного солипсизма и связанных с ними феноменов разума и мира, а не исследование сумасшествия. Что касается разума, который по-настоящему не в ладах с окружающим миром, то это явление Набоков уже начал изучать раньше, используя точку зрения третьего лица в сумеречной зоне между ярко выраженными интеллектуальными дарованиями и тревожными душевными отклонениями.

Гений или безумие?

Набоков столкнулся с базовой проблемой гениальности и ее возможной близости к безумию в книге Ч. Ломброзо, которую в 1919 году включил в свой список чтения[35]. Как художник, ощущавший дистанцию между собой и окружающим миром, Набоков, безусловно, был готов изучать психологию гения,

---

[35] «Стихи и задачи» (LCNA, контейнер 10). Дж. Д. Куин дает краткий и важный (хотя, как он позже сообщил мне, не исчерпывающий) обзор неврологических расстройств, которые могли бы послужить причиной заблуждений некоторых персонажей [Quin 1993].

а также критически посмотреть на то, как гениальность воспринимается типичным окружением из обычных людей. Сближение гениальности с психическими расстройствами отвечало растущему стремлению психологов искать все новые наглядные, эмпирически познаваемые компоненты сознания. Если первостепенный метод современной психологии состоял в том, чтобы выявить причинные процессы, которые объясняли бы основные варианты человеческого поведения и личностные черты, возможно, включая и гениальность, то интерес Набокова к этому методу в основном сводился к яростным попыткам опровергнуть предполагаемые причинные связи[36]. Отчасти такое намерение обусловлено его неоидеалистическими убеждениями и, следовательно, уверенностью в автономности личности, что, в свою очередь, предполагало самостоятельное существование имманентно таинственного «волящего "Я"». Это стремление отчетливее всего просматривается в «Защите Лужина», «Отчаянии», «Лолите», «Бледном огне» и «Аде», но также подспудно присутствует в «Подвиге», «Истинной жизни Себастьяна Найта», «Пнине» и «Прозрачных вещах». Некоторые отзвуки слышны даже в «Даре» и иных произведениях. Говоря о причинах, мы подразумеваем следствия, в данном случае — поступки людей. Почему персонажи поступают так, а не иначе — почему убивают, насилуют, кончают с собой или пишут книги, — это вопрос, на который психология, возможно, лишь надеется ответить, допуская, что поступки и сознание могут подчиняться причинно-следственным законам. Но Набоков на протяжении всего своего творческого пути создавал примеры, показывавшие, почему, когда дело касается человеческого сознания и его тайн, потребность что-либо объяснить обречена на провал.

Исследование Набоковым иных (помимо причинных) аспектов сознания берет начало в «Защите Лужина» (1929). В некотором смысле роман построен как открытое возражение против пред-

---

[36] Стойкое преобладание этого подхода, похоже, подтверждается и книгой С. Керна, в которой рассматриваются попытки изучить причинные механизмы убийств в литературе от викторианской эпохи до наших дней; есть в ней и глава о «Лолите» [Kern 2004].

посылки, что все «несчастья» на голову взрослого Лужина — начиная с его одержимости шахматами и кончая растущей паранойей и бегством из жизни — навлекло нечто, случившееся с ним в детстве.

Душевная жизнь Лужина предстает перед нами поэтапно, и автор уделяет особое внимание его дошахматному детству, переходному возрасту и взрослой жизни, когда для него уже мало что существует за пределом мира шахматных сил. Ребенок, который казался родителям пугающей загадкой, из всех деталей своего перехода от домашнего обучения к гимназии замечает лишь одну: что его будут называть по фамилии, «Лужин», а не по имени, «Саша». Лишь какое-то время спустя, во время переезда из усадьбы обратно в город, он осознает, что теперь из-за перемены лишится многих черт повседневной привычной жизни, которые были ему так дороги. Убежав от взрослых, он «поиграл с жуком, нервно поводившим усами, и потом долго его давил камнем, стараясь повторить первоначальный сдобный хруст» [ССРП 2: 313]. Приспособиться к школе Лужину не удается, отчасти из-за реакции соучеников на его природную необщительность и тягу к одиночеству. На переменках Лужин всегда прятался в темный закоулок за поленницу, чтобы избежать травли:

> Он избрал это место в первый же день, в тот темный день, когда он почувствовал вокруг себя такую ненависть, такое глумливое любопытство, что глаза сами собой наливались горячей мутью, и все то, на что он глядел, — по проклятой необходимости смотреть на что-нибудь, — подвергалось замысловатым оптическим метаморфозам. <...> ...и сосед по парте, вкрадчивый изверг с пушком на щеках, тихо и удовлетворенно говорил: «сейчас расплачется». Но он не расплакался ни разу [ССРП 2: 317].

Между тем маленький Лужин пламенно полюбил детективы Конан Дойла, книги, подаренные ему тетей. «Только гораздо позже он сам себе уяснил, чем так волновали его эти две книги: правильно и безжалостно развивающийся узор» [Там же: 320]. Затем его любовь переключается на набор для фокусов, а кроме того, он грезит абстрактной математикой: «...подолгу замирал на этих небесах, где сходят с ума земные линии» [Там же: 323]. Набоков прилагает большие старания, чтобы показать, как развивается умственная жизнь, наблюдательность и воображение маленького Лужина во время его детского увлечения шахматами, — рассмотрим, например, фрагмент, описывающий его реакцию на преходящие события праздного дня, проведенного в усадьбе, — без партнера по шахматам и без новых шахматных идей:

> Он в этот день затосковал. Все партии в старом журнале были изучены, все задачи решены, и приходилось играть самому с собой, а это безнадежно кончалось разменом всех фигур и вялой ничьей. И было невыносимо жарко. От веранды на яркий песок ложилась черная треугольная тень. Аллея была вся пятнистая от солнца, и эти пятна принимали, если прищуриться, вид ровных, светлых и темных, квадратов. Под скамейкой тень распласталась резкой решеткой. Каменные столбы с урнами, стоявшие на четырех углах садовой площадки, угрожали друг другу по диагонали. Реяли ласточки, полетом напоминая движение ножниц, быстро вырезающих что-то. Не зная, что делать с собой, он побрел по тропинке вдоль реки, а за рекой был веселый визг, и мелькали голые тела. Он стал за ствол дерева, украдкой, с бьющимся сердцем, вглядываясь в это белое мелькание. <...> Затем, валяясь на диване в гостиной, он сонно слушал всякие легкие звуки, то крик иволги в саду, то жужжание шмеля, влетевшего в окно, то звон посуды на подносе, который несли вниз из спальни матери, — и эти сквозные звуки странно преображались в его полусне, принимали вид каких-то сложных, светлых узоров на темном фоне, и, стараясь распутать их, он уснул [Там же: 337].

Любопытный момент: Лужин чувственно погружается в окружающий мир, отчасти преображая его в шахматные образы, отчасти в другие разновидности таинственных узоров так, что это приносило ему смутное успокоение. В этот же вечер старший Лужин возвращается из города, прознав о необычайном таланте сына, и детство вундеркинда резко заканчивается: его быстро втягивают в мир шахматных состязаний. Когда мы снова встречаем Лужина уже взрослым, лет тридцати, ему гораздо труднее контактировать с повседневной реальностью, и его будущая невеста, возможно, единственная живая душа почти за восемнадцать лет, которая с ним общается на этом жизненном этапе. Вынырнув из «привычной мути» своей жизни, он «заметил с удивлением, что с ней говорит»: «...такой неожиданный и такой знакомый, заговорил голос, как будто всю жизнь звучавший под сурдинку и вдруг прорвавшийся сквозь привычную муть». Лужин «начал тихими ходами, смысл которых он чувствовал очень смутно, своеобразное объяснение в любви» [ССРП 2: 363]. Наконец сделав невесте предложение, весьма чудаковато («продолжая вышесказанное ["вышесказанное" относится к их банальной беседе днем раньше], должен вам объявить, что вы будете моей супругой, я вас умоляю согласиться на это, абсолютно было невозможно уехать, теперь будет все иначе и превосходно») [Там же: 365], Лужин ударяется в слезы и совершает различные неловкие движения, в то время как его возлюбленная пытается подстроиться под происходящее. Кто мог ожидать такого выплеска эмоций от человека, повенчанного с шахматами? Как и почему именно ее голос «всю жизнь звуча[л] под сурдинку», нам, читателям, так и не объясняют. Но эта его постоянная открытость любви, даже латентное желание любить и быть любимым, восприимчивость к определенным деталям в человеке, желание дарить и принимать привязанность, — все это рисует нам человека, на которого нельзя поспешно наклеить ярлык сумасшедшего гроссмейстера. Набоков придает душевной жизни Лужина определенную степень земной фактурности, ненадежно воздвигнутой над бездной чистых шахматных идей. Ни одна из этих граней личности не снабжена объяснением. Несмотря на явную предопределенность участи, к которой неминуемо движется Лужин, многое в его душевной и умственной жизни остается за пределами зловещих узоров, сливающихся в его сознании в образ враждебного противника.

Набоков весьма подробно рисует историю неприспособленного к жизни мальчика, который вырастает в неприспособленного и асексуального мужчину, по воле судьбы оказавшегося еще и гениальным шахматистом. Причины его первого и второго нервных срывов стали предметом длительных споров, что говорит в пользу того, что за книгой кроется психологическая мотивировка. Роман заставляет нас задаться вопросами: почему у Лужина случаются нервные срывы? И почему в финале романа он все же сходит с ума и решает «выпасть из игры»? С одной стороны, может показаться, будто причина срывов Лужина — его эмоциональная неуравновешенность, которая берет начало в детстве и затем проявляется в одержимости шахматами. Следовательно, безумие и самоубийство Лужина в финале вызваны его неспособностью, даже после лечения, спастись от знаков завладевающего им «шахматного мира» (складная доска, Валентинов). Другой вариант: срыв Лужина на чемпионате мог быть вызван конфликтом между его новым, человеческим интересом (к будущей жене) и начинающейся шахматной паранойей; причинами паранойи и самоубийства в финале могли послужить и само лечение, и даже чрезмерные старания Лужиной способствовать лечению. Набоков тщательно выстраивает роман так, чтобы предоставить читателю широкие возможности поискать фрейдистские причины в детстве Лужина — например, почти открытый роман отца Лужина с кузиной матери или возникшая на этой почве истерия матери — да и общая неспособность родителей растить и воспитывать Лужина правильным, здоровым образом. Именно на это дисфункциональное детство психиатр Лужина, обладатель черной ассирийской бороды, и списывает лужинскую одержимость шахматами и его нервный срыв. Старания доктора выкопать эти корни заканчиваются неудачей:

«Дайте мне представить себе ваш дом... Кругом вековые деревья... Дом большой, светлый. Ваш отец возвращается с охоты...» Лужин вспомнил, как однажды отец принес толстого, неприятного птенчика, найденного в канаве. «Да», — неуверенно ответил Лужин. «Какие-нибудь подробности, — мягко попросил профессор. — Пожалуйста. Прошу вас. Меня интересует, чем вы занимались в детстве, как играли. У вас были, наверное, солдатики...» Но Лужин при этих беседах оживлялся редко. Зато мысль его, беспрестанно подталкиваемая такими расспросами, возвращалась снова и снова к области его детства [Там же: 405].

Знаковые отсылки к фрейдизму здесь видны безошибочно, как и полнейшая невосприимчивость к данному методу. Повествование снова пристально сосредотачивается на детстве Лужина, которое теперь приобретает совершенно иную значимость в его воспоминаниях, чем могло бы в психоаналитической интерпретации. Воспоминания пробуждают у него теплые чувства; даже некогда внушавшая страх гувернантка и случаи, когда она застревала между этажами в лифте, на что зачастую и надеялся Лужин, теперь вспоминаются ему с нежностью. И тем не менее, как ни странно, и даже парадоксально, его память с ее «нежным ущемлением в груди» [Там же] возвращается пустой, точно так же, как и лифт, который словно бы увез гувернантку на небеса. Ностальгия Лужина по резко оборвавшемуся детству не вернет ему память. Тот проблеск воспоминаний, который нам показывают, предполагает, что детские переживания и впечатления Лужина хотя и были необычны, но обладали ценностью и волшебством, которые — пусть они утрачены, остались в прошлом — служат в его жизни положительной величиной, а вовсе не источником невроза.

Остальная часть романа состоит из попыток жены защитить Лужина ото всех напоминаний о шахматах, в то время как шахматный мир неуклонно, неумолимо отыскивает способ снова завладеть Лужиным, явственно становится причиной его финальной панической атаки и бегства — прыжка из окна. Таким образом читатель получает на выбор два варианта: (1) гибель Лужина вызвана шахматами, и в первую очередь его «шахматным опекуном» Валентиновым; или (2) она спровоцирована психиатром и методом, которым он лечил Лужина. Логичнее всего было бы сказать, что Набоков хотел обвинить Фрейда, чей адепт своими манипуляциями довел уязвимого персонажа до безумия: «"Ужас, страдание, уныние, — тихо говорил доктор, — вот что порождает эта изнурительная игра". И он доказывал Лужину, что сам Лужин хорошо это знает, что Лужин не может подумать о шахматах без отвращения, и, таинственным образом тая, переливаясь и блаженно успокаиваясь, Лужин соглашался с его доводами» [ССРП 2: 404]. Автор часто обращает наше внимание на «агатовые глаза» профессора и его успокаивающий тон, и поневоле задаешься вопросом, не гипнотизирует ли он Лужина («и он доказывал Лужину... Лужин... соглашался»).

Скорее всего, интерес Лужина к шахматам подавлен с помощью внушения, и его сложный, постепенный и неполный выход из этого состояния в конечном итоге соединяется с распадающимся ви́дением неумолимого узора жизни, что и заставляет Лужина искать спасения. Очень многое свидетельствует именно об этом. Хотя подобное решение также подводит к причинному объяснению поступков Лужина, оно не объясняет его шахматный дар или предрасположенность видеть узоры и повторы. Скорее, причинную цепочку здесь можно сравнить с самой шахматной игрой, где каждое действие вызывает непредсказуемую реакцию.

Решением Лужина «выпасть из игры» определяется наше понимание структуры его характера и способов, которыми он воспринимает окружающий мир и реагирует на него. Большинство прочтений и толкований «Защиты Лужина» исходило из одной и той же ключевой предпосылки: что самым лучшим исходом для него было бы зажить счастливой, размеренной жизнью, возможно, вернув себе шахматные способности, возможно, нет, но в любом случае — в любви и согласии с женой, Лужиной (другого имени у нее в романе нет). Заманчивая картина: в конце концов, именно этого большинство и желает для самих себя (если заменить шахматы каким-нибудь собственным пристрастием и, возможно, добавить одного-двух детей). Однако в романе ничто не позволяет предположить, что стремление к подобной заурядной, обывательской жизни *изначально* присуще человеку или что это лучшая из всех альтернатив в любой ситуации[37]. Ведь

---

[37] В интерпретации «Защиты Лужина» Л. Токер, одной из самых проницательных и чутких, часто упоминаются ошибки и заблуждения Лужина, в том числе его свойство «отворачиваться от человеческой реальности в его погоне за абстрактными гармониями и смыслами» [Toker 1989: 86]. В романе утверждается «необходимость равновесия между интеллектуальными занятиями и человеческими обязательствами» [Там же: 87]. Таким образом подразумевается, что Лужина и другие были правы, пытаясь сбалансировать жизнь Лужина после его срыва, хотя на самом деле они, конечно же, пыта-

неспроста буржуазное прозябание родителей Лужиной на протяжении всего романа служит предметом иронии. Случай Лужина — совершенно особый, и роман заставляет нас задуматься, годится ли Лужин вообще для подобной жизни. Необходимо рассмотреть, какой на самом деле для него существует выбор.

Начало романа позволяет нам заглянуть в детство шахматиста посредством воспоминаний, которые всплывают у Лужина в период выздоровления (это соотношение между детскими впечатлениями и будущими воспоминаниями о них — одна из излюбленных тем Набокова). Память Лужина показывает нам детство, которое, несмотря на все странности, все равно чудесно и волшебно, что явствует из воспоминания Лужина о гувернантке:

> Через много лет, в неожиданный год просветления, очарования, он с обморочным восторгом вспомнил эти часы чтения на веранде, плывущей под шум сада. Воспоминание пропитано было солнцем и сладко-чернильным вкусом тех лакричных палочек, которые она дробила ударами перочинного ножа и убеждала держать под языком. И сборные гвоздики, которые он однажды положил на плетеное сидение кресла, предназначенного принять с рассыпчатым потрескиванием ее грузный круп, были в его воспоминании равноценны и солнцу, и шуму сада, и комару, который, присосавшись к его ободранному колену, поднимал в бла-

---

ются устранить главную интеллектуальную страсть Лужина, его сферу ментального бытия. Я считаю, что сводить позицию и поведение Лужина к «ошибке» — неоправданно нормативный подход. У нас нет оснований полагать, например, что если бы матч с Турати закончился естественным образом, у Лужина случился бы срыв; и, с другой стороны, если бы он выздоровел и ему позволили возобновить свою естественную жизнь, она была бы лишена своеобразной формы «человеческого тепла» (понятие, также подчеркиваемое в интерпретации Л. Токер [Там же]. См. также [Connolly 1991: 92–93]). В. Е. Александров рассуждает о гностическом символизме зла, окружающем «выздоровление» Лужина [Alexandrov 1995б: 80–82]. Поучительно в плане понимания ситуации Лужина и набоковское истолкование «Превращения» Ф. Кафки, где он, в частности, отмечает: «…обособленность, странность так называемой реальности — вечные спутницы художника, гения, первооткрывателя. Семья Замза вокруг фантастического насекомого — не что иное, как посредственность, окружающая гения» [ЛЗЛ: 337].

женстве рубиновое брюшко. Хорошо, подробно знает деся-
тилетний мальчик свои коленки, — расчесанный до крови
волдырь, белые следы ногтей на загорелой коже, и все те
царапины, которыми расписываются песчинки, камушки,
острые прутики [ССРП 2: 309–310].

Такая жизнь была для Лужина драгоценной и безопасной, несмотря на ее кажущуюся хрупкость; потому-то его страшно расстраи-
вает новость о том, что ему придется проститься с домашней
жизнью и привычным существованием при гувернантке (которую
Лужин поначалу тоже принимал «с боем»).

Ежедневная утренняя прогулка с француженкой, — всегда
по одним и тем же улицам по Невскому и кругом, через
Набережную, домой, — никогда не повторится. <...> Конче-
но также приятное раздумье после завтрака, на диване, под
тигровым одеялом, и ровно в два — молоко в серебряной
чашке. <...> Взамен всего этого было нечто, отвратительное
своей новизной и неизвестностью, невозможный, неприем-
лемый мир... [ССРП 2: 313].

Возможно, в этом детстве нет ничего примечательного, но для
маленького Лужина оно наполнено множеством радостей и будит
в нем высокую степень восприимчивости. Однако мы уже раз-
личаем признаки опасности: родителей мальчик пугает, сам он
с трудом приспосабливается к окружению и предпочитает находить прибежище в абстракциях наподобие математики. К тому
же ему присуще свойство вызывать у других мальчиков «ненависть и глумливое любопытство»; нет ни малейшей надежды, что
он впишется в общий круг или станет нормальной частью детской
или взрослой социальной структуры. Лишь когда Лужин открывает для себя шахматы, его внешнее существование приходит
в согласие с внутренней жизнью. «Большое, должно быть, удовольствие, — говорил отец, — воспринимать музыку в натураль-
ном ее виде". Подобное удовольствие Лужин теперь начал сам
испытывать, пробегая глазами по буквам и цифрам, обозначав-
шим ходы» [ССРП 2: 335]. Появляются признаки того, что шах-

маты для Лужина — больше, чем просто одержимость. Таков эпизод, в котором маленький Лужин впервые играет в шахматы — с той самой рыжеволосой тетей, с которой у старшего Лужина роман: когда она несколько раз пытается увильнуть от игры и отложить урок до другого случая, Лужин проявляет удивительную, страстную настойчивость: «"Нет, сейчас", — сказал Лужин и вдруг поцеловал ее руку. "Ах ты, милый, — протянула тетя, — откуда такие нежности… Хороший ты все-таки мальчик"» [Там же: 328]. Еще до того, как сыграть в шахматы самому, Лужин наблюдает за игрой одноклассников, «неясно чувствуя, что каким-то образом он ее понимает лучше, чем эти двое, хотя совершенно не знает, как она должна вестись» [Там же: 330]. Когда у него открывается шахматное «зрение», Лужин получает способность читать записи шахматных ходов: он «угадывал их гармонию по чередовавшимся знакам» [Там же: 335]. Занятия Лужина шахматами описываются как своего рода контакт с другим измерением, миром «шахматных сил» и идей. Он наслаждается игрой вслепую, потому что «не нужно было иметь дела со зримыми, слышимыми, осязаемыми фигурами, которые своей вычурной резьбой, деревянной своей вещественностью, всегда мешали ему, всегда ему казались грубой, земной оболочкой прелестных, незримых шахматных сил. Играя вслепую, он ощущал эти разнообразные силы в первоначальной их чистоте» [Там же: 356]. Во время матча с его заклятым противником Турати этот мир чистых шахматных сил все сильнее и сильнее вторгается в обычную жизнь, что наконец приводит Лужина к бредовому расстройству во время отложенной партии (и в этом есть своя логика: вполне резонно, что в ходе незавершенной партии Лужин не в состоянии выйти из мира шахмат). Набоков заставляет нас поверить, что сознание Лужина действительно пребывает в некой потусторонности, там, где чистые идеи, — в его случае, взаимодействие шахматных сил — самая что ни на есть имманентная реальность. Это мир красоты, чем-то напоминающий музыку, о чем Лужин сначала слышит от скрипача, первым показавшего мальчику шахматную доску, а затем идея родства музыки и шахмат эхом отдается в словах о «гармонии» шахматной игры. Если согласиться, что психологический портрет Лужина точен, то перед нами остается тайна: почему Лужин — «шахматный гений» [Там же: 426].

Кем спровоцирован его финальный срыв — психиатром, женой или его «шахматным отцом» Валентиновым? Рассмотрим еще раз все входящие факторы. Психиатр при поддержке Лужиной пытается вырезать шахматы из жизни героя, словно раковую опухоль сознания. Разумеется, подобные действия неизбежно веду к тому, что впоследствии Лужин откроет для себя шахматы заново и его разум неизбежно соскользнет в зазор между их эфемерным миром и окружающим физическим. Валентинов своими настойчивыми попытками заставить Лужина воспроизвести матч с Турати завершает узор, который Лужин опознает как повтор. В произведениях Набокова подобные узоры зачастую несут в себе важный смысл, и в данном случае Лужин замечает аналогию между узорами в шахматной игре и узорами в своей жизни.

Лужин — один из немногих персонажей у Набокова, который распознает значимые повторы, и его способность замечать их бесспорно связана с шахматным даром, точно так же, как способность Федора в «Даре» — часть его художественного таланта. Однако Лужин заходит гораздо дальше: так сильно и глубоко увлекается миром идей и образов, что выпадает из обыденной жизни (то же происходит с Федором, когда он пишет). Лужин уже дважды впадал в бредовое состояние: в детстве после первого взлета к славе шахматного вундеркинда (что заставило его сбежать из дома) и во время матча с Турати за чемпионское звание. Коротко говоря, Лужин по своей природе легко поддается влиянию мира идей[38]. Обычный мир над ним почти не властен; Лужин

---

[38] В «Память, говори» Набоков связывает представление о болезни с измененными состояниями сознания и его выходом в сферу абстракций. Он рассказывает, что его недолго просуществовавший математический дар «играл грозную роль в моих борениях с ангиной или скарлатиной, когда беспощадно пухли огромные шары и многозначные цифры у меня в горячечном мозгу. <...> Вот эти-то монстры и кормились на моем бреду, и единственное, чем можно было помешать им вытеснить меня из меня самого, это вырвать их сердца» [ССАП 5: 340–341]. Его мать пережила нечто похожее, и «это ее понимание помогало моей разрывающейся вселенной вернуться к Ньютонову образцу» [Там же: 341].

больше принадлежит к миру шахматных сил и идей: «...внешнюю жизнь принимал как нечто неизбежное, но совершенно не занимательное» [ССРП 2: 360]. Положение Лужина сродни положению Цинцинната в «Приглашении на казнь», который явно не на своем месте в окружающем мире топорных декораций. Иными словами, восприятие Лужиным мира идей и тесная связь с этим миром, представленным шахматными силами, делают его плохо приспособленным для окружающего его мира, в целом куда более конкретного, чем абстрактный мир «шахматных сил». В рядовых турнирах, участвовать в которых безжалостно отправлял его Валентинов, шахматные способности Лужина как будто меркнут, несмотря на то что внутренний творческий импульс никуда не девается: «Чем смелее играло его воображение, чем ярче был вымысел во время тайной работы между турнирами, тем ужасней он чувствовал свое бессилие, когда начиналось состязание, тем боязливее и осмотрительнее он играл» [ССРП 2: 362]. Его падение с самого высокого, звездного уровня и превращение в «осторожного, непроницаемого, сухого игрока» вызвано скорее участием в турнирах, то есть погружением в реальный мир, чем гармонией с «шахматными силами», которые теперь проявляются лишь в «тайной работе между турнирами» [ССРП 2: 362].

Падение с вершин славы безошибочно увязывается у читателя с тем, как Лужина эксплуатировал Валентинов, озабоченный исключительно прозаическим успехом и наживой. У Валентинова

> была своеобразная теория, что развитие шахматного дара связано у Лужина с развитием чувства пола, что шахматы являются особым преломлением этого чувства, и, боясь, чтобы Лужин не израсходовал драгоценную силу, не разрешил бы естественным образом благодейственное напряжение души, он держал его в стороне от женщин и радовался его целомудренной сумрачности [Там же: 359–360][39].

---

[39] Э. Менакер, рассматривая раннюю книгу О. Ранка «Художник» (*Der Künstler*), отмечает: «Хотя в тот момент Ранк под влиянием Фрейда полагал, что мотивации творчества и само творчество художника проистекают из сублимации сексуальных влечений, он уже начал задумываться о социальном измерении и влиянии художника на культурное развитие человека» [Menaker

Эта откровенно фрейдистская интерпретация психологии Лужина оказывается заведомо ложной и чуждой логике самого романа, потому что как только в жизни Лужина появляется любимая женщина, шахматные способности к нему возвращаются. Если согласиться, что первоначальные отношения Лужина с невестой призваны показать положительную душевную динамику, то перед нами процесс — в мире романа существующий в свернутом виде, — в ходе которого игра в шахматы и эмоциональная привязанность к другому человеку взаимно обогащают друг друга. Однако Лужин и его жена не единственные персонажи романа, а все остальные сговариваются, чтобы изничтожить страсть, поглощающую маэстро. В подобном мире само существование Лужина становится невозможным.

Это не означает, что участь Лужина заранее предопределена, но, учитывая его несоответствие своему окружению, Лужин обречен на такой конец скорее рано, чем поздно. В определенном смысле, покончив с собой, Лужин на миг восстанавливает контроль над земной жизнью — за минуту до того, как потерять его навсегда. Однако сама природа психики Лужина сильно уменьшает вероятность того, что он смог бы существовать отдельно от своего любимого шахматного мира, и это влечение само по себе работает против его физического выживания. Разум Лужина влекут узоры, так было даже в раннем детстве, до того как он узнал о шахматах; эти узоры, посредством шахмат, все больше отчуждают его от мира физических воплощений. Дело здесь не в причинах, но, скорее, в самой сущности, и именно поэтому в последний момент, уже падая из окна, Лужин осознает, что на самом деле ему не спастись от игры шахматных сил: они слишком глубинно с ним связаны, они часть его самого.

Лужина тоже обладает немалой психологической глубиной: она не просто женщина, привязавшаяся к вызывающему жалость

1982: 16]. Менакер подробно останавливается на недоверчивом отношении Ранка к «раздутому интроспективному познанию личности, которое современная психология провозгласила наукой понимания "причинных" мотивов мышления, чувства и действия» (О. Ранк, «Психология и душа», цит. по: [Menaker 1982: 6]).

существу в неодолимой жажде нянчиться, — хотя эта потребность составляет часть ее душевного склада. Ее тяга к Лужину
тоньше, она находит в нем «что-то трогательное, трудноопреде-
лим[ую] прелесть, которую она в нем почувствовала с первого
дня их знакомства» [ССРП 2: 352]; «Ей захотелось познакомиться с ним, поговорить по-русски, — столь привлекательным он ей
показался своей неповоротливостью, сумрачностью, низким
отложным воротничком, который его делал почему-то похожим
на музыканта» [Там же: 353]; в своих увлечениях ей «разбираться
было теперь некогда, слишком много места занял угрюмый, не-
бывалый, таинственный человек, самый привлекательный из всех
ей известных» [Там же: 357]. А когда она безмолвно (или, по
крайней мере, внутренне) приняла его предложение руки и сердца, то задалась вопросом, «как же она покажет этого человека
отцу, матери, как это он будет сидеть у них в гостиной, — человек
другого измерения, особой формы и окраски, несовместимый ни
с кем и ни с чем» [Там же: 366]. Тем самым она выказывает вы-
дающуюся, почти сверхъестественную способность чувствовать
ценность, искренность или доброту окружающих. Невеста осознает, что Лужин обладает исключительной чувствительностью
к культуре, несмотря на его общее невежество и недостаток образования. Она чует фальшь в своей советской гостье (поначалу
безымянная дама кажется «интересной», но вскоре Лужина заключает, что «в суждениях дамы была ложь и глупость, — но как
это докажешь?») [Там же: 442]. Что самое интересное, ее высокая
восприимчивость не сопровождается какими-либо проявления-
ми остроты ума. Лужина добра, участлива, умеет видеть доброту
и правдивость в других людях, несмотря на неприкрытую, пусть
и ненамеренную пошлость своих родителей и откровенный ан-
тисемитизм матери. Ее необычайная чуткость особенно остро
проявляется на приеме, который Лужина устраивает, чтобы дать
мужу возможность пообщаться с теми, кто, как она надеется,
окажет на него положительное интеллектуальное влияние. Появляется «невзрачного вида человек», который только что выслу-
шал «извилистую мысль» некоего журналиста, и мы узнаем, что
Лужина особо симпатизирует этому гостю:

Лужиной, кстати сказать, он очень нравился, именно не-
взрачностью, неприметностью черт, словно он был сам по
себе только некий сосуд, наполненный чем-то таким свя-
щенным и редким, что было бы даже кощунственно внеш-
ность сосуда расцветить. Его звали Петров, он ничем
в жизни не был замечателен, ничего не писал, жил, кажется,
по-нищенски, но об этом никогда не рассказывал. Един-
ственным его назначением в жизни было сосредоточенно
и благоговейно нести то, что было ему поручено, то, что
нужно было сохранить непременно, во всех подробностях,
во всей чистоте, а потому и ходил он мелкими, осторожны-
ми шажками, стараясь никого не толкнуть, и только очень
редко, только когда улавливал в собеседнике родственную
бережность, показывал на миг — из всего того огромного
и таинственного, что он в себе нес, — какую-нибудь нежную,
бесценную мелочь, строку из Пушкина или простонародное
название полевого цветка [Там же: 448].

Это отменный образец переосмысления Набоковым гоголевских
псевдоклассических отступлений. Если у Гоголя пародические
отступления уходят в юмористический абсурд, здесь, у Набокова, длинный, вроде бы не имеющий отношения к сути пассаж
на самом деле ведет в самую сердцевину того, что важно для
автора. Набоков позволяет своему тексту передать представление о человеке, который, хоть и непримечателен внешне, несет
в себе потаенную истину, «огромное и таинственное», полностью скрытое его обликом. Здесь Набоков ближе всего подходит
к эссенциализму в психологии. Этот Петров — как ни странно,
один из считаных персонажей романа, у которых есть имя, —
больше в сюжете не фигурирует, не обладает какой-либо глубиной характера за вычетом того, что обрисовано в этом единственном, неожиданно пронзительном описании. От нас как
читателей ожидается, что мы безоговорочно примем истину,
содержащуюся в посвященном ему абзаце. Но появление Петрова в романе само по себе не так уж важно; для понимания
«Защиты Лужина» важно то, что Лужина интуитивно по достоинству оценивает его «священное и редкое» содержание, или

внутреннюю сущность. Этот эпизод, уже незадолго да финала романа, подчеркивает, что Лужина, несмотря на свои промахи или недостаток ума, тоже тесно связана с какой-то «истиной». Эпизод нужен, чтобы подкрепить ее привязанность к Лужину, любовь к нему и убежденность в его превосходстве над окружающими. Однако этот факт не означает, что она непогрешима или понимает рассудком то, что угадывает и чует интуитивно. Лужина слишком легко принимает указания чернобородого психиатра, и этим запускается цепь последствий, приводящих Лужина к паранойе и смерти. Ее образ остается сложным сплавом личностных черт: жалости, нежности, простоватого неведения и при этом не поддающейся определению чуткости. Набоков хочет, чтобы читатели ощутили эту странную и сложную смесь и заметили, что поступки Лужиной не всегда вполне предсказуемы. Однако в романе нет и намека на объяснение, откуда у героини взялись эти черты.

По отношению к участи Лужина роман сохраняет нейтральность. Ожидается ли от нас, что мы пожалеем о его выпадении из «реального мира»? Возможно, в какой-то степени да: ведь и этот мир временами дарил Лужину радости и утехи, как и великому множеству набоковских персонажей. И все же, несмотря на возможные радости жизни, Лужину явно не по себе среди обычных людей с их материальными заботами, черствостью и жестокостью. В конце концов, мир чистых шахматных идей для Лужина не только ужасен, но и прекрасен. Когда он приходит в себя в больнице, нам сообщают, что «райская пустота, в которой витают его прозрачные мысли, со всех сторон заполняется» [Там же: 403]. Основываясь на нашем понимании его личности и психологии, мы сумеем пожалеть Лужина с его нервным истощением и понять, почему он поступает так, а не иначе. Но, исходя из свидетельств, предоставленных нам в романе, мы не сможем объяснить, почему Лужин таков, какой он есть, и где пролегает возможная граница между его гением и безумием: его личная душевная сущность находится в области, непроницаемой для науки.

Психологическая причинность преступления

Рассматривая представленную нам внутреннюю жизнь Лужина и ее последствия, мы пользовались преимуществом, которое давало нам повествование от третьего лица — от лица непредвзятого, всеведущего рассказчика. Психологическая ситуация в «Отчаянии» и «Лолите» (как и в «Соглядатае») гораздо сложнее, потому что единственный источник информации — сам персонаж, тот, в чье сознание разум и мотивы мы стремимся проникнуть. Что еще хуже, эти персонажи сообщают, что совершили серьезные преступления. Их нарратив служит попыткой оправдать преступления или смягчить суждение читателя (а возможно, в случае Гумберта, это еще и акт покаяния). Таким образом, у нас нет основания доверять их словам, и все, что мы читаем, следует воспринимать как текст, намеренно выстроенный так, чтобы манипулировать нашей реакцией. В результате прочтение каждого текста по определению превращается в чтение между строк, в попытки обнаружить места, где подлинные мысли и поступки негодяя просачиваются сквозь его внешний стилистический лоск. Поэтому каждая история имеет двойное дно: мы читаем повествование-исповедь и судим о рассказчике по манере, в которой он передает содержание. Мы пытаемся реконструировать его личность по следам и уликам, оставленным в тексте; у этого образа, возможно, мало общего с тем, о котором мы, собственно, читаем. Нам не следует забывать любимую мысль Набокова о том, что даже предположительно правдивая биография искажает факты: так, Федор намеревается «вывернуть» собственную историю, чтобы сделать ее автобиографическое содержание невидимым. У Германа и Гумберта столько же побуждений манипулировать восприятием читателя, сколько и у любого автора.

Психологическая система координат «Лолиты» укладывается в следующие три вопроса: какого воздействия хочет добиться Гумберт своей исповедью? зачем ему это надо? удается ли ему это? У рассказа Гумберта несколько возможных целей: пробудить сочувствие у воображаемого читателя или судьи; отомстить (за то, что его покинули); в знак покаяния (как он утверждает) преобразить свое извращение в произведение искусства. Вопрос о сочувствии зависит от риторических приемов, с помощью которых Гумберт в данном тексте пытается обосновать свое поведение, то есть объяснить его причину. Если ему удастся переубедить судью, что он, Гумберт, не так уж виновен в своих поступках, значит, ему удалось вызвать сочувствие. Может быть, цель этой тактики в том, чтобы добиться смягчения приговора и меньшего срока заключения; возможно также, что Гумберт хочет сохранить хотя бы слабое подобие самоуважения. Что касается мести — что ж, преследование Гумбертом Куильти выглядит как достаточно прямолинейный рассказ о мести, хотя отражает ли эта история «реальность» Гумберта, остается под вопросом, если мы при этом сочтем его нравственное просветление «реальным». Гумберт признает, что его поступки ужасны; он прямо обвиняет себя в исчезновении Долли, и все это открывает простор для размышлений: как бы функционировал текст, если бы он не был направлен на выгораживание и оправдание преступника?

Нам не дано узнать, восстановил ли Гумберт свое самоуважение этой исповедью, но, исходя из десятилетий критического анализа романа, попытки рассказчика вызвать сочувствие у читателей, как правило, оказываются успешными, во всяком случае при первом прочтении книги. Как Гумберт этого добивается? Как уже неоднократно отмечалось, он использует двойную стратегию: во-первых, рассказывает истории из собственного детства, предположительно повлиявшие на его сексуальное развитие; во-вторых, на протяжении всего повествования пытается убедить нас, что Лолита сама виновата, что она безнравственна, намекает, что она плохо воспитана и даже порочна[40]. Второй прием уже

---

[40] Л. Зуншайн, применяя подход, основанный на ответвлении эволюционной психологии, именуемом *Theory of Mind* (на русский язык переводится по-разному, в частности «внутренняя модель сознания "другого"». — *Примеч. пер.*), также демонстрирует, что Гумберт, когда хочет, чтобы мы с ним соглашались, приписывает свои взгляды другим персонажам романа [Zunshine 2006: 100–118]. Н. Тамир-Гез приводит обзор работ, авторы которых сочувственно относятся к Гумберту [Tamir-Ghez 2003]. Т. Мур очень подробно рассматривает гумбертовские манипуляции [Moore 2002].

подробно рассмотрен в критике, и поэтому нет необходимости анализировать его здесь. Хотя к финалу романа эта стратегия смягчается, ее конечная цель — убедить, что именно Лолита была причиной своего падения и падения Гумберта, а это не что иное, как вариация на тему вопроса о причинах (и, следовательно, оправданиях), к которому мы обратимся далее. Мы не знаем, но можем допустить, что Гумберт искренне хочет выявить источник своей одержимости малолетними девочками. Гипотеза, которую он выдвигает, опирается на три составляющих, и все они отдают фрейдизмом: это ранняя смерть матери («пикник, молния»: ему было три года); «роковая суровость» его тетки в некоторых не объясненных нам вопросах: «Может быть, ей хотелось сделать из меня более добродетельного вдовца, чем отец» [ССАП 2: 18][41], и «фатальное», не получившее развязки увлечение Гумберта обреченной Аннабеллой Ли, которой суждено было умереть от тифа. Затем он перечисляет ряд психологических «причин» своей беды. На случай же, если мы не фрейдисты, Гумберт избегает слова на букву «ф» и взывает, скорее, к нашим мистическим склонностям, сообщая, что, по его убеждению, «волшебным и роковым образом Лолита началась с Аннабеллы» [ССАП 2: 23]. Эти аргументы, колеблющиеся между детерминизмом и предетерминизмом, приводят на память уклончивость Григория Печорина, манипулятора-сердцееда, выступающего рассказчиком в новелле «Фаталист» из «Героя нашего времени» — книги, по которой Набоков вел занятия у студентов, когда работал над «Лолитой». На случай, если мы и не фаталисты, Гумберт выстраивает хитроумную теорию «нифметок», чья «сущность не человеческ[ая], а нимфическ[ая]» [ССАП 2: 26]. Фрейд, Мак-Фатум или Магия: теперь он предусмотрел все. Смысл вышесказанного в том, чтобы показать, как Гумберт снова и снова утверждает, что сам он не в силах совладать со своим отклонением и что оно имеет *причину*. Да, оно и впрямь может быть неподвластно Гумберту, но его попытки свести свое

---

[41] Ср. в заметках Набокова: «Н. М. Ловетц-Терещенко. "Дружба-любовь в подростковом возрасте". Лондон. 1936. (Дневник русского школьника с очень педантичными — мягко сказано! — первая?? мать??)» («Заметки к "Лолите"», LCNA, папка 4).

отклонение к причине неубедительны, потому что причин слишком много, и Гумберт *одинаково не уверен в каждой* — и именно эта последняя причина побуждает его написать свою исповедь. На самом деле Гумберт понятия не имеет, почему он таков, какой он есть; не знаем этого и мы. Набоков надеется, что сквозь разнообразные дымовые завесы мы различим главное: нет никакого способа определить, почему Гумберт — педофил. Набоков предполагает, что психология преступления может быть так же таинственна, как и психология искусства. И призывает нас решить для себя, может ли преступник быть художником, а если да, то поразмышлять над значимостью этого факта.

Рассматривать исповедь Гумберта одновременно и как произведение искусства, и как акт покаяния будет допустимо, если мы признаем, что Гумберт не может оправдать или выгородить свои поступки даже перед самим собой: самое меньшее (и самое большее), что он может сделать, — это попытаться покарать себя. Важной частью его противоречивого «морального апофеоза» становится утверждение, что, когда Долли исчезла, он постепенно осознал свои преступления: это он навязал ей свое «грязное вожделение»; это он оказался маньяком, лишившим ее детства; это он был «жесток и низок» [ССАП 2: 346, 348]. Беспощадный к себе, он признает, что намеренно игнорировал внутреннюю жизнь девочки. Он даже не смеет рассчитывать, что эта исповедь может как-то искупить его поступки, лишь называет ее «смягчением [своих] страданий», «очень местным паллиативом» [Там же: 346]. Его покаяние, если мы примем его за таковое, влечет за собой отдельную проблему. Гумберт как личность способен *совмещать* в себе и жестокое чудовище, превратившее жизнь жертвы в ад, и человека, который признает свои отвратительные поступки, испытывает предельную боль и раскаяние в том, что натворил, и кладет остаток сил на то, чтобы претворить усвоенный им урок в нечто «хорошее» — произведение искусства, отдающее дань Лолите-Долли.

Эта возможность в романе реальна, даже если не все читатели в этом убеждены, как можно заключить из заявления Набокова, что к концу романа Гумберт становится «нравственным человеком». Если мы поверим, что «Лолита» Гумберта представляет собой акт покаяния и, возможно, самобичевания, то должны будем смириться с поразительной психологической загадкой: как умный, одаренный, красноречивый человек с могучим воображением может одновременно таить в себе способность к абсолютно бесчеловечному поведению. Придется нам смириться и с тем, что это себялюбивое чудовище может каким-то образом научиться любить и почитать других. Многие авторы, например, Ф. М. Достоевский, показывают подобное преображение в рамках христианской этики; вот и Гумберт упоминает о своей попытке принять католическую веру, но

> ...мне не удалось вознестись над тем простым человеческим фактом, что, какое бы духовное утешение я ни снискал, какая бы литофаническая вечность ни была мне уготована, ничто не могло бы заставить мою Лолиту забыть все то дикое, грязное, к чему мое вожделение принудило ее [ССАП 2: 346].

Бегство от собственного солипсизма лишает Гумберта возможности найти фактическое утешение. Отвергая то, что христианская вера могла бы предложить лично ему, Гумберт, тем не менее, обращается к своего рода аскетическому самобичеванию: он сочиняет свою исповедь, заставляя себя заново пережить все моменты своей вины и позора (громоподобное эхо «Старого морехода» Кольриджа); при этом подстрекая читателей принять его, встать на его сторону — на сторону мужчины, эксплуатирующего девочку, — Гумберт заставляет их на миг увидеть, насколько непрочна их собственная предполагаемая нормальность. Но даже если в том, как ведет себя Гумберт после преступления, включая его муки и раскаяние, просматривается подобие логики, мы остаемся в полном неведении, *почему* он педофил и как может быть одновременно чудовищем и художником. Несмотря на эти явные противоречия, Гумберт остается удивительно правдоподобным персонажем.

В романе «Отчаяние» читателю также предлагаются различные намеки, которые могли бы объяснить, почему Герман одержим идеей обзавестись двойником, но мы понятия не имеем, откуда взялось его убеждение, будто убийство — это искусство. По сравнению с «Лолитой» в «Отчаянии» несколько четче обозначена граница между изображенным в романе «миром» и нарциссическим самовозвеличиванием рассказчика — несмотря на его «легк[ую], вдохновенн[ую] лживость» [ССРП 3: 398]. Герман, на наше счастье, не горе-психиатр; тем не менее он вводит в свое повествование ошеломительно пестрый набор псевдофрейдистских образов. В реальном мире в годы, когда он «писал» роман (около 1930–1931), фрейдизм уже превратился в культурную индустрию, и нельзя исключить, что Герман, как и Гумберт, использует психоаналитический дискурс как попытку оправдать свои поступки. Однако он до самого конца не чувствует ни малейшего раскаяния, не стремится выгородить и оправдать себя; скорее, он даже гордится содеянным до того, как осознает свою ошибку (палка, забытая на месте преступления). Поскольку Герман, похоже, не пытается оправдывать свои поступки фрейдистскими отговорками, можно считать, что фаллическое и мифологическое измерения романа остаются «на совести» автора, а не героя: это часть авторского метода, призванная привязать мыслительный процесс Германа к дискредитированной общественной моде. Наполняя мир, окружающий убийцу, якобы сексуальными символами, наделив его, по сути, фаллической одержимостью, которой тот сам, похоже, не замечает, Набоков, возможно, дает понять, что у Германа имеется некая извращенная сексуальная фиксация, роднящая его с Фрейдом. Герман сам упоминает, правда особо в это не вникая, отдельные события своего детства, которые можно было бы рассмотреть под углом психоанализа:

> За такую соловьиную ложь я получал от матушки в левое ухо, а от отца бычьей жилой по заду. Это нимало не печалило меня, а скорее служило толчком для дальнейших вымыслов. Оглохший на одно ухо, с огненными ягодицами, я лежал ничком в сочной траве под фруктовыми деревьям и посвистывал, беспечно мечтая [ССРП 3: 423].

Набоков дает нам заманчивую возможность предположить, будто причиной аморальности Германа может быть скверное воспитание, но сам же и осмеивает эту мысль; в конце концов, Герман вполне мог лгать и в своих рассказах о детстве [Там же: 423–424][42].

Некие подводные течения просматриваются и в любовной интрижке — возможно, всего лишь сексуальной игре — жены Германа с ее «двоюродным братом» Ардалионом, от которого Герман, похоже, всячески стремится отделаться. Однако мы не располагаем достаточным количеством биографических деталей, чтобы определить: а) почему у Германа, как следует из романа, имеется фаллический комплекс или комплекс кастрации; б) почему он выбрал именно убийство как способ уладить свои финансовые проблемы[43]. Поражает в романе не столько то, что Герман идет на отчаянные меры, такие как убийство и мошенничество со страховкой, сколько его убежденность, будто убийство можно считать *искусством*. Подобно Гумберту, герой считает свою встречу с Феликсом знаком судьбы, механизмом, который продолжает работать по прошествии времени:

> Но главное, что доставляло мне наслаждение, — наслаждение такой силы и полноты, что трудно было его выдержать, — состояло в том, что Феликс сам, без всякого моего принуждения, вновь появлялся, предлагал мне свои услуги, — более того, заставлял меня эти услуги принять и, делая все то, что мне хотелось, при этом как бы снимал с меня всякую ответственность за роковую последовательность событий [ССРП 3: 470][44].

---

[42] Набоков ярко выразил свое презрение к такого рода причинно-следственной связи: «Считаю также, что фрейдистская теория ведет к серьезным этическим последствиям, например, когда грязному убийце с мозгами солитера смягчают приговор только потому, что в детстве его слишком много — или слишком мало — порола мать, причем и тот и другой "довод" срабатывает» [СС: 143].

[43] Дж. Коннолли предлагает причинное, психологическое объяснение: Герман перекладывает свои финансовые и романтические неудачи на Феликса, чья смерть должна очистить жизнь Германа и дать возможность начать все заново [Connolly 1991: 150].

[44] Этот отрывок также предвосхищает «соблазнение» Гумберта Лолитой, в котором она якобы берет на себя активную и ответственную роль.

Здесь Набоков открыто пародирует мотивы отвращения и рокового механизма судьбы, которые присутствуют у Ф. М. Достоевского в «Преступлении и наказании», но делает это «с подвохом». Подобно Раскольникову, Герман в какой-то момент готов отказаться от своей цели («...какая занимательная, какая новая и прекрасная мысль: воспользоваться советом судьбы, и вот сейчас, сию минуту, уйти из этой комнаты, навсегда покинуть, навсегда забыть моего двойника... отказаться навсегда от соблазна» [ССРП 3: 456–457][45]). Ошибочно решив, будто Феликс явился, чтобы застать его дома — именно там, где Герман больше всего боится с ним увидеться, — Герман приказывает прислуге не пускать Феликса. Но когда он понимает, что ошибся и посетитель вовсе не Феликс, его настроение меняется. В отличие от Раскольникова, чья одержимость вновь вспыхнула из-за реально случившегося совпадения (он услышал на рынке разговор о процентщице именно в тот момент, когда сам уже успел отказаться от своей ужасной затеи), Германа подхлестывает *несовпадение* — точнее совпадение, которое происходит лишь в его сознании: тем самым подчеркивается, что источник его моральной неполноценности — исключительно внутренний («вновь нарастала во мне страсть к моему двойнику»; «Однажды, помнится, почти как сомнамбул, я оказался в одном знакомом мне переулке, и вот уже близился к той смутной и притягательной точке, которая стала срединой моего бытия») [ССРП 3: 467]. Краткое колебание Германа, вызвано ли оно соображениями морали или простой нере-

---

[45] См., например, «Преступление и наказание», конец пятой главы: Раскольников «почувствовал, что уже сбросил с себя это страшное бремя, давившее его так долго, и на душе его стало вдруг легко и мирно. "Господи! — молил он, — покажи мне путь мой, а я отрекаюсь от этой проклятой... мечты моей!"». Сразу после этой молитвы «усталый, измученный, которому было бы всего выгоднее возвратиться домой самым кратчайшим и прямым путем, воротился домой через Сенную площадь, на которую ему было совсем лишнее идти», где его и подстерегла встреча, которая могла «произвести самое решительное и самое окончательное действие на всю судьбу его? Точно тут нарочно поджидала его!» [Достоевский 1973: 59–60]. Гумберт Гумберт в эту игру не играет никогда: едва увидев Лолиту, он начинает делать все, чтобы подобраться к ней поближе.

шительностью, — единственный поданный нам знак того, что он осознает всю кошмарность своего плана. Если учесть хладнокровную уверенность, с которой он претворяет этот план в жизнь, возникает вопрос, колебался ли Герман вообще.

Омерзительность Германа осязаема, но ее причина неуловима. Автор наделяет его разнообразными психическими отклонениями: аморальностью, сексуальной девиацией, нарциссизмом и эстетической слепотой. Кроме того, он делает Германа атеистом и сторонником советского режима — что иронично, когда речь идет о коммерсанте, пусть и разорившемся. Однако эти психологические черты не упорядочены так, чтобы показать причинное соотношение: скорее, они нагромождены так, будто изначально составляют некое бесформенное единство. Фиксация Германа на том, что у него есть двойник, его неспособность оценивать или замечать отдельных людей и различия, происходят из его внутреннего душевного склада. Лживость, присущая ему с детства, и безразличие к потребностям или чувствам окружающих указывают на врожденный порок, проявление субстанциального зла под личиной образованного и утонченного человека, которому обычно удается выдавать себя за достойного. Гумберт, при всех совершенных им преступлениях, не выглядит аморальным. В противоположность ему Герман просто неспособен ценить существование другого человека, — черта, которую Набоков с помощью ассоциативных повторов привязывает к образному ряду сексуальной одержимости по Фрейду. Набоков хочет показать, что, несмотря на свой почтенный публичный фасад, сам фрейдизм похож на Германа.

Там, где анализ бессилен: границы психологии

Если в «Отчаянии» тема фрейдистской теории латентна, но центральна, то в «Пнине» она подана открыто, при этом оставаясь второстепенной. Роман «Пнин» был написан сразу после «Лолиты» и показывает сложнейшую конфронтацию Набокова с истеблишментом от психологии; это первый роман, где психоаналитики входят в число важных действующих лиц. Чтобы создать эти пародийные образы, Набоков читал научные труды и журналы, так что объект пародии почерпнут непосредственно из подлинных научных работ. Главный герой романа, русский профессор Тимофей Павлович Пнин, — бывший муж преданной поборницы фрейдизма. Она бросила Пнина ради еще одного фрейдиста, от которого родила сына Виктора. Как мы узнаем, этот несчастный мальчик становится объектом родительских пылких «эдиповских» надежд, и воспитывают его в соответствии со свежими психоаналитическими теориями. Примечательно, что Виктор совершенно не вписывается ни во фрейдистские, ни в какие-либо еще нормы, и сильнейшее психологическое давление со стороны родителей не причиняет ему эмоционального вреда. Он художник, и его душевный мир, судя по всему, больше подчиняется внутреннему воздействию, чем внешнему. Мальчика подвергают целой куче психометрических тестов, но глубины его личности так и не поддаются измерению. Рассказчик, со своей стороны, старается вызвать насмешливое отношение к этим тестам. Виктор подвергается «психометрическому тестированию в Институте» [ССАП 3: 83] и проходит целый ряд испытаний, часть которых Набоков, возможно, выдумал, а часть почерпнул из источников, которые изучал, работая над романом[46]. Эти тесты, конечно же, призваны показать всю глупость психоаналитических, а отчасти и психологических исследований предшествующего полувека[47].

---

[46] Г. Барабтарло анализирует это и обнаруживает целый ряд пародируемых тестов [Barabtarlo 1989: 158–164].

[47] К фрейдистскому эдипову мотиву добавляется еще один второстепенный факт: отец Пнина был офтальмологом, что служит косвенной и снижающей отсылкой к самоослеплению Эдипа, после того как он узнал о своих преступных деяниях. В ходе подготовительной работы к «Пнину» Набоков выписал — следует думать, что иронически, — цитату из книги Р. С. Бэнэя «Молодежь в отчаянии» (Banay R. S. Youth in Despair. New York, 1948. C. 80): «Все эти [попытки отцеубийства] убийства или попытки убийства скрывают в себе сексуальную агрессию. Единственные свидетели этого факта — выбираемые виды оружия, пистолет и нож, то и другое фаллические символы». Набоков далее отмечает, что этот отрывок можно использовать и в комментарии к «Евгению Онегину» («Заметки на разные темы», Berg Coll.).

Однако в этой насмешке, разделяемой автором и рассказчиком, скрыта ирония, которой не улавливает сам рассказчик. Ведь он относится (во всяком случае, так кажется) именно к тем «густо психологическ[им] беллетрист[ам]» [ССРП 3: 492], о которых упоминает в «Отчаянии» Герман. Рассказчик, В. В., хочет очертить для читателей характер Пнина, создать для них отчетливый образ. Это ставит его самого в неловкое положение. Он как будто чувствует, что его полномочия на создание такого портрета вырастут, если он продемонстрирует некое подобие личной близости с Пниным. В. В. уже спас образ Пнина от кошмарного искажения профессором Кокереллом, который карикатурно передразнивал Тимофея Павловича; теперь он хочет распорядиться этим образом по-своему, причем с согласия, если не благословения, самого Пнина. Однако, в отличие от лермонтовского Печорина, Пнин не делится с ним дневниками и не предлагает своему хроникеру заглянуть в его душу. Если замечаниям рассказчика вообще стоит верить, то на последних страницах романа, уезжая из Вайнделла, Пнин даже не позволяет В. В. как следует разглядеть его, не говоря о том, чтобы согласиться на беседу. Пнин не хочет, чтобы кто бы то ни было давал ему определение — даже как уникальной личности[48]. Его поступки, насколько мы можем заключить со слов нашего не вполне надежного рассказчика, кажутся замечательно «нормальными» и свободными от невротической или патологической составляющей. Тем не менее рассказчик не может вплотную подобраться к Пнину, чтобы получить картину его внутренней сущности. Те мысли и чувства, которые он проецирует на Пнина, изобретательны и правдоподобны: в первой главе он представляет, как Пнин перед началом своей лекции в Кремоне видит призраки покойных друзей и близких, и воображает его боль, когда Пнин в пятой главе вспоминает о Мире Белочкиной, — однако эти мысли не затрагивают глубин-

---

[48] Поведение Пнина можно было бы исследовать с бахтинской точки зрения, которой придерживается Дж. Коннолли в [Connolly 1991]: в этом случае персонаж не желает быть «завершенным» в чужом описании, хотя и не особо заинтересован в том, чтобы самому стать автором (в отличие от персонажей, которых рассматривает Коннолли).

ные пласты психологических мотиваций, например, почему Пнин наотрез отказался работать с В. В. или почему продолжает любить свою банальную, черствую, деспотичную бывшую жену (Пнин не может полюбить Бетти Блисс, потому что «сердце его принадлежало другой») [ССАП 3: 44]. Таким образом рассказчик демонстрирует ограниченность своего умения воображать и при этом уважать внутреннюю жизнь другого. Конечно, у его сдержанности, скорее всего, есть причины, продиктованные, помимо прочего, желанием рассказчика утаить нечто личное (например, он утаивает или делает вид, что утаивает, свою собственную любовную связь с Лизой Боголеповой-Пниной-Винд). Таким образом, стремление В. В. защитить самого себя лишает его возможности изучить Пнина со всей возможной полнотой.

«Пнин» появился как «антифрейдистская история». Одна из черновых карточек Набокова посвящена созданию персонажа, который бросал бы вызов фрейдистским стереотипам и, подобно Виктору в романе, «ногтей не обкусывал». Даже эпитет «неприступный» (impregnable) появляется и в черновых заметках, и в романе, как и бо́льшая часть вступительных замечаний о «ненормальности» Виктора [ССАП 3: 83]. Лиза, бывшая жена Пнина, и ее второй муж Эрик Винд в соавторстве с доктором Альбиной Дункельберг написали статью «Использование групповой психотерапии при консультировании супругов». Это выдуманное исследование основано на подлинной статье «Групповая терапия в лечении сексуальной неприспособленности»[49], которую Набоков в своих черновых заметках назвал одним из самых гротескных и неимоверно смешных «трудов», какие ему только попадались; он посвятил целых пять карточек выпискам

---

[49] American Journal of Psychiatry. 1950–1951. № 107. С. 195 (Авторы, А. Стоун и Л. Левайн, были первопроходцами в области психологии брака и психологического консультирования супругов. — *Примеч. ред.*). Переиначивание Набоковым названия статьи именно таким образом подчеркивает его иронию. В реальной статье обобщался опыт работы А. Стоуна по изучению брачных конфликтов («Заметки на разные темы», Berg Coll.). Г. Барабтарло предполагает, что Набоков также опирался на работу М. Кляйн «Детский психоанализ» [Barabtarlo 1989: 161–162].

из этой статьи для дальнейшего использования. То, что и Лиза, и Эрик по ходу сюжета вступают в новый брак, подрывает ценность их деятельности как психологов-консультантов по вопросам супружества. Рассказчик явно осознает иронию этой ситуации и разделяет сарказм Набокова в отношении масскультурного феномена фрейдистского психоанализа. Он предпочел бы изобразить жизнь Пнина, заключив ее в строгие нормативно-эстетические рамки как противоположность фрейдистским объяснениям его личных чудачеств. В конце концов, Пнин ведь описан не как носитель каких-то конкретных неврозов. Юный Виктор Винд «ненормален» лишь в своем упорном сопротивлении фрейдистской или юнгианской категоризации. Если рассказчик выбрал Пнина для «типичного» портрета как привлекательного, оригинального персонажа, значит, он заинтересован в детерминизме личности *как таковой*, но не в поиске шаблонных причин, объясняющих черты личности. Он признает уникальность личности Пнина и интересуется ею, его индивидуальным «Я», даже если это «Я» помещено в переплетение причинных отношений, которые в разной степени определяют его поступки. В этом подходе рассказчик следует У. Джеймсу, по крайней мере тому, что тот постулирует в «Принципах психологии». Желание Пнина защитить свою частную жизнь — это в какой-то мере желание самого Набокова, но оно также отражает принципиальную недоступность любого внутреннего «Я» любым внешним наблюдателям, независимо от подхода (об этом Набоков писал в эссе «Пушкин, или Правда и правдоподобие»). В. В., может быть, и надеялся, что даст читателям возможность хотя бы мельком увидеть «Истинную жизнь Тимофея Пнина», но его попытка заканчивается ничем, так же как несостоявшаяся «катастрофа» в первой главе. Если не считать самых базовых составляющих, таких, как объяснение подробностей чувственного восприятия или других физиологических явлений, психология для Набокова не раскрывает секретов личности. Секреты — или «тайны», как они названы в романе «Под знаком незаконнорожденных», — всегда ускользают от постижения, даже если расследует их *не* фрейдист.

«Пнин» относится к произведениям, далеким от того, чтобы всерьез исследовать психологию персонажей, вопреки, а может быть, и вследствие их антифрейдистской направленности. Кроме этого романа, к данному ряду относятся также «Ада» и «Прозрачные вещи». Безусловно, из произведений Набокова, написанных от первого лица, «Ада» содержит меньше всего психологических нюансов, и это тем ироничнее, что по сюжету Ван — психиатр. Самое близкое к психологическому самораскрытию, на что способен Ван, это описание собственных эстетических и эротических реакций на телесное существование Ады. Нас побуждают дать этическую оценку поведения Вана и Ады по отношению к Люсетте, но и здесь не таится никаких сокровищ психологии. В своих поступках любовники руководствуются нарциссизмом, и их несомненное следствие — гибель Люсетты — вызывает у обоих подлинные угрызения совести. Однако в целом Ада и Ван предоставляют читателю мало пищи для психологических размышлений — разве что как иллюстрация к исследованиям Ч. Ломброзо взаимосвязи гениальности и безумия. Они любят; распутничают; они (особенно Ван) ревнуют; создают творческие работы; расстаются и воссоединяются. Они вслепую разжигают чувства Люсетты к Вану, представляющие собой смесь эротической и романтической любви.

Любовная одержимость уже взрослой Люсетты не вполне понятна и являет собой самую подлинную из психологических загадок романа. Что стало *причиной* ее любви к Вану — не то ли, что в восемь лет она увидела близость брата и сестры? Усилилась ли эта любовь, когда Ван подарил девочке книжку стихов, чтобы отвлечь Люсетту, пока они с Адой забавляются вдали от «злющей зелени» ее глаз [ССАП 4: 206]? Наконец, почему эта любовь так отчаянна, что Люсетта готова свести счеты с жизнью, если не заполучит Вана хотя бы физически? Читатели практически ничего не знают о внутренней жизни Люсетты, и это странно, если учесть, что в архитектонике романа она играет главную роль, что доказывают самые убедительные и скрупулезные интерпретации (см., например, [Бойд 2012: 154–254]). Как полагает Б. Бойд, Люсетта — стержень, на котором держится этическое равновесие романа, воплощенная самоотверженность как противовес чрезмерно занятым собой Вану и Аде [Там же: 414–415]. Конечно, наше читательское неведение, скорее всего, отражает неведение самого Вана, ведь он наш единственный проводник по Антитерре. Для психиатра он удивительно скрытен во всем, что касается сознательных или подсознательных мотивов, движущих им самим и его сестрами.

Нам так и не дано понять, почему Люсетта покончила с собой, — и отказ Вана от попытки предоставить более сложный (но все равно вымышленный) отчет о ее психологии показывает, что он осознает непостижимость ее сокровенной натуры. В этом смысле поступок Люсетты сродни некоторым другим самоубийствам в произведениях Набокова — Хэйзель Шейд в «Бледном огне», Лужина в «Защите Лужина» или безымянного юноши в рассказе «Знаки и символы»: хотя определенные причинные цепочки что-то отчасти объясняют, полной ясности относительно причин, по которым страдающая душа решила уйти из жизни[50], не наступает. Причин может быть сколько угодно, но психологические мотивы все равно остаются тайной за пределами постижения.

Чужая душа

Люсетта, подобно Шейдам и сестрам Вейн, как будто способна после смерти влиять на живых, и эта странность весьма значима; возможно, она обусловлена набоковским пониманием взаимо-

---

[50] Ситуация несколько яснее в «Сестрах Вейн», где, по крайней мере, была предпосылка — прервавшиеся любовные отношения; в «Защите Лужина» мы непосредственно наблюдаем психологическую реакцию Лужина на феноменальный мир, хотя, как уже говорилось выше, даже это не полностью объясняет его смерть. Самоубийство Яши Чернышевского в «Даре» изображается как неадекватная выходка незрелого ума, слишком буквально воспринявшего мистическую «загробную» поэзию (преувеличение романтического пессимизма). Кинбот-Боткин в «Бледном огне» тоже помешан на самоубийстве. В этом последнем случае мы и вправду находим в комментарии Кинбота целую россыпь фантастических материалов, которые помогают понять, откуда у него эта мания.

действия разумов и форм, в которых они бытуют помимо дискретного существования внутри отдельного черепа. Это посмертное воздействие принято толковать как призрачное — так, например, его объясняет В. Александров в книге «Набоков и потусторонность», и есть все основания полагать, что Набоков рассчитывал на подобные объяснения (независимо от того, верил ли он сам в «реальность» этих явлений). Но скорее всего, он допускал и другие возможности — версии, которые он более открыто высказывал в 1920-е — начале 1930-х годов. По меньшей мере в двух своих произведениях — некрологе Ю. И. Айхенвальду (1928) и «Соглядатае» (1930) — Набоков выдвигает предположения о том, что умершие продолжают существовать в сознании тех, кто их знал. В статье «Памяти Ю. И. Айхенвальда» Набоков выражает скорбь по поводу безвременной трагической гибели любимого друга. В некрологе звучит не только уважение, но и любовь в сочетании с горечью утраты. «Умер Юлий Исаевич Айхенвальд», — пишет он, но вскоре пересматривает это утверждение и заявляет, что Айхенвальд продолжает жить в сознании друзей, знакомых и даже читателей. «О да, есть земная возможность бессмертия. Умерший продолжает подробно и разнообразно жить в душах всех людей, знавших его. <...> И каждый по-своему воспринял человека, так что покойный остался на земле во многих образах, иногда гармонически дополняющих друг друга» [ССРП 2: 668]. Можно объяснять это сентиментальностью, нежеланием проститься навсегда, или же просто уверенностью, что это правда; так или иначе мысль совершенно ясна: это посмертное присутствие — не совсем то же самое, что простое воспоминание о человеке. Набоков говорит о том, что между умами хорошо знакомых людей возникает нечто более существенное, что другие люди оставляют отпечатки в нашем сознании навечно и эти отпечатки влекут за собой осязаемые психологические последствия. Этой же мысли вторит и Смуров в «Соглядатае» (1930), который, застрелившись, уже верит, что он — лишь длящееся присутствие в сознании других людей, потому что инерция жизни позволяет разуму существовать за порогом смерти. Если «призраки» в таких произведениях, как «Бледный огонь» и «Ада», относятся к этому типу, то есть представляют собой скорее фрагменты разума ушедших, чем порождения более традиционной «потусторонности», то оказывается, что Набоков выдвигает поразительную гипотезу: разум, или психика, отдельного человека состоит из слоев впечатлений, оставленных другими людьми, помимо всего того, что можно идентифицировать как базовое «Я». С этой точки зрения психология одного человека несет в себе даже больше «тайн», чем намекалось в размышлениях Круга из романа «Под знаком незаконнорожденных». Возможно, Люсетта продолжает жить в форме собственных отражений в сознании Вана и Ады; но в таком случае сознание это далеко не так целостно, как ощущают его носители. Эти возможные вкрапления чужих «Я», которые прячутся в сознании любого из нас, усложняют задачу охарактеризовать психологию отдельно взятого человека: ведь они умножают количество факторов влияния, которые присутствуют в сознании, как на переднем, так и на заднем плане[51].

Именно эта проблема оказывается в центре «Бледного огня», в котором несколько персонажей, судя по всему, существенно влияют на душевную жизнь других, даже, можно сказать, с того света. Чарлз Кинбот сочиняет комментарий, предисловие и указатель, а в романе присутствуют трое мертвых персонажей, из которых он знал лишь одного — Джона Шейда. Роман представляет собой сплав двух историй: с одной стороны, попытка Шейда понять и оценить собственную жизнь и смерть дочери, с другой — история фантастического, выдуманного Кинботом мира под названием Зембля. В каждой из них читателю предлагается прямой рассказ главного действующего лица: Шейда в поэме и Кинбота в комментарии. У обоих повествований откровенно психологическая цель: поэма — это словесное исследование Шейдом собственных чувств и реакций на тяготы жизни;

---

[51] Согласно С. Э. Суини, произведения Набокова структурно имитируют когнитивные стратегии, бессознательно используемые человеческим разумом. Используя когнитивный подход к литературоведческому анализу, Суини предполагает, что Набоков понимал или интуитивно чувствовал, каковы механизмы работы сознания [Sweeney 2009: 67–80].

комментарий — запутанное и сложное усилие Кинбота преобразить собственные глубинные тревоги в абсолютно новую словесную ткань, представить историю своей жизни в новой форме и связать ее с великой поэзией. Отчасти потребность сделать это вызвана его гомосексуальностью, особенностью, из-за которой ему очень не по себе, особенно в снах[52]. Любопытно, что история Кинбота не содержит никаких предположительных причин для гомосексуальности. И вообще, из его рассказа мало что можно узнать о подлинном Кинботе-Боткине, точнее, совсем ничего. В его гомосексуальности мы можем быть уверены: в истории о Зембле имеются все признаки фантазии, где воплощаются мечты, — ведь в ней изображена страна, где мужская гомосексуальность не наказуема и не порицаема, и даже считается уделом элиты. Своим откровенным любострастием повествование пресекает любые попытки истолковать его во фрейдистском ключе: здесь нет ни шифрованного языка, ни тайного подтекста или незаконных сексуальных желаний. Все происходит в открытую. Этот роман, как и «Отчаяние», переполнен ложными следами для психоаналитического толкования (например, длинный туннель, которым Король бежит из дворца, — некогда он использовался для тайных встреч его предка с актрисой; или красные шапочки двойников, включая колпак теннисного аса Стейнмана). Но в конце все эти следы, как обычно и бывает, никуда нас не приводят, и мы все так же решительно ничего не знаем об «истинной жизни» ученого «В. Боткина», alter ego Кинбота. Если допустить, что знакомство Кинбота-Боткина с Шейдом было важным источником шаткого внутреннего равновесия, то смерть

---

[52] Набоков, возможно, считал чувства вины, стыда и одиночества типичными для гомосексуалов — а в его время последние, конечно же, не были особой редкостью. Набоков знал, что его брат-гомосексуал Сергей борется со своей идентичностью и жаждет подавить ее. В письме к матери от 15 июня 1926 года Набоков даже поддержал страстное обращение Сергея к католической религии в стремлении изменить образ жизни. В более поздней заметке, относящейся к написанию «Бледного огня», Набоков размышлял о крайней изоляции гомосексуального профессора колледжа в пуританской стране, где единственно возможным эротическим контактом могло быть рукопожатие («Заметки на разные темы», Berg Coll.).

поэта кладет конец этому равновесию, и все, что Кинбот может сделать, — это закончить свой «комментарий». Кинбота подкосило убийство Шейда, в чьей гибели он считает косвенно виновным себя: оно лишило его единственного доступа к творческому исследованию личности. Он находит новую отдушину в своем комментарии, который поддерживает его, пока работа не завершена. О психологических мотивах, движущих Кинботом, мы можем сказать лишь, что ему не хватает «непристойного» оптимизма, который был свойствен самому Набокову [ПГС 1: 130–131]. Тем не менее, хотя нам в целом и кажется, будто сексуальность Боткина-Кинбота как-то связана с его склонностью к самоубийству и потребностью создать альтернативную реальность, на самом деле у нас нет ни малейшего доступа к личности, которая порождает эти фантазмы, и трудно понять, как оставшиеся после него тексты могут убедительно прояснить для нас его психологическую сущность.

Столь же таинственен и путь Хэйзель. Хотя ее смерти непосредственно предшествует бегство от нее Пита Дина, трудно представить себе, чтобы эта героиня могла покончить с собой лишь потому, что она физически непривлекательна для мужчин. Можно критиковать Шейда за то, что он повысил шансы дочери быть отвергнутой в мире, где ценится внешняя привлекательность. Но могли ли Джон и Сибил Шейд настолько поддаться общепринятым нормам, чтобы соучаствовать в разрушении самооценки дочери? Могла ли умница Хэйзель так высоко ценить эти нормы? Это кажется маловероятным, хотя участь, которую она избрала, особенно ужасает. Тем не менее у Хэйзель могли быть и иные причины, которые породили, укрепили или лишний раз подтвердили ее решение уйти из жизни — и причины эти скорее коренились в ее склонности общаться с потусторонним, чем во внешности. Хэйзель вполне могла уйти из этого мира, потому что, подобно Цинциннату, чувствовала себя в нем не на месте, — но, в отличие от того же Цинцинната, ничто не привязывало ее к миру. Однако судить с уверенностью мы не можем: нам известно лишь об отчаянии, которое испытывает Шейд из-за физического уродства дочери.

Психология художника: хрупкость гения

Наряду с разнообразными психологическими исследованиями всевозможных «нормальных» и «ненормальных» личностей, Набоков дает и психологический портрет творческого типа личности, причем в двух основных разновидностях: человека психически «нормального», или уравновешенного, и «ненормального», попросту душевнобольного. Интерес к душевным состояниям, связанным с художественным творчеством, был присущ Набокову с ранних лет; в список книг, намеченных к прочтению в 1918 году, он включил «Гениальность и помешательство» Ч. Ломброзо и «К вопросу о психологии поэтического творчества» Г. В. Александровского. В одной части этого уравнения находятся Герман, Гумберт, Ван, Кинбот и им подобные — все они создают нечто, находясь в том или ином состоянии душевного нездоровья, хотя не всех их можно назвать художниками. В противоположность им, Федор в «Даре», Себастьян в «Истинной жизни Себастьяна Найта», Джон Шейд в «Бледном огне» и Вадим Вадимыч в «Смотри на арлекинов!» представлены прежде всего как художники, хотя и с разной степенью предполагаемой «вменяемости». Интерес Набокова к психологии художника, возможно, и привел его к изучению трудов Фрейда и О. Ранка на эту тему; вспомним также его внимание к развитию темы у Дж. Джойса в «Улиссе» и «Портрете художника в юности». В английском переводе книга О. Ранка «Искусство и художник» вышла в 1932 году: в ней излагались воззрения автора на возникновение и значение в современной культуре типа героя-художника. В книге также высказывалось мнение, что невротик — это несостоявшийся художник: этот образ чрезвычайно важен и в «Отчаянии», и в «Лолите»[53]. Федор в «Даре» одновременно и самый автобиографический, и, безусловно, самый душевно здоровый из персонажей-художников, а потому неудивительно, что его способ

---

[53] См., в частности, [Rank 1932: 25–26]; Ранк упоминает, что впервые представил свою концепцию в более ранней работе «Художник» (*Der Künstler*, 1909), когда еще находился под влиянием Фрейда.

восприятия и сочинения во многом предвосхищает мемуарные книги самого Набокова. В образе Федора Набоков демонстрирует, как художник со стабильными и заслуживающими доверия чувствами и разумом воспринимает мир и преображает его в искусство. И это практически все, чем он занимается: все, что воспринимает герой в ходе романа, становится материалом для его будущих произведений, чтобы в конце концов соткаться в сам роман, но в странном, искаженном виде.

Как психологический портрет «Дар» ничего не говорит нам об изначальных причинах: именно на это настраивает нас само его заглавие. Собственно, цель романа — доказать необъяснимость тяги Федора к творчеству, и в ходе этого доказательства воспроизводятся всевозможные психологические построения. В первую главу входит пространный пересказ первой книги Федора, сборника стихов, написанный в прустовском ключе воспоминаний о детстве. Эти стихи примечательны, помимо прочего, тем, что обыденность в них переводится в художественное измерение: потерянные и найденные мячи, поездки к дантисту, часовщик, заводящий часы. Мелочи, составляющие повседневную жизнь любого ребенка, становятся веществом поэзии и материалом для обостренного зрения. Это возможности, на каждом шагу предлагаемые чуткому сознанию, приметливому на узоры. Читая и перечитывая роман, мы видим, как в нем раскрывается идея сознания, создающего собственную художественную реальность. Нам передается вера Федора в то, что за этой реальностью «что-то есть», пусть даже «хочется благодарить, а благодарить некого» за сокровища бытия или за художественную восприимчивость, которая позволяет ему оценить эти сокровища [ССРП 4: 503].

Предполагаемые «аномалии» личности художника проявляются в минуты интенсивной творческой работы. Сочиняя стихи на улице, Федор не глядя входит в поток транспорта на мостовой, где, к счастью, «что-то его охраняло»; собираясь на маскарад и свидание с Зиной, он, колеблясь, берется за перо, чтобы исправить одно слово в «Жизни Чернышевского», — а когда наконец поднимает голову, оказывается, что маскарад давно закончился, Зина сердито хлопает дверью, а так и не надетая маска Федора лежит рядом с рукописью [Там же: 217, 386]. Выясняется также, что Федор подвержен легким галлюцинациям: ему является образ поэта-соперника Кончеева, с которым он ведет пространные диалоги. Однако в целом Федор обладает многими чертами психически нормального, оптимистичного и симпатичного персонажа, хотя Зина временами будет с ним «ужасно несчастна» [Там же: 540]. Возможно, этот образ во многом отвечает представлению Набокова о самом себе как человеке и художнике, хотя в предисловии автор утверждает, что Кончеев и Владимиров ближе к автобиографическому образу[54]. Джон Шейд из «Бледного огня» — не что иное, как очередное воплощение той же идеи: Набоков, в противовес Фрейду и Ломброзо, отстаивает правдоподобность существования *нормального* художника.

Однако существование таких людей не уменьшает обаяния менее уравновешенных творческих личностей, а потому неудивительно, что последних также немало в числе набоковских персонажей. В «Истинной жизни Себастьяна Найта» главный герой — писатель, который взирает на жизнь гораздо мрачнее, чем Федор. Он не способен обрести счастье с доброй, любящей и преданной Клер Бишоп, и его страстно тянет к довольно поверхностной роковой женщине, русской, которая чудовищно недооценивает его (а он, как она считает, ее). В., брат Себастьяна и рассказчик, называет мышление Себастьяна «головокружительной чередой зияний» [ИЖСН: 55]; безусловно, Себастьян гораздо более загадочен и чудаковат, чем Федор. Тем не менее личность его не исчерпывается этой любовью, и к финалу нам ясна основная идея романа: ни биографическое, ни психологическое описание не дают возможности постичь Себастьяна.

В романе «Смотри на арлекинов!» Вадим Вадимыч — пародия на те ошибки, которые публика допускала в восприятии биографии и характера Набокова, и потому персонаж наделен многими чертами, обратными тем, в которых Набоков признается в ме-

---

[54] «Как раз, скорее, в Кончееве и в другом эпизодическом персонаже — романисте Владимирове — узнаю я кое-какие осколки самого себя, каким я был году этак в 25-м» [Pro et contra 1997: 43].

муарах, «Строгих суждениях» и письмах к друзьям. У Вадима Вадимыча есть несколько комичная навязчивая идея: его тревожит, что он неспособен, пройдя небольшое расстояние, сделать «мысленный поворот кругом» и вообразить, будто идет в обратную сторону [ССАП 5: 252]: эта черта указывает на одномерность его воображения. Он продолжает писать романы и стихи, получает известность, трижды неудачно женится, наконец, на склоне лет, встречает настоящую любовь, молодую женщину — ровесницу своей дочки, и одновременно начинает сомневаться в независимости или реальности собственного существования. Конечно, эти сомнения вполне обоснованы внутренней логикой романа (в конце концов, Вадим Вадимыч — персонаж пародийный), и в финале у читателя не остается ощущения, будто главный герой — художник того же уровня, что Набоков, Федор или Себастьян Найт.

В случае Вадима, как и в случае Кинбота-Боткина, Набоков обыгрывает идею, что сознание персонажа может находиться в состоянии зависимости от сознания другого человека[55]. Как мы уже убедились, Набоков интересовался феноменом множественных личностей, как и «одержимостью» душами умерших, точнее, общением с ними. Этот интерес прослеживается у него от самого «Соглядатая» (1930) или даже «Защиты Лужина» (1929) [Alexandrov 1995б], но, насколько нам известно, изучение им литературы по этой теме достигло пика в 1950-е — начале 1960-х годов. Случаи, о которых Набоков читал в книге Д. Дж. Уэста «Парапсихологические исследования сегодня» [West 1954], представляли собой главным образом истории о подчиненных личностях, которые проявлялись и завладевали людьми ни с того ни сего или в процессе «автоматического письма» (примечательны случай американки со Среднего Запада Перл Карран (1883–1937), «перевоплощавшейся» в ходе автоматического письма в некую Пейшенс Уорт, англичанку, жившую в XVII веке, и история Анселя Борна

---

55 Набоков по-разному использует этот распространенный мотив в романах «Камера обскура», «Под знаком незаконнорожденных» и «Истинная жизнь Себастьяна Найта».

и его «второй личности» А. Дж. Брауна)[56]. В заметках Набокова ничто не доказывает, что он принимал или отрицал «сверхъестественное» объяснение этих явлений: с одной стороны, он помечает себе для дальнейшего изучения случаи заведомой подделки, с другой — намеревается прочесть отчеты, подтверждающие реальное существование «Пейшенс Уорт»[57]. С уверенностью можно говорить лишь о том, что во многих произведениях Набокова — особенно отчетливо в «Бледном огне», «Истинной жизни Себастьяна Найта» и «Смотри на арлекинов!» — автор вводит понятие вторичной личности как часть исследования природы сознания.

Встроенные личности

Из нарративной игры в «Бледном огне» исследователи делали множество выводов и заключений. Особенно бурные и многословные споры разворачивались вокруг сравнительной «реальности» персонажей-рассказчиков. Ведь в этой книге мало того что оба предположительных «автора» (поэт и комментатор) вымышлены: один из них еще и откровенно безумен — или притворяется безумным. Психическая неуравновешенность Кинбота, его фантастическая воображаемая жизнь в качестве короля Зембли и его «подлинная» тождественность В. Боткину в сочетании с различными намеками в поэме Шейда «Бледный огонь» показывают, что, возможно, сумасшедший комментатор — простонапросто выдумка Шейда. Также горячо обсуждалось обратное: возможно, это Кинбот, а вернее, Боткин выдумал Шейда и всех прочих персонажей, причем эта версия находила у исследователей

---

[56] Книга Д. Дж. Уэста удостоилась исписанной с обеих сторон карточки («Заметки на разные темы», Berg Coll.). Выписки сделаны из [West 1954: 58–63, 66, 123]. Д. Б. Джонсон подробнее останавливается на юношеском знакомстве Набокова со спиритизмом, которое было связано с его интересом к поэтам Р. Бруку и У. де ла Мару. См. [Johnson 2002].

[57] Из библиографии в книге Уэста Набоков выписал следующие источники: W. F. Prince. The Case of Patience Worth. Boston, 1927; Proceedings of the Society for Psychical Research. LI, 1954.

убедительные доказательства. Сравнительно недавно Б. Бойд выдвинул предположение, что многие странности текста объясняются закулисным вмешательством призраков (Хэйзель и Шейда); в то же время он сомневается в индивидуальности и Шейда, и Боткина (который является Кинботом или порождает его) [Бойд 2015]. Еще одно толкование гласит, что все главные герои за вычетом Шейда — это фрагменты его (Шейда) собственной личности, расколотой инсультом или какой-то иной неврологической травмой: они поочередно, сменяя друг друга, захватывают его «тело», чтобы породить поэму и комментарий[58]. А в 2008 году Д. В. Набоков поведал, что отец некогда сказал ему: «Это не так уж важно; просто скажем, что каждый изобрел другого» [Stringer-Hye 2008]. То, что личность может разделиться или породить вторичную форму, доказано наукой, и Набоков читал об этих явлениях еще в юности в книге У. Джеймса, за десятилетия до того, как начал собирать материалы для «Бледного огня»[59]. Но в этом романе Набоков открыто смешивает реальные факты психологии с более спорными событиями, такими как предполагаемые полтергейсты и явления духов в сарае. Более того, если поэма Шейда носит следы загробного влияния Хэйзель, а в комментарии Кинбота присутствуют призрачные отпечатки Шейда, то вмешательство вторичной личности в отдельно взятый разум живого человека получает со-

---

[58] Эту точку зрения наиболее упорно отстаивала К. Кунин в обсуждении на форуме NABOKV-L, начавшемся в сентябре 2002 года: см. ULR: https://thenabokovian.org/node/28789 "Problems with Boyd's Hazel-Solution to Pale Fire," Sept. 4, 2002 (дата обращения: 25.11.2021).

[59] В раздел книги Д. Дж. Уэста, породивший интерес Набокова к теме множественной личности, входит история Анселя Борна [West 1954: 58], на несколько недель превратившегося во вторичную личность; этот случай был также описан У. Джеймсом (гл. 10) [James 1890 1: 391–392]. В подготовительных записях Набоков начинает преобразовывать эти идеи в мир «Бледного огня» и записывает следующие соображения: «...подвержен галлюцинациям. Жертва личностной диссоциации, он обзавелся вторичной личностью в сияющей короне (король как лектор в Зембле)». Датировка этой карточки неизвестна, но, скорее всего, запись сделана после того, как Набоков выбрал для своей вымышленной страны название «Зембля». Или, возможно, оно впервые пришло ему в голову, когда он делал эту запись («Заметки на разные темы», Berg Coll.).

вершенно неоднозначный смысл. Как отличить влияние призрака от длительного отпечатка чужой личности в душе или сознании — отпечатка, о котором Набоков писал в некрологе Ю. И. Айхенвальду? Каковы источники вдохновения художника? Какие типы причин можно обнаружить на поверхности разума или в его глубинах? Создавая подобный запутанный клубок сознания — «воображаемое» или «реальное», земное или потустороннее, здоровое или помраченное, видимое или замаскированное, — Набоков создает головоломку, у которой нет решения. Возможностей так много (причем почти все они открыты), что на их фоне фрейдистский путь интерпретации выделяется узостью и откровенной самоуверенностью. Набоков предлагает читателям гораздо больше вопросов, чем ответов, и, подобно У. Джеймсу, не претендует даже на приблизительное знание о том, что движет работой сознания или заставляет его меняться.

Безумие в мирах Набокова особым образом сопрягается с потусторонностью. Хэйзель, мягко говоря, странноватая особа, и ее странность открыто связывается с причастностью девушки к паранормальным явлениям — черта, которую разделяют многие персонажи Набокова. Набоков никогда не воспринимал всерьез «реальность» миров, которые мерещатся его душевнобольным персонажам; эти сверхъестественные или метафизические проблески остаются двусмысленными, эфемерными, неопределенными. Однако отметать или осмеивать возможную подлинность этих миров он также отказывается. Сломы и прорехи в текстуре сознания личности — это естественные черты мира, где сама мысль может образовывать теснейшую связь с «высшими истинами» (если принимать философию идеализма), пусть даже разум обычно не ведает о близости этих истин. Скрытая или вторичная личность — это исключительно удачная иллюстрация данной проблемы: ведь если «встроенная» личность не осознает (как не осознает или притворяется Кинбот), что ее мысль и сущность делят мозг с другой личностью, значит, и эта вторая личность существует внутри более глобального, скрытого или неведомого, духовного контекста или реальности. У. Джеймс, рассматривая подобные случаи, как правило, представлял вторичную личность как «сжатую» версию оригинала, то есть личность, обладающую некоторыми, но не всеми, чертами первичной [James 1890 1/10: 392].

Как бы наглядно подтверждая джеймсовскую концепцию вторичной сжатой личности, Вадим в романе «Смотри на арлекинов!» интуитивно чувствует, а порой мимолетно замечает проблески большего, первичного «Я» в разные моменты при пробуждении или в полубессознательном состоянии. Эти проблески подобны прорехам в ткани его существования: его оговорки (как-то раз он называет дочь Долли, перепутав ее с бывшей возлюбленной и с Лолитой, которую никогда не знал) [ССАП 5: 267] и оговорки окружающих; его ощущение сверхъестественных предшественников; ущербность его пространственного воображения. В психологических ограничения и перепадах Вадима воплощены эпистемологические вопросы, которые пронизывают все творчество Набокова. Его внезапный, длительный провал в памяти ближе к концу романа позволяет ему увидеть свое второе, или внешнее «Я» — «подлинного» Набокова, подразумеваемого автора текста Вадима. Как и во многих других примерах, которые здесь уже приводились, откровение Вадима намекает на идеалистическое представление, что сознание подкрепляет реальность не только сугубо субъективными способами. Важно, что «немощь» Вадима — амбивалентная, имеющая место и в пространстве, и во времени, но при этом лишь «мысленная» — возвращает нас к развернутой в «Память, говори» диалектике «пространства — времени — мысли», согласно которой мысль загибается вовне, в «особое пространство» или иное трансцендентное измерение. Неважно, верил ли Набоков в то, что пространство, время и мысль действительно диалектически неразрывны. Дело, скорее, в том, что он находит эту идею интересной и даже правдоподобной (в кантовской формулировке пространство и время — априорные формы человеческого познания, можно сказать, очертания или манера чувственного созерцания феноменального мира)[60]. Как

---

[60] Вариацией на эту же тему можно считать набоковский силлогизм: «Время без сознания — мир низших животных; время с сознанием — человек; сознание без времени — какой-то более высокий уровень» [СС: 43]. Хотя Набоков здесь, по сути, цитирует неиспользованные заметки к «Бледному огню»,

вариация на тему идеалистических наклонностей (если не убеждений) Набокова, эта формула отражает его попытку отыскать принципы самой мысли, сопутствующие развитию реальности. Произведения Набокова говорят о том, что исследование разума может дать наиболее вероятный путь к открытию глубинных реальностей, поскольку сам разум отражает эти глубины яснее, чем поведение материальных тел (будь то планеты или протоны), движущихся в пространстве и времени.

В романе «Смотри на арлекинов!» разум Вадима, если уж на то пошло, *слишком тесно* привязан к «физическому» пространству и времени: герой неспособен управляться с ними мысленно, точно так же, как неспособен мысленно развернуться и пройти в обратном направлении, если представил, что уже прошел в другом. Его воспоминания, пародирующие воспоминания самого Набокова, радикально отличаются от оригинала рабской верностью хронологической и пространственной линейности. Помимо нескольких мимолетных преждевременных упоминаний о «Ты» и горстке других событий из его будущего, Вадим строго придерживается пространственно-временной траектории своей жизни. В отличие от Набокова, его метафоры не создают мостов между прошлым и будущим, между локальным настоящим и отдаленным прошлым[61]. В отличие от «хронокластика» Федора в «Даре», который говорит: «...я как будто помню свои будущие вещи» [ССРП 4: 374], Вадим целиком конструирует свои произ-

---

эта мысль впервые появляется в его дневнике 1951 года (запись от 16 февраля). Несомненно, дневник также был частью игры с темой вторичной личности: в этот короткий период (от затеи вести дневник он отказался в конце марта) Набоков описывал жизнь, смерть и загробную жизнь воображаемого «альтер эго», «Атмана» (термин из индуистской и буддийской философии, означающий «Я», или «душа»). Иногда Набоков приводит мысли, принадлежащие якобы не ему самому, а пришедшие от Атмана; он даже подозревает, будто Атман его гипнотизирует (дневниковая запись от 19 января)! Излишне говорить, что самодистанцирование, с которым написан этот «дневник», защищает автора от любых утверждений о том, что дневник отражает его окончательные мысли (Berg Coll.).

[61] Таких как сцена «левитации» отца, завершающая первую главу «Память, говори», и охота на бабочек в конце шестой главы [ССАП 5: 336, 432–434].

ведения в уме и затем запоминает их, как если бы они были уже написаны [ССАП 5: 205–206]. Вадим Вадимыч застрял внутри линейной причинности, в то время как Набоков провозглашает собственную свободу от нее («Я не верю во время»).

Произведения Набокова заставляют нас максимально расширить свои представления о том, что такое психология и каковы возможности ее развития как науки о человеческом сознании. В некоторых отношениях психология представляет естественное поле для научного метода, которого придерживался Набоков, поскольку, как и в его работах по морфологии бабочек, каждое индивидуальное воплощение человеческого разума предлагает свой уникальный, не всегда поддающийся обобщению набор черт. Набоков писал в эпоху, когда в публичном дискурсе о сознании (и подсознании) возобладали фрейдистский психоанализ и его популярные инкарнации в литературе, а все остальные сферы заполнил бихевиоризм; таким образом, писатель сражался с тем, что считал радикальным и ошибочным сужением в области психологических исследований. В его произведениях воплощено огромное разнообразие психологических явлений; некоторые из них опираются на причинные объяснения, некоторые остаются весьма загадочными. Художники, гении, мечтатели, педофилы, психопаты, самоубийцы, чудаки-профессора, даже сравнительно заурядные люди: каждый персонаж показан как целый мир, каждый содержит в себе «триллион таинств», как выразился Адам Круг в романе «Под знаком незаконнорожденных» [ССАП 1: 354]. Набоков исследует предположение, что на внешних границах, там, где психическое равновесие переходит в другие, нездоровые формы сознания, душевная жизнь способна уловить отблески реальности, простирающейся за пределы той, которую мы обычно воспринимаем: к этой излюбленной теме он возвращался снова и снова. По мнению Набокова, *популяризованный* (слово использовано намеренно) фрейдистский психоанализ проделывал ровно противоположное: сводил сферу интереса психологии и исследований к конкретной материальной проблеме (сексуальное развитие и, следовательно, воспроизводство), при этом велеречиво хвастаясь, что раскрывает тайны сознания. Резко контрастируя с идеями У. Джеймса, психоанализ стремился применить инструменты причинности к самым отдаленным границам сознательной жизни (истерии, неврозам, снам). Весьма показательно, что психоанализ обращает внимание публики на случаи, которые подтверждают его постулаты, но игнорирует те, что им противоречат (действуя при этом методами, не терпящими возражений)[62]. Психологические портреты Набокова настаивают на том, что человеческое сознание — нечто большее, чем можно предположить исходя из трудов Фрейда; именно поэтому Набоков предлагает читателю целую галерею разнообразных и правдоподобных типажей, чьи поступки не так-то легко свести к фрейдистской сексуальной причинности. Его дерзкие вылазки на грань науки, парапсихологии и исследований «сверхъестественного» наглядно демонстрируют не суеверие, не твердую веру в духов и призраков, но сложную метафору тех непредсказуемых, иррациональных явлений, которые, *возможно*, простираются и за пределы сознания. В том, что за этими пределами *что-то есть*, Набоков, похоже, был совершенно уверен[63].

---

[62] В последние десятилетия философы переосмыслили статус фрейдистского психоанализа как потенциально проверяемой теории в более положительную сторону: см., например, [Erwin 1987]. Более критический взгляд см. в [Eysenck 1991].

[63] Уважение Набокова к необъяснимому напоминает то, о котором пишет Э. Мейерсон: «Человек, несмотря на неодолимую склонность верить в рациональное, очевидно очень рано почувствовал, что в природе есть нечто иррациональное, что природа не до конца объяснима. <...> Таким образом, все наши высказывания в этой области могут быть только отрицательными или в целом неточными. Мы знаем, где невозможны целиком рациональные объяснения, то есть где заканчивается согласие между нашим разумом и внешней реальностью: эти иррациональные вещи уже открыты. Но мы не знаем — и никогда не узнаем — где это согласие действительно существует, поскольку не можем быть уверены, что новых иррациональных моментов никогда не возникнет. Вот почему мы никогда не сможем по-настоящему *вычислить* природу логическим путем, даже принимая во внимание все данные и неприводимые элементы, все иррациональности, известные нам на данный момент: всегда будут требоваться новые эксперименты, а те, в свою очередь, будут ставить новые проблемы, обрушивая на нас, по выражению Дюгема, новые противоречия между нашими теориями и наблюдениями» [Meyerson 1991: 172].

* * *

Набоков противостоял современной ему психологии и психоанализу с его абсолютизацией роли подсознания в сочинительстве и других человеческих поступках; это противостояние, помимо прочего, выражалось в тех произведениях, где он показывает, что целенаправленность, осознанность и сознательное творчество *возможны* — пусть они не заданы изначально и не приходят автоматически, но тем не менее доступны биологическому виду в целом. Следовательно, мы можем назвать произведения Набокова *сверхсознательными* — в том смысле, что его художественная манера использовать образность, язык и всевозможные фрагменты чужих нарративов подчеркнуто преднамеренна[64]. Верно и то, что Набоков признавал возможность бессознательного вдохновения, присутствия таинственной стихии даже в контексте намеренного творчества. В частности, он писал К. Профферу, отзываясь на книгу последнего «Ключи к "Лолите"»: «Многие милые комбинации и подсказки, хоть и вполне приемлемые, никогда не приходили мне в голову, или же они явились следствием авторской интуиции и вдохновения, а не ремесла и расчета. Иначе не стоило бы огород городить — ни Вам, ни мне» [ПНП: 124][65]. Этот «отказ от ответственности» перекликается с мыслью, которую Набоков вложил в сознание своего философа

Примерно то же пишет в своем классическом труде Т. Кун: «В науке... открытие всегда сопровождается трудностями, встречает сопротивление, утверждается вопреки основным принципам, на которых основано ожидание. Сначала воспринимается только ожидаемое и обычное, даже при обстоятельствах, при которых позднее все-таки обнаруживается аномалия. Однако дальнейшее ознакомление приводит к осознанию некоторых погрешностей или к нахождению связи между результатом и тем, что из предшествующего привело к ошибке» [Кун 2003: 97].

[64] Э. Найман, как некоторые другие, отмечает, что в произведениях Набокова умышленно кодируются пародийные воплощения фрейдистских литературных анализов, на которые они как бы сами напрашиваются [Naiman 1998–1999].

[65] Письмо от 26 сентября 1966 года. Последняя фраза приписана от руки, по-русски.

Круга: *каждая личность — комбинация триллионов тайн.* С этой точки зрения любое обсуждение причинных оснований чьей бы то ни было психологии и способов, которыми их можно выявить, ведет в тупик.

Психологические исследования Набокова не были строго научны, хотя их можно счесть разновидностью воображаемой таксономии (в конце концов, Набоков ведь был таксономистом). Тем не менее они велись параллельно с развитием науки о сознании, которая прогрессировала на протяжении всего XX века. В то время как многие теоретики и практики, особенно психоаналитики, были заинтересованы в том, чтобы установить причины разных психологических проблем, Набоков вел свое собственное подробное исследование того, как может работать помраченный или талантливый разум и как даже такой разум в своем самопознании может наталкиваться на преграды, чинимые гипертрофией некоторых областей душевной жизни — страстью, одержимостью или неспособностью видеть окружающий мир. Набоков хочет, чтобы читатели увидели в его персонажах новые биологические виды обладающих сознанием существ, личности, чье поведение объясняется не причинными цепочками, а несводимым к упрощению «Я». Список того, о чем мы можем лишь догадываться, обширен. Что бы собой ни представляло сознание — «душу» или нечто другое, эмерджентное и спонтанное, — открытие малоизвестных типов разумного существа по меньшей мере так же ценно, как выявление некоторых познаваемых законов, движущих человеческой мыслью. Более того, продолжают появляться новые уникальные инкарнации, и в них снова и снова проявляется таинственная сила природы, которой «мы не можем себе позволить пренебрегать», как сформулировал У. Джеймс [James 1890 1/6: 181] и как на протяжении всего своего творческого пути показывал Набоков[66].

---

[66] У. Джеймс также поощрял научные исследования паранормальных явлений, в частности, возникающих в состоянии транса, но с сожалением отмечал, что это «область, которую так называемые ученые обычно отказываются исследовать» [Там же: 396].

Глава 5
Физика Набокова

Частицы, волны и неопределенность

В аудитории Нью-Йоркского естественно-историче-ского музея происходила публичная лекция по тео-рии Эйншейна. Толпа в несколько тысяч человек, собравшаяся из-за отсутствия свободных мест у входа, прорвала наконец полицейский кордон и ворвалась в зал. Обстановка аудитории сильно пострадала. Это первый случай беспорядков в Нью-Йорке, вызванный жаждой знаний.

Хроника (Руль. 1930. 11 янв.)[1]

Вообще говоря, задача физической науки состоит в том, чтобы вывести знание о внешних объектах из набора сигналов, проходящих по нашим нервам... Материал, из которого мы должны делать наши выводы, — это не сами сигналы, а фантастическая история, в некотором роде основанная на них. Как если бы нас попросили расшифровать зашифрован-ное сообщение, но дали не шифр, а неправильный его перевод, сделанный неуклюжим дилетантом.

А. Эддингтон. Новые пути в науке, 1935[2]

Набоков как натуралист — тема, не вызывающая разногласий; факт, что он всерьез изучал психологию, также сомнению не подлежит. Но Набоков и физика? Как мы уже знаем, в одном из

---

[1] С. 3. См. также заметку в «Нью-Йорк таймс» от 9 января 1930 г. (С. 1): «Бит-ва в музее: 4500 человек ринулись смотреть фильм об Эйнштейне. 8 охран-ников не справились с давкой, порядок пришлось наводить полиции».

[2] [Eddington 1935: 6–7].

интервью Набоков сказал, что, «не будучи особенно просвещенным по части физики», он все же не склонен доверять «хитроумным формулам Эйнштейна» [СС: 143]. За этим небрежным замечанием скрывается пристальный и неизменный интерес Набокова к развитию современной физики, безусловно, повлиявшему на его мировоззрение. В лекциях о Чехове и о трагедии, прочитанных в 1940–1941 годах, Набоков впервые открыто указывает на то, что знако́м с недавними достижениями субатомной теории и их жутковатыми последствиями. При ближайшем рассмотрении этот интерес прослеживается по меньшей мере в «Приглашении на казнь» (1934)[3]. В начале 1940-х годов Набоков утверждал, что в произведениях А. П. Чехова «перед нами мир волн, а не частиц материи, что, кстати, гораздо ближе к современному научному представлению о строении вселенной» [ЛРЛ: 338][4]. Мы видим, как этот же интерес перерастает в критику общих идей ньютоновской физики. Лекция Набокова «Трагедия трагедии», сочиненная одновременно с лекцией о Чехове, включает следующий набор утверждений, определяющих главное слабое место древнегреческого жанра:

> …наше воображение руководствуется логикой здравого смысла, которая, в свою очередь, до того заворожена общепринятыми представлениями о причинах и следствиях, что она готова скорее изобрести причину и приладить к ней следствие, чем вообще остаться без них.

> …старые железные прутья детерминизма, в клетке которого уже давным-давно томится душа драматического искусства.

---

[3]   О том, как в 1920-е годы различные составляющие «новой науки» проникали в английскую популярную культуру и модернистскую литературу, см. [Whitworth 2001]. Особое внимание М. Уитворт уделяет Т. С. Элиоту, В. Вулф, Э. Паунду и Д. Г. Лоуренсу; отметим, что ни один из этих авторов никогда не занимался естественными науками.

[4]   Любопытно, что в ранних черновиках лекции Набоков сначала писал «атомы», а затем «молекулы» См. «Чехов» (машинопись с исправлениями. Berg Coll.).

> [Трагедия строится] на иллюзии, согласно которой жизнь, а стало быть, и отображающее жизнь драматическое искусство должны плыть по спокойному течению причин и следствий, несущему нас к океану смерти [TrM: 504].

Набоков был достаточно уверен в том, что хорошо понимает природу, и потому утверждал, что устройство мира объясняется не только причинностью. Он не сообщает, чем вытесняется или дополняется механическая причинность, но, по его словам, трагедия, столь во многом строящаяся на причинно-следственных связях, — это «в лучшем случае изготовленная в Греции механическая игрушка» [TrM: 501][5].

Судя по всему, Набоков в 1920–1930-е годы всерьез интересовался успехами физики, и уже к 1934 году этот интерес стал определенным образом влиять на его творчество[6]. Два эссе 1941–1943 годов, о которых говорилось выше, демонстрируют особый интерес Набокова к скрытой сущности, форме и структуре Вселенной. Возможно, применять в своих произведениях метафоры из области физики и, что еще хуже, высказывать свое мнение о физических открытиях для литератора ход неподобаю-

---

[5]   Обращение Д. Драгуною к фигуре Дж. Беркли, британского епископа и философа-идеалиста, указывает на важного предшественника и, возможно, вдохновителя набоковских изысканий в сфере некаузальности и имматериализма, см. [Dragunoiu 2011: 186–222].

[6]   Собственно, даже первый роман Набокова содержит некоторые возможные отсылки к теории Эйнштейна: действие «Машеньки» (1926) начинается в лифте (как оказалось, неисправном) и заканчивается сопоставлением двух поездов (один прибывает в Берлин, другой вот-вот отправится). Оба эпизода могут намекать на теорию относительности: в первой Ганин спрашивает, который час, и беспокоится, надолго ли он застрял; во втором он меняет один поезд на другой, чтобы прошлое (его роман с Машенькой), не могло вернуться к нему в форме, которую сам он не санкционировал и не создавал. В переработанном и переведенном на английский варианте романа «Король, дама, валет» (1968) упоминаются «путешествующие часы» с «собственным представлением о времени» [KQK 118], в русском оригинале (1928) этой фразы нет: ср. [ССРП 2: 207]. Однако в этих романах такие аллюзии, по сути, всего лишь элемент поэтики: их смысл связан скорее с модернистским интересом к вопросам времени и памяти.

щий и даже наивный[7]. Однако узкоспециальная терминология просачивается сквозь границы концепций и профессий, и в этом осмотическом движении нет ничего особенно нового, к тому же происходит оно в обоих направлениях. Удивительную иллюстрацию обратной тенденции мы видим в работах кембриджского астрофизика А. Эддингтона, чья экспедиция, предпринятая в 1919 году для наблюдения солнечного затмения, сыграла важную роль в подтверждении общей теории относительности Эйнштейна[8]. В «Новых путях науки» (1935) Эддингтон писал:

> Наше чувственное восприятие создает криптограмму, а ученый — энтузиаст-бэконианец, погруженный в ее расшифровку. Рассказчик в нашем сознании пересказывает нам драму — скажем, «Трагедию о Гамлете». Что касается содержания драмы, ученый остается скучающим зрителем; ему известно, что этим драматургам доверять нельзя. Тем не менее он внимательно следит за ходом пьесы и настороженно присматривается, не промелькнут ли фрагменты шифра, который в ней скрыт; ибо этот шифр, если ученый сумеет его разгадать, откроет историческую истину. Возможно, параллель ближе, чем та, которую я изначально намеревался провести. Возможно, «Трагедия о Гамлете» — не только приспособление для сокрытия шифровки. Я готов признать — о нет, даже настаивать, что сознание с его странными порождениями таит в себе нечто за пределами понимания, доступного опытному шифровальщику. На самом-то деле шифр вторичен по отношению к пьесе, а не пьеса — по отношению к шифру. Но наша задача сейчас не в том, чтобы размышлять об этих атрибутах человеческого духа, проникающих в материальный мир. Мы говорим о внешнем мире

---

[7] Набоков великодушно относился к такому терминологическому присвоению: «Для меня наука — это в первую очередь естествознание, а не умение починить радиоприемник, что и короткопалому под силу. Оговорив это, я, конечно же, приветствую обмен терминологией между любой отраслью науки и всеми видами искусства» [СС: 100].

[8] Экспедиция отправилась на остров Принсипи в Западной Африке для наблюдения отклонений лучей света во время солнечного затмения 29 мая 1919 года. — *Примеч. пер.*

физики, воздействие которого достигает нас лишь в виде сигналов, поступающих по нервным волокнам; поэтому нам приходится разбираться со всей этой историей примерно так, как с криптограммой [Eddington 1935: 8][9].

Если вспомнить теорию, согласно которой истинным автором произведений Шекспира был сэр Френсис Бэкон, то аналогия Эддингтона удивительна, поучительна и в то же время очень иронична (а также, возможно, связана с развитием бэконовского мотива в «Улиссе» Дж. Джойса): если счесть трагедию Шекспира моделью феноменальной вселенной, то сыщик-бэконианец, разгадывающий заключенные в тексте криптограммы, то есть скрытые послания и узоры, указывающие (возможно) на подлинный источник текста, — это эквивалент ученого, который раскрывает потаенные закономерности и повторы в природе и с их помощью конструирует картину или математическое описание предполагаемых внутренних механизмов мира. Ирония, разумеется, в том, что бэконовские шифровки в драмах Шекспира могут оказаться всего лишь домыслом тех, кто их выискивает, а Бэкон, возможно, вообще не имеет отношения к созданию пьесы. Эддингтон, наверняка намеренно и сознательно, выбрал модную и широко известную тему криптографии, которая показывает не только аспект научного метода, но также и уязвимость научного теоретизирования, сбивающего на ложный путь.

Далее Эддингтон провокационным образом отступает от своей аналогии и предлагает взглянуть на нее иначе. Да, в «Гамлете» может быть (или не быть) зашифрована та или иная историческая правда; но, с другой стороны, это пьеса, порождающая эстетический, интеллектуальный и эмоциональный отклик в тех,

---

[9] В расширенном сравнении Эддингтона сознание выступает в роли рассказчика, сплетающего повествование из ощущений, полученных им через нервную систему. В «Лолите» содержится эпизод, также напоминающий о Ф. Бэконе: Гумберт Гумберт рассказывает, как дергает нити раскинутой им воображаемой паутины, которые тянутся в разные комнаты дома Гейз и сообщают ему, кто там находится и что делает [ССАП 2: 65]. В этом фрагменте присутствует намек на некогда популярное бэконовское сравнение ученого с пауком [Бэкон 1977: 107]. См. об этом мою работу [Blackwell 2008].

кто ее читает или смотрит. Это важнейшая оговорка: Эддингтон дает понять, что все эти интеллектуально-этические аспекты драматургической реальности «первичны»: в них и содержится настоящая правда пьесы как произведения искусства. Точно так же первичен феноменальный мир, который существует как вещь в себе и вещь для нас (то есть воспринимаемая разумом); криптограммы и научные теории — это вторичные открытия или приложения, они могут оказаться истинными, но не являются частью эмпирической истины в целом («сознание с его странными порождениями таит в себе нечто за пределами понимания, доступного опытному шифровальщику»). Но подобные истины, в чем бы они ни заключались и как бы реальны ни были, Эддингтон называет «атрибутами человеческого духа, выходящими за границы материального мира». Ученые приняли для себя общий свод правил и методов, которые сводят их работу к расшифровке криптограммы.

Отрадно видеть, как один из самых выдающихся физиков XX столетия сравнивает свою работу с неимоверно спекулятивным, если не сказать безумным трудом текстолога. Для читателей Набокова подобное сравнение еще значимее, поскольку великое множество его произведений содержит элементы шифра. Когда Шекспир написал «Весь мир — театр» — а эта тема снова и снова возникает во всех его пьесах, — он наверняка не ждал от своих пьес, чтобы они воспроизводили мир именно таким образом. Когда Эддингтон предлагает великую литературу и ее исследования как аналогию природы вселенной и нашего знания о ней, мы видим эпистемологическое пересечение между искусством и наукой. Чтобы сформулировать нужный тезис, ему оказалось мало сугубо научного дискурса, который сторонится метафизического. Таким образом он признает ограниченность этого дискурса, равно как и границы научной деятельности.

Интерес Набокова к миру природы основывался на научных увлечениях и желании описать некоторые части этого мира как можно точнее и подробнее. Но его, конечно же, интересовали и основополагающие принципы природы, и этот интерес побуждал его выстраивать свои произведения так, чтобы они соотносились с загадками и открытиями, волновавшими в ту пору мир физики. Учитывая его антиматериалистический уклон, неудивительно, что в молодости Набокова очень вдохновляли успехи физики; это хорошо сочеталось с его старанием продемонстрировать исключения и противоречия дарвиновской эволюции в мире природной мимикрии и заявить о том, что сознание зиждется не на причинности.

Набоков и «новая физика»

В ноябре 1919 года общая теория относительности Эйнштейна получила свое первое весомое подтверждение — оно основывалось на результатах экспедиции Эддингтона, предпринятой для наблюдения воздействия солнечной гравитации на свет отдаленной звезды во время затмения[10]. Результаты показали, сила тяготения Солнца действительно отклоняет лучи света от прямолинейной траектории, причем величина отклонения правильно предсказывается общей теорией относительности. Это открытие перевернуло мир физики. Газета «Таймс» тут же завопила: «Новая теория Вселенной!», «Революция в науке!» Классические ньютоновские законы больше не годились для адекватного описания действительности, а новые законы заставляли предположить, что воспринимаемая нами реальность имеет мало общего с тем, как на самом деле устроен мир. Эйнштейн проснулся знаменитым: с того дня каждый его шаг обсуждался так бурно, как если бы он был попзвездой. Одна за другой возникали дискуссионные группы, призванные проанализировать относительность с различных точек зрения и оценить ее философские смыслы [Clark 1971][11]. Словом,

---

[10] Одновременно были организованы и другие экспедиции: см. [Crommelin 1919], а также статью «Революция в науке» в газете «Таймс» от 7 ноября (С. 12). Позже появились и научные работы, например, [Dyson et al. 1920].

[11] Берлинская ежедневная газета «Руль» сообщала о путешествиях Эйнштейна, его болезнях, политических взглядах, об инциденте с берлинскими городскими властями в день его 50-летия, о вилле, о яхте, а также о фуроре, вызванном фильмом о теории относительности в Нью-Йоркском естественноисторическом музее (см. эпиграф).

возник новый культурный феномен, распространявшийся тем шире, чем более рьяно популяризаторы науки несли новую теорию в массы. Непрерывной волной шли книги и статьи, разъяснявшие теорию относительности (как общую, так и частную), а вскоре тема относительности проникла и в область искусств. Дж. Джойс, В. Вулф, У. Фолкнер, Т. С. Элиот — кто только не включал в свои произведения мотивы, связанные с относительностью[12]. А в 1925 году друг Набокова Ю. И. Айхенвальд написал отзыв на советскую публикацию рассказа М. Синклер «Открытие абсолюта», в котором указал, что рассказ «не без юмора и не без философского глубокомыслия делает в беллетристической форме интересные выводы» о времени и пространстве, привлекая «к соучастию в рассказе» Канта и Эйнштейна[13]. У Набокова было предостаточно возможностей прочитать и услышать о теории относительности, в том числе от своего друга В. Е. Татаринова, писавшего о науке и политике в русскоязычной берлинской газете «Руль», основателем и редактором которой был Набоков-старший[14].

Те же источники должны были держать Набокова в курсе развития квантовой теории. Впервые выдвинутая в 1900 году М. Планком, квантовая теория не получила такой широкой известности, как ее скороспелая младшая сестричка, но, возможно, как гипотеза была еще более эпохальна. Пресса заговорила о различных открытиях, которые в меру своих возможностей разъясняла рядовому читателю; помимо Эйнштейна и Планка, публике стали известны имена Н. Бора, Э. Резерфорда и Л. де Бройля (все эти ученые получили Нобелевскую премию в период

---

[12] Многочисленные примеры можно найти в работах [Whitworth 2001; Albright 1997; Rice 1997]. М. Гришакова усматривает отголоски эйнштейновской теории относительности в сцене в лифте и сцене на мосту из романа «Под знаком незаконнорожденных»: в них иллюстрируется относительность представлений о местоположении или о системе координат [Grishakova 2006: 262–263].

[13] «Литературные заметки» (Руль. 1925. 29 апр. С. 4–5; статья подписана псевдонимом «Б. Каменецкий»).

[14] Например, «Теория относительности проф. Эйнштейна» (рецензия на фильм) (Руль. 1923. 25 авг. С. 6); рецензия на книгу «Проф. А. Брандт. "Теория Эйнштейна"» (Руль. 1924. 15 апр. С. 4).

с 1908 по 1929 год), а в русскоязычной эмигрантской прессе также зазвучали имена «новичков» В. Гейзенберга и А. Шрёдингера[15]. Хотя их появление не стало такой сенсацией, как теория относительности, теории субатомной структуры и механики подняли вопросы, которые для Набокова были не менее заманчивы как возможное оружие против чисто механистической философии. Именно из описаний этой области физики он почерпнул свое понимание «волноподобной» природы материи, так живо преподносившейся в популярных и научно-популярных публикациях того времени[16]. Те же публикации выдвигали квантовую теорию, особенно ее «копенгагенскую» интерпретацию, учитывавшую принцип неопределенности В. Гейзенберга как доказательство того, что классическая причинность на фундаментальных уровнях материи не работает, а потому она не фундаментальна. А. Эддингтон стал «первым влиятельным автором, который назвал [неопределенность Гейзенберга] "принципом"» [Hilgevoord, Uffink 2016]. Для автора, настойчиво стремящегося дискредитировать материалистическую мысль, лучшего научного источника и пожелать было нельзя. Такие статьи, как «Атомы

---

[15] Помимо время от времени появлявшихся кратких новостных сообщений, В. Е. Татаринов опубликовал в «Руле» рецензию на книгу И. Крихборгера «Атомная теория и квантовая теория» (1923. 16 сент.). См. также рецензию Татаринова на книгу «Электроны и электрические кванты» (Берлин: 1924) в рубрике «Новые книги по естествознанию и сельскому хозяйству» в выпуске от 31 декабря 1924 года (С. 4).

[16] Например, Дж. Джинс писал в 1931 году: «Мы начинаем подозревать, что живем во Вселенной, состоящей из волн и одних только волн... Современная наука далеко ушла от прежнего взгляда, который рассматривал Вселенную просто как совокупность твердых частиц материи, в которых волны излучения возникают лишь изредка и случайно» [Jeans 1931: 48]. В истории науки Дж. Джинса не критиковал только ленивый; см., например, [Whitworth 2001: 55–57]. Но А. Эддингтон приходит к аналогичному выводу: «Истолковывая слово "материальный" (или, точнее, "физический") в самом широком смысле как то, с чем мы можем познакомиться посредством чувственного восприятия внешнего мира, мы теперь признаем, что он означает, скорее, волны, а не воду океана действительности» [Eddington 1935: 319]. Похожий материал (Ю. Делевский, «Научные заметки»), появился также в парижской газете «Последние новости» от 7 декабря 1937 года.

и звезды» В. Е. Татаринова, еще лучше помогают объяснить источники аналогий в «Отцовских бабочках», где видообразование сравнивается со строением как атома, так и солнечной системы[17]. Набоков никак не мог бы избежать знакомства с новыми идеями в физике, а явственные свидетельства его отклика на теорию относительности просматриваются даже в «Машеньке» и «Короле, даме, валете». Ранние записные книжки и стихи Набокова показывают, что он размышлял о возможном наличии обитаемых миров вокруг далеких звезд и о нашем месте в бесконечности космоса еще до того, как вспыхнула слава Эйнштейна[18]. Но подобные размышления носили общий, по сути своей романтический и слегка метафизический характер: дух астрономических исследований на них никак не влиял.

Материализм vs. идеализм: новая физика в «Даре»

Первая серьезная встреча Набокова с новой физикой, скорее всего, была вызвана изучением жизни Н. Г. Чернышевского и размышлениями о материалистической традиции, которую тот помог популяризировать в России, что в итоге и привело к свержению большевиками либерального Временного правительства в октябре 1917 года. Задуманная в 1933 году как ядро «Дара», не без воздействия канонизации в СССР социалистического реализма в 1932 году, «Жизнь Чернышевского» по-новому интер-

---

[17] См. статьи в газете «Руль» (1925. 2 сент. С. 4–5). Первая сверхновая, которая была публично объявлена «сверхновой», была, по-видимому, открыта Дж. П. М. Прентисом 13 декабря 1934 года. См. статьи в газете «Нью-Йорк таймс»: «Новая звезда достигает первой величины» (1934. 23 дек. С. 17), где изложено объяснение взрыва профессором Х. Шейпли из обсерватории Ок-Ридж; «Новая Геркулеса, "сверхновая звезда", больше не видна невооруженным глазом и потускнела до первой величины» (1935. 8 апр. С. 21). Теоретическая основа для описания взрывов сверхновых была заложена в [Baade, Zwicky 1934: 254–255]. По-видимому, первое предположение, что новые и сверхновые звезды могут взрываться, было выдвинуто в [Barnard 1922].

[18] В 1919 году Набоков написал стихотворение в прозе о далеком мире (PP, LCNA, контейнер 10); оно частично цитируется в [Бойд 2010а: 184].

претирует кумира социалистов и критикует его философию — материалистический позитивизм (или наивный реализм). С. С. Давыдов назвал эту главу «эстетическим экзорцизмом» [Davydov 1985], каковым она, бесспорно, и является, но этим ее содержание не исчерпывается. Рисуя вымышленный, деконструирующий «портрет» Чернышевского, постоянно привлекая внимание к забавным парадоксам и противоречиям в его биографии и рассуждениях, Набоков попытался создать мощное противоядие от образа, возвеличиваемого большевиками и даже их противниками-либералами. Тесная связь материализма с научным позитивизмом, одним из краеугольных камней социалистической идеологии, заставила Набокова сильнее заинтересоваться переменами, которые наука претерпела с начала XX века. Начиная примерно с 1932 года Набоков прочитал множество полемических работ всевозможных социалистов, от Чернышевского до Ленина, и не кто иной, как сам вождь мирового пролетариата, привел его к фигуре одного из главных провозвестников теории относительности — Э. Маха[19]. Выдающийся физик и философ науки XIX века стал главной мишенью работы Ленина «Материализм и эмпириокритицизм» — в ней «махизм» заклеймен как главная ересь в социалистическом движении: разновидность научного идеализма, которая, как считал Ленин, стремилась опровергнуть существование в реальном мире «вещи в себе». Набоков наверняка знал из других источников, что именно Мах первым на научных основаниях усомнился в ньютоновской абсолютности времени и пространства, тем самым частично предвосхитив будущие теории Эйнштейна [Max 2000: 189–240][20]. С этого времени Набо-

---

[19] В «Жизни Чернышевского», то есть четвертой главе «Дара», цитируются слова Ленина о том, что Чернышевский — «единственный действительно великий писатель», сохранивший верность материализму [ССРП 4: 423, 725n].

[20] См. размышления об этом математика А. В. Васильева [Васильев 1922]. (Фамилия вымышленного редактора литературного журнала в «Даре» также Васильев.) У Маха были предшественники, но Эйнштейн ставил его выше всех [Эйнштейн 1967]. Об этой преемственности Набоков также мог прочитать в [Ловцкий 1923].

ков и начал искусно вплетать в плотную ткань «Дара» нити, которые вели к Маху, Эйнштейну и другим поборникам новых теорий[21].

Но по пути Набоков внезапно свернул в сторону: завершив черновик четвертой главы «Дара» (и, по всей вероятности, еще не написав ни строчки из остальных), он принялся за другой роман, «Приглашение на казнь», «первый вариант которого я в одном вдохновенном порыве написал за две недели» [ССАП 3: 595], как признался он впоследствии. Если в нем и есть отсылки к теории относительности, они в лучшем случае туманны. В отличие от «Дара», в тексте романа нет никаких отчетливых маркеров, которые бы указывали на конкретных ученых или их труды. Зато есть повышенный интерес к геометрии (особенно к треугольникам и кругам), взбесившееся время и явное отклонение от обычных законов природы. Геометрическая тема в сочетании с тем, что геометрия романа слишком часто кажется искаженной, заставляет вспомнить русского математика Н. М. Лобачевского, одного из открывателей неэвклидовой геометрии. Известно, что Набоков постепенно заинтересовался фигурой Лобачевского, работая над главой о Чернышевском: в ней даже цитируются насмешки радикального революционера над великим математиком [ССРП 4: 418][22]. И подобно тому, как обманывают наши ожидания пространственные свойства мира Цинцинната, время в «Приглашении на казнь» тоже хаотично, а порой даже замыкается в кольцо, хотя при этом неуклонно движется вперед, к обещанному финалу. Законы классической физики в этом мире практически не действуют, хотя нельзя сказать, что они «отменены» в пользу теории относительности или квантовой теории (роман выстроен согласно «логике сна», как выразился Набоков по другому поводу [TrM: 504]). Как дань философскому идеализ-

---

[21] Далее используется и развивается материал моей работы [Blackwell 20036].

[22] Интересно, что, как следует из набоковского текста, Чернышевскому неэвклидова геометрия напоминала стихи без глаголов, наподобие тех, что сочинял А. А. Фет, «идиот, каких мало на свете», как отзывается о нем Чернышевский. О сферических свойствах новых геометрий писал также А. В. Васильев [Васильев 1922].

му в романе присутствует мысль, что свойства реальности и ее законы каким-то образом зависят от свойств разумов, мысленно их поддерживающих. Хотя у этого прыжка воображения нет ничего общего со знаменитыми теориями Эйнштейна, его можно рассматривать как логическую импровизацию на тему пределов идеи относительности в ее простейшей форме. Работая над «Даром», Набоков осваивал различные философские и научные идеи, чтобы их развить и опробовать, а «Приглашение на казнь» стало составной частью этого длительного процесса.

Еще до главы о Чернышевском Набоков написал рассказ «Круг», который позже назвал «спутником», вращающимся вокруг «Дара» [Pro et Contra 1997: 100], — персонажи рассказа извлечены из романа[23]. Рассказ был завершен раньше, чем роман, но изображает события, имевшие место *после* романного финала; по структуре он представляет собой замкнутый круг, и, если принять во внимание тот же геометрический прием в «Даре» в целом и в отдельных его главах, тут же становится ясно, что именно круг служит определяющим структурным принципом романа. Этот изначальный посыл будет развиваться — в первой главе «треугольник, вписанный в круг», в четвертой «спираль внутри сонета» — и распространяться дальше, чтобы во «Втором добавлении» («Отцовских бабочках») охватить планеты, сферы, взрывающиеся звезды и атомы, с которыми сравнивается теория видообразования. Судя по прерывистому и беспорядочному зачину, что-то в романе сопротивлялось обычному методу «начать с начала»[24]. Несомненно, это «что-то» включало и желание использовать идеи новой физики как скрытую поддержку антиматериалистического пафоса романа (идеи, наложившиеся *поверх* знаний о мысли и памяти, которые Набоков успел почерпнуть из философии и физиологии).

---

[23] Опубликовано в газете «Последние новости» от 10–11 марта 1934 года. О том, как Набоков ошибочно датировал рассказ, см. [Бойд 2010a: 472–473, 655n57].

[24] Позднее Набоков утверждал, что полностью отказался от сочинения по хронологическому принципу и, пользуясь своими справочными карточками, заполнял «пробелы в картине» в том порядке, который подсказывало ему вдохновение [СС: 28–29].

Игра с теорией относительности в романе начинается с самой первой фразы, где с насмешливой точностью обозначено время действия: «Облачным, но светлым днем, в исходе четвертого часа, первого апреля 192... года» [ССРП 4: 191]. Разумеется, мы становимся жертвами первоапрельского розыгрыша, потому что Набоков прерывает и фразу, и дату пространным отступлением об «оригинальной честности» русских писателей, скрывавших точное время действия своих романов. Сюжет начинается на улице, где супружеская пара наблюдает, как двое грузчиков носят их пожитки из фургона на новую квартиру, случайно оказавшуюся в том же доме, что и новое жилище рассказчика. Переезд или движение в целом по ряду причин служит одной из основных тем романа (эмиграция, полные приключений экспедиции отца в Средней Азии, ссылка Чернышевского в Якутск). Все движется, а если персонажи все-таки сидят на месте, то лишь с одной целью: понаблюдать движение вокруг них или представить себе еще более масштабные отъезды и прибытия.

Теория относительности зашифрована в самом мебельном фургоне: на боку у него надпись Max Lux, синими латинскими буквами, оттененными черным: «...недобросовестная попытка пролезть в следующее по классу измерение» [ССРП 4: 191]. Недозволенное «следующее измерение» на боку фургона — это глубина, но фраза построена так, чтобы напомнить читателю и о существовании четвертого измерения, времени (в соответствии с известными теориями Г. Минковского и А. Эйнштейна). Max Lux отсылает к главному постулату теории относительности: свет (по-латыни *lux*) движется быстрее всего во Вселенной. Если счесть кириллическое прочтение первого слова очередной разновидностью «следующего измерения», то «Макс» можно произнести как «Мах», а это укажет на Э. Маха, уважаемого предшественника Эйнштейна. Набоков дает читателям намек, что те должны «переключиться», перебросить эти слова из одного языка в другой в противоположном направлении: он сообщает нам, что их звучание на немецком (или на латыни) напоминает русское: «Мак-с... Лук-с, ваша светлость» и преображает сцену в сельскую ярмарку: «Что это у тебя, сказочный огородник?

Мак-с. А то? Лук-с, ваша светлость» [ССРП 4: 214] (межъязыковая игра происходит за счет соположения слов «лук-с» (*lux*) — «ваша светлость»). Значение слов зависит от языковых предпочтений читателя, и эта игра в латинско-кириллические совпадения возникает в первой главе романа еще несколько раз: в имени квартирной хозяйки Федора Клары Стобой (имя Клара происходит от латинского *claritas* — «ясность» или «лучезарность» — плюс русское «с тобой») и в особом слове «какао», которое выглядит одинаково и на немецком, и на русском[25].

Супружеская пара, чьи вещи разгружали из фургона, носит фамилию Лоренц — тем самым в текст вводится Х. А. Лоренц, еще один физик, сыгравший важную роль как непосредственный предшественник Эйнштейна. Вентилятор на фургоне имеет форму звезды, что напоминает нам о звездах в целом как гипотетических пунктах назначения, или обитаемых мирах, или небесных объектах, которые излучают (и преломляют) тот самый свет, о котором говорит теория Эйнштейна. Этот звездообразный вентилятор располагается «во лбу» фургона: здесь кажется резонным предположить отсылку к Н. М. Лобачевскому, чья неевклидова геометрия также сыграла решающую роль в открытии относительности. Укатив, фургон оставляет на асфальте радужное бензиновое пятно. Радуга вносит в текст еще больше света, только теперь разложенного на спектр, как свет, который позволяет астрофизикам измерить температуру, состав и расстояние до звезд. А спектр косвенно отсылает нас к самому первому (но такому немодному) естествоиспытателю, открывшему законы рефракции, — И. Ньютону, который теперь, судя по всему, должен сесть в лужу, а не резвиться среди звезд. В этой главе возникает еще несколько образов, привлекающих наше внимание к необычным свойствам света: «из фургона выгружали параллелепипед

---

[25] Надпись на фургоне вызывает еще две ассоциации: с Дж. К. Максвеллом, создателем классической электромагнитной теории, и Максом Планком, доказавшим, что все электромагнитное излучение (то есть видимый и невидимый свет) не непрерывно и состоит из дискретных квантов. Как сказал мне физик и набоковед Дж. Фридман, эти две ассоциации, возможно, самые сильные, по крайней мере для тех, кто работает в области физики.

белого ослепительного неба, зеркальный шкаф» с «человеческим колебанием» в такт шагам и тени от лип, которые «недовоплотившись, растворялись», — это лишь самые яркие примеры [ССРП 4: 194–195].

Способность света преломляться и отражаться продолжает играть важную роль на протяжении всего романа. Ближе к концу Федор и сам превращается в свет, нежась на солнце в Груневальде; вот этот примечательные фрагмент:

> Солнце навалилось. Солнце сплошь лизало меня большим, гладким языком. Я постепенно чувствовал, что становлюсь раскаленно-прозрачным, наливаюсь пламенем и существую, только поскольку существует оно. Как сочинение переводится на экзотическое наречие, я был переведен на солнце. <...> Собственное же мое я... как-то разошлось и растворилось, силой света сначала опрозраченное, затем приобщенное ко всему мрению летнего леса [Там же, 508].

Став светом, Федор сливается с благоуханным, чувственным миром природы вокруг, но затем тревожится, что «так можно раствориться окончательно»: это ироническая отсылка к романтическим или трансценденталистским идеям слияния со Вселенной.

Прозаичные вариации на тему относительности пронизывают всю первую главу романа. Новая комната Федора, расположенная неподалеку от старой, но в доме за углом, заставляет его совершенно по-новому смотреть на знакомое ему место: «...до сих пор эта улица вращалась и скользила, ничем с ним не связанная, а сегодня остановилась вдруг, уже застывая в виде проекции его нового жилища» [Там же 192]. Сама природа локального пространства становится свойством воспринимающего сознания (если оно внимательно); с переходом Федора в новую систему координат движение, ранее присущее этому месту, замирает. Не забыто и время; по сути, вся глава, представляет собой любопытную череду колебаний между прустовско-бергсонианскими моментами чувственного восприятия и вариациями на тему теории относительности. В начале первой главы Федор перечитывает свою книжку стихов: этот пространный эпизод как по форме, так и по содержанию представляет собой отдельную игру со временем. Федор дважды воспроизводит для себя текст книги, в первый раз в уме и как будто со скоростью света: «...он в один миг мысленно пробегал всю книгу, так что в мгновенном тумане ее безумно ускоренной музыки не различить было читательского смысла мелькавших стихов, — знакомые слова проносились, крутясь в стремительной пене...» [Там же: 194]. Позже, вернувшись в комнату, он перечитывает книгу уже подчеркнуто медленно, «как бы в кубе, выхаживая каждый стих, приподнятый и со всех четырех сторон обвеваемый чудным, рыхлым деревенским воздухом...» [Там же: 197]. Течение времени входит во взаимосвязь не только с пространственной системой координат, но и со скоростью мысли; мы переключаемся со «стремительной пены» предельной скорости на протяженное воспроизведение каждого момента, из переживания которого были «извлечены» стихи: он «все, все восстанавливал» [Там же], тем самым заново проживая чистую длительность утраченного времени. После этого Набоков играет с Федором две шутки. Сначала часы героя принимаются «пошаливать», их стрелки то и дело начинают «двигаться против времени» — может ли это быть отражением путешествий в прошлое, которые время от времени совершает Федор? Или его перечитывания со скоростью света? Затем, по пути к Чернышевским, радостно предвкушая, как ему прочитают обещанный отзыв на стихи, Федор пытается «сдерживать шаг до шляния», но на самом деле движется так быстро, что время словно бы замедляется: «попадавшиеся по пути часы... шли еще медленнее», и он «одним махом» настигает свою знакомую, Любовь Марковну [Там же: 217]. Здесь системы координат со строго релятивистской точки зрения довольно сумбурны, но эти повторяющиеся манипуляции с потоком времени в сочетании с вариациями на темы света и пространства порождают поэтическое воплощение эйнштейновской революции.

Время, свет и пространство, которым в романе уделяется повышенное внимание, а также их возможные трансформации, составляют главное поле действия «Дара», на котором, в придачу к вышеперечисленному, орудует также *мысль*[26]. Хотя само по себе сознание не является частью физических теорий Эйнштейна, в романе Набокова просматривается сильнейший интерес к соотношению между физическими явлениями и человеческим разумом с его способностью к восприятию и представлению. Вдохновленный революционным ниспровержением некоторых ньютоновских законов, Набоков рассматривает возможность того, что мысль также способна по-своему, на локальном уровне, вызывать нарушения общепринятых физических законов. Поэтому на сцене и появляется отец Федора, вспоминающий, как он вступил в основание радуги.

С помощью этого же процесса Федор воссоздает и собственное прошлое, а потом путевой журнал отцовских экспедиций, хотя сам он никогда не видел тех экзотических краев. Декорации этих путешествий переносятся на потолок и стены комнаты Федора и обретают полное воплощение в его мыслях (даже более полное, чем тени липовых ветвей на крыше мебельного фургона). Эти навыки находят и практическое приложение: в книге «Жизнь Чернышевского» Федор подробно описывает, как ее герой, насмехавшийся над Лобачевским, был вынужден физически пересечь бо́льшую часть той территории, по которой Федор странствует в воображении, не вставая с кресла. Кроме того, Федор умеет изгибать прямые линии берлинских трамвайных путей, превращая путь в один конец в поездку туда и обратно, — хотя зачастую забывает сделать это, потому что в целом не силен в практических делах[27].

Поэтика романа также как будто проникнута духом субатомной теории и квантовой механики. Об этом полезно помнить, читая о попытках Федора дискредитировать материализм Чер-

---

[26] Весьма важно, что в указанных фрагментах первой главы «Дара» Набоков распространяет понятие соотношения «скорость — время» на мысль, предвосхищая свою более позднюю триаду «пространство — время — мысль» в «Память, говори» [ССАП 5: 573].

[27] Другой случай «неправильного» поведения линий встречаем в главе 5: во время отдыха и купания в Груневальде Федор ловит себя на том, что ищет «бесконечность, где сходится все, все» [ССРП 4: 504].

нышевского: «…так материя у лучших знатоков ее обратилась в бесплотную игру таинственных сил» [ССРП 4: 458][28]. Ведь именно так поначалу выглядел субатомный мир даже для тех, кто его открыл. Копенгагенская интерпретация квантовой механики, разработанная примерно тогда же, когда познакомились Федор и Зина (около 1926 года), вылилась в знаменитый принцип неопределенности В. Гейзенберга, и к 1934 году, когда Набоков приступил к работе над романом, о нем уже было достаточно много написано. Согласно этому принципу, невозможно одновременно определить точное положение и точную скорость субатомных частиц, таких как электрон, из-за чрезвычайно малого размера этих частиц, влекущего за собой определенные математические сложности. Открытие это означало, что в субатомном мире будущие позиции частиц принципиально неопределимы и не поддаются стандартному причинно-следственному анализу. У этого принципа есть параллель и в психологии, в запутанных взаимоотношениях субъекта и объекта: субъект с готовностью накладывает свой частичный отпечаток на любой объект (что, в конце концов, проявляется в мозгу как представление); это и заставляет Константина Годунова-Чердынцева предостерегать: «…надобно остерегаться того… чтобы наш рассудок… не подсказал объяснения, незаметно начинающего влиять на самый ход наблюдения и искажающего его: так на истину ложится тень инструмента» [ССРП 4: 507][29]. Это предупреждение

---

[28] Эта формулировка может также напомнить о «Философии природы» Шеллинга, где любая материя с замечательной дальновидностью рассматривается как «продукт созерцания, образовавшийся посредством столкновения противоположных сил» [Шеллинг 1998: 339].

[29] Эта критика напоминает замечания Гёте о теории света и цвета Ньютона. Точке зрения Набокова (и Константина) очень близки следующие соображения Гёте: «…Только беглый взгляд на предмет мало что дает. Всякое же смотрение переходит в рассматривание, всякое рассматривание — в размышление, всякое размышление — в связывание, и поэтому можно сказать, что при каждом внимательном взгляде, брошенном на мир, мы уже теоретизируем. Но надо научиться теоретизировать сознательно, учитывая свои

очень близко к формулировке Н. Бора 1931 года, а также, как мы убедились в главе 2, к определению научной субъективности, предложенному Гёте[30]. Однако есть разница между замутнением правды в результате субъективной контаминации и непознаваемостью, которую подразумевает принцип неопределенности. Весьма вероятно, что Набоков имел в виду именно эту неопределенность, когда создавал своего непостижимого рассказчика, незримо перемещающегося между повествованиями от первого и от третьего лица; в довершение путаницы Федор, говоря о своем собственном будущем романе, обещает: «...я это все так перетасую, перекручу, смешаю, разжую, отрыгну... что от автобиографии останется только пыль» [ССРП 4: 539–540][31]. Если мы решим, что знаем, кто именно вымышленный автор, то не будем знать его «подлинной» биографии; если же решим, что в романе точно описана жизнь Федора, то вымышленный автор превращается

особенности, свободно и, если воспользоваться смелым выражением, — с иронией: такое умение необходимо для того, чтобы абстрактность, которой мы опасаемся, оказалась бы безвредной» [Гёте 1957: 263]. Напомним, революционная видовая теория Константина возникла именно в результате беспристрастного рассмотрения накопленных эмпирических данных. Как пишет Д. Сеппер, Гёте знал, что «теория Ньютона выражает самую суть фактов и может объяснить их наилучшим возможным образом, но сравнив прочитанное у Ньютона с тем, что он увидел в ходе собственных экспериментов, он сделал вывод, что "факты" выражены тенденциозной теорией, а аргументы неточны, а иногда и ложны» [Sepper 1988: 105].

[30] «Действительно, всякая попытка подробно проследить, как протекает процесс перехода, повлекла бы за собой неконтролируемый обмен энергией между атомом и измерительным прибором, что совершенно нарушило бы тот самый баланс энергии, который мы собирались исследовать» [Бор 1961: 19]. Далее Бор говорит о «невозможности при самонаблюдении резко отличить субъект от объекта», что, по его мнению, дает «необходимую свободу для проявления решимости» [Там же: 38].

[31] Ср. у А. Бергсона: «Эволюция в целом совершается, насколько это возможно, по прямой линии, каждая частная эволюция — процесс круговой. Как облака пыли, поднятые струею ветра, живые существа вращаются вокруг себя, увлекаемые великим дуновением жизни» [Бергсон 2001: 144]. «Пыль» Федора тут же превращается в свет: «...но такая пыль, конечно, из которой делается самое оранжевое небо».

в отвлеченную идею[32]. Независимо от того, служит ли отъезд Щеголевых в Копенгаген легким намеком на работу Бора и Гейзенберга, ближайшее будущее Федора и Зины тоже преисполнено неопределенности: сумеют ли они проникнуть в квартиру? Обнаружат ли они, что оба остались без ключей, заглянут ли в почтовую щель, увидят ли ключи Марианны Николаевны Щеголевой, лежащие на полу звездообразной связкой? Эти намеки на новую физику, хотя и не подкрепленные подробными математическими уравнениями теорий, превосходно вплетаются в набор основных тем «Дара» — могущество мысли, памяти и искусства, волшебное богатство бытия, таинственная сила любви, — так как подчеркивают, насколько удивителен и непознаваем мир на глубочайших и главнейших уровнях. Иллюзия определенности, которую создавала ньютоновская наука, уступает место неопределенности, которую принесли с собой теория относительности и квантовая механика, породив обнадеживающие игры (или игривые надежды), связанные с предположением, что материя и вправду подвластна сознанию, что причинность не безусловна. И все же, даже исподволь разворачивая эти темы в «Даре», Набоков насмехается над теми, кто бездумно перенимает модные теории в упрощенном виде. В уморительно бездарной пьесе,

---

[32] На эту тему см. [Долинин 2019]. В рассказе «Ultima Thule» появляются аргументы, более явно отсылающие к неопределенности, — ясновидящий Фальтер, отказываясь раскрыть, обладают ли люди бессмертной душой, приводит следующую аналогию: «Вы хотите знать, вечно ли господин Синеусов будет пребывать в уюте господина Синеусова или же все вдруг исчезнет? Тут есть две мысли, не правда ли? Перманентное освещение и черная чепуха. Мало того, несмотря на разность метафизической масти, они чрезвычайно друг на друга похожи. При этом они движутся параллельно. Они движутся даже весьма быстро. Да здравствует тотализатор! У-тю-тю, смотрите в бинокль, они у вас бегут наперегонки, и вы очень хотели бы знать, какая прибежит первая к столбу истины, но тем, что вы требуете от меня ответа, "да" или "нет", на любую из них, вы хотите, чтобы я одну на всем бегу поймал за шиворот — а шиворот у бесенят скользкий, — но если бы я для вас одну из них и перехватил, то просто прервал бы состязание, или добежала бы другая, не схваченная мной, в чем не было бы никакого прока ввиду прекращения соперничества» [ССРП 5: 135].

написанной незадачливым Бушем — речь о ней заходит к концу первой главы, — два хора, один из которых представляет собой «волну физика де Бройля» и одновременно «логику истории» [ССРП 4: 252][33]. Пьеса Буша служит предупреждением о том, что между сумбурными аллегориями, построенными на новинках науки, и вдумчивым художественным осмыслением важности новых теорий есть существенная разница.

Торжество разума над материей: «Под знаком незаконнорожденных»

В произведениях, написанных непосредственно после «Дара», мотив новой физики уже не служит центральной темой философских размышлений, но продолжает играть отчетливую, хотя временами незаметную роль. Достаточно громко заявив о себе в рассказе «Ultima Thule», мотив этот сходит на нет в «Волшебнике» и «Истинной жизни Себастьяна Найта»[34], но снова проявляется в романе «Под знаком незаконнорожденных», где автор отчасти возвращается к «проклятому вопросу» о высшей природе бытия, контрастным фоном которому выступает зверская

---

[33] Л. Бройль в 1923 году предположил, что материя имеет волноподобную природу, сродни свету, что привело к развитию теории корпускулярно-волнового дуализма материи.

[34] Об «Ultima Thule» см. прим. ранее. Неопределенность индивидуальности в «Истинной жизни Себастьяна Найта» можно рассматривать как продолжение рассмотрения проблем идентичности, поднятых в квантовой теории. В 1931 году математик Г. Вейль «с некоторым удивлением» [Pesic 2002: 98] написал о двух «квантовых близнецах» Майке и Айке: «Невозможно сохранить определенность каждого из этих объектов так, чтобы об одном из них всегда можно было сказать "Это Майк", а о другом "Это Айк". От электрона даже в принципе нельзя требовать алиби!» [Вейль 1986: 296]. Двусмысленность текста порождает нестабильность, которая, сознательно или нет, имитирует неопределенность субатомного мира. Когда нам нужно сузить круг возможностей до одной, только угол зрения и акт выбора позволяют эффективно установить правила, благодаря которым эта возможность становится единственной.

и звероподобная социалистически-материалистическая диктатура, построенная на безумных анаграммах, — «эквилистский» режим. Главному герою романа, философу Адаму Кругу, отлично известны недавние достижения в области субатомной теории, и в этом смысле «Под знаком незаконнорожденных» (роман был написан в 1942–1946 годах) — первое произведение Набокова, где открыто поднята данная тема. Хотя Круга никогда особенно не интересовали вопросы высшей сущности бытия, эквилистская революция и неуклонное исчезновение друзей заставили его задаться этими вопросами. В часто цитируемом отрывке из четырнадцатой главы романа Круг размышляет о соотношении между теоретической физикой и онтологией:

> Если (как полагает кое-кто из неоматематиков — из тех, кто поумнее) физический мир можно мыслить как образованный исчислимыми группами (клубками напряжений, вечерними роениями электрических искр), плывущими наподобие mouches volantes по затененному фону, лежащему за границами физики, тогда, конечно, смиренное ограничение своих интересов измерением измеримого отдает всепокорнейшей тщетой. Подите вы прочь с вашими линейками и весами! Ибо без ваших правил, в не назначенном состязании, вне бумажной гонки науки босоногая Материя перегоняет Свет. Вообразим далее призматическую камеру или даже тюрьму целиком, где радуги суть лишь октавы эфирных вибраций, где космогонисты со сквозистыми головами все входят и входят один в другого и все проходят сквозь вибрирующую пустоту друг друга, а между тем повсюду вокруг различные системы отсчета пульсируют, сокращаясь по Фицджеральду. Теперь встряхнем как следует телескопоидный калейдоскоп (ибо что такое ваш космос, как не прибор, содержащий кусочки цветного стекла, каковые благодаря расстановке зеркал предстают перед нами во множестве симметрических форм, — если его покрутить, заметьте: если его покрутить) и закинем эту дурацкую штуку подальше [ССАП 1: 341–342][35].

---

[35] Р. Гроссмит предлагает интересное истолкование этих отголосков современной физики в свете воззрений древнегреческих атомистов [Grossmith 1991].

Многое в этом фрагменте напоминает о более отчетливом звучании той же темы в «Даре» — само имя Круга, связанное с темой кругов, перекликается с композиционным приемом «Дара» и его рассказа-спутника: «клубки напряжений», «вечерние роения электрических искр», призматические эффекты. Круг ставит под вопрос ценность философии бытия, основанной на физико-математической теории и ее бесчисленных последствиях: по его мнению, аналогии, которые она вызывает, все равно требуют некоей внешней фигуры, которая крутила бы калейдоскоп. При этом он, безусловно, ценит антикаузальные смыслы мира, где измерение бесполезно, а причинность и другие сугубо материальные явления вторичны и обманчивы.

Круг предпочитает держаться более ясных двусмысленностей идеалистической философии и предлагает, по его мнению, лучшее и единственно возможное определение человеческого бытия, которое ему диктует любовь к сыну:

> ...крохотное существо, созданное каким-то таинственным образом... слияньем двух таинств или, вернее, двух множеств по триллиону таинств в каждом; созданное слияньем, которое одновременно и дело выбора, и дело случая, и дело чистейшего волшебства; созданное упомянутым образом и после отпущенное на волю — накапливать триллионы собственных тайн; проникнутое сознанием — единственной реальностью мира и величайшим его таинством [ССАП 1: 354].

Таким образом Круг в научно-философских объяснениях преодолевает категорию необходимости: он смиренно признает, что конечный источник и суть бытия непознаваемы, и потому любые попытки определить бытие, будь то с помощью эксперимента, математики или попыток дать словесную формулировку, обречены на провал, бесцельны, а возможно, даже вредны.

Главный в романе пример вредоносной философии, как и в большинстве произведений Набокова, это социалистический (диалектический) материализм в сочетании с его искаженным вариантом позитивизма в науке. Социалистическая догма эквилистского режима достаточно точно отражает утопические цели, реально существовавшие, в частности, в Советском Союзе в ранние годы, — цели, которых планировалось достичь путем материального и интеллектуального уравнивания всех членов общества. Когда Круга арестовывают, он надеется на эту позитивистскую уверенность своих поработителей и на их способность действовать соответственно; поэтому он рассуждает так: «Они не причинят ребенку вреда. Напротив, ведь это их ценнейший залог. Не будем выдумывать лишнего, будем держаться чистого разума» [Там же: 368]. «Чистый разум» (не кантовский ли?) и есть воплощенная логика режима Падука, где строгие причинно-следственные связи влекут за собой детерминистские результаты. Однако такая логика и доводы бесполезны в мире, где личность заключает в себе «триллионы таинств» и, следовательно, все прогнозы поступков человека и их последствий, даже основанных на беспримесном эгоизме (такие, как у Маркса и Чернышевского), обречены в решающий момент потерпеть крах.

Отвлекаясь от основного действия романа и открытых отсылок к таинственному субстрату физического бытия, мы находим некоторые тонкие подтверждения в совершенно неожиданной сфере: в высокоумных рассуждениях о «Гамлете». В главе 7 читатель наталкивается на насыщенное, мудреное и удивительно пространное исследование авторства, переводов, толкований и постановок «Гамлета». В этой главе, по словам Б. Бойда, персонажи «повторяют... всю историю извращенных интерпретаций пьесы» [Бойд 2010б: 122][36]. Бойд напоминает нам, что «Гамлет» демонстрирует высшее проявление шекспировского гения и потому служит ярчайшим опровержением эквилистской доктрины универсальной посредственности. Но этим значение вставного эпизода не ограничивается. Роль пьесы в романе «Под знаком незаконнорожденных» несет еще один смысл, также связанный с «последними» вопросами. В этом нюансе нет ничего удивительного — ведь именно в «Гамлете» содержится самый знаменитый

---

[36] С. Э. Суини дает обзор первых критических отзывов на эту главу и предполагает, что свою роль в ее написании сыграла дружба Набокова с Э. Уилсоном, завязавшаяся в 1940-е годы [Sweeney 1994].

шекспировский монолог «Быть или не быть»[37]. В западной культуре, включая русскую, «Гамлет» играет ключевую роль в рассуждениях о смысле бытия, пусть даже пьеса и не дает однозначных ответов.

Судя по тому, как использовал шекспировский материал сам Набоков, он почти наверняка успел прочитать «Новые пути в науке» А. Эддингтона сразу после выхода этой книги в 1935 году, а также намеренно вплел в роман криптографическое сравнение Эддингтона, о котором уже шла речь в начале этой главы. Седьмая глава романа открывается подробным описанием трех гравюр, в которых воплощена гипотеза о Бэконе как авторе пьес Шекспира, включая и криптограммы.

> ...Заметьте также подпись: «Ink, a Drug». Чей-то досужий карандаш (Эмбер весьма ценил эту ученую шутку) занумеровал буквы так, что получилось «Grudinka», — это означает «бекон» в некоторых славянских языках.
> Номер второй показывает того же увальня (теперь приодетого джентльменом), стягивающего с головы самого джентльмена (он теперь сидит за столом и пишет) некое подобие шапки. Понизу той же рукой написано: «Ham-let, или Homelette au Lard».
> Наконец, на номере третьем — дорога, пеший путник (в украденной шапке) и указатель «В Хай-Уиком» [ССАП 1: 289].

Обычное исследование — толкование или комментирование — все же не сводится к поиску криптограмм; как утверждает Эддингтон, сама пьеса существует как нечто трансцендентное и содержит скрытые истины, которые, возможно, непередаваемы, но исследование стремится по меньшей мере установить, какие подходы лучше всего помогут увидеть хотя бы проблеск этих истин. Разумеется, некоторые попытки удаются лучше других, и в главе 7 мы видим комическое чередование фривольных или своекорыстных интерпретаций с серьезной, страстной и честной

---

[37] В трагикомическом эквилистском переводе Эмбера, приятеля Круга, монолог начинается так: «Ubit’ il’ ne ubit’? Vot est’ oprosen» [ССАП 1: 301].

умственной работой, которую проделывает Эмбер. Первая приведенная в главе интерпретация принадлежит некоему «профессору Хамму»: согласно ей, пьеса на самом деле вообще не о Гамлете, а о том, как возвращает себе датский трон династия Фортинбрасов: «Втихую переносить ударение со здоровой, сильной, ясно очерченной нордической темы на хамелеонистические настроения импотентного Датчанина означало бы, в условиях современной сцены, наносить оскорбление детерминизму и здравому смыслу» [ССАП 1: 291–292].

Обратим внимание на «детерминизм»: это как раз одна из тех характеристик реальности, от которых Эддингтон призывает нас отказаться [Eddington 1935: 72–91]. Далее Круг заключает, что тщательный, любовно выполненный перевод Эмбера похож на «машину огромной сложности, которая смогла бы... отбрасывать тень, в точности схожую с тенью» оригинала. Размышляя о рабском пути переводчика, Круг спрашивает себя: «Восполняются ли эти самоубийственные ограничение и подчиненность чудесами приспособительной техники... или в конечном итоге все это — лишь преувеличенное и одушевленное подобие пишущей машинки Падука?» [ССАП 1: 302–303][38]. Переводить или не переводить, вот в чем вопрос. Как отмечает Круг, ему и самому легче находить изъяны в чужих формулировках, чем создавать собственное ясное и емкое учение. Критиковать и подвергать сомнениям легче, чем создавать. Тем не менее магия пьесы захватывает бытие Круга даже без помощи Эмбера или других комментаторов, и это именно та идея, которую подчеркивал Эддингтон.

В «Под знаком незаконнорожденных», как и в «Приглашении на казнь» и в «Даре», Набоков выступает против совершенно конкретной философской системы. В этом смысле все вкрапления, касающиеся последних достижений физики, подчиняются определенной логике: ведь они должны по меньшей мере подрывать определенность, стоящую за материалистическим позити-

---

[38] Эта машина могла в совершенстве имитировать почерк любого человека, тем самым делая всех «равными» в каллиграфическом отношении.

визмом, и открывать другие возможные объяснения реальности, даже идеалистические[39]. В поздних произведениях Набоков больше никогда не критиковал материализм так прямолинейно, хотя нередко бросал ему вызовы исподтишка. Тем не менее его отсылки к новаторским физическим теориям продолжают множиться, пересекаясь с главными темами того или иного произведения самым причудливым образом.

«Пнин»: борьба с материальным миром

Роман «Пнин» — «антифрейдистская история», и кажется крайне маловероятным, чтобы в нем содержался подтекст, связанный с физикой. Трогательная, обаятельная история несуразного, хотя и блистательно умного русского профессора-эмигранта, который дорожит своей частной жизнью и недолюбливает рассказчика, — казалось бы, что может быть дальше от трудов Эйнштейна или Планка? Однако при более тщательном рассмотрении в тексте обнаруживается несколько значимых отсылок, начиная с самой теории относительности. Примерно так же, как в «Даре», в первой главе «Пнина» мы читаем преувеличенно пространное рассуждение о времени прибытия поездов, о времени пребывания в поездах и о разной длительности одних и тех же поездок. Отправившись читать лекцию в Кремонский колледж и взяв с собой «тяжелый как камень портфель»[40], Пнин по ошибке садится не в тот поезд, который был обозначен в стандартном расписании: «— Я думал, я выиграл двенадцать минут, а теперь я теряю почти два целых часа, — горько вымолвил Пнин» [ССАП

---

[39] Некоторые ученые и философы критиковали А. Эддингтона и Дж. Джинса за то, что они поощряли и даже поддерживали такие метафизические фантазии. Эддингтон отвечает на критику в главах XIII–XIV «Новых путей в науке». В частности, автор отвечает на конкретные критические высказывания, содержащиеся в [Samuel 1933; Joad 1932; Stace 1934; Russell 1931].

[40] Пер. Г. Барабтарло. В оригинале — stone-heavy bag; в переводе С. Ильина значимое сравнение с камнем опущено: «тяжеленный саквояж» [ССАП 3: 20]. — *Примеч. пер.*

3: 19][41]. Похоже, что игра со временем — затея рискованная. О превратностях человеческого времени Пнин знает из Толстого: так, в романе «Анна Каренина» параллельные сюжетные линии очевидным образом расходятся, а ближе к концу романа, к моменту, когда они вновь сходятся, между ними образуется временной зазор почти в год — «лучший пример относительности в литературе» [ССАП 3: 118], как выражается Пнин. Набоков

---

[41] «Камень» — возможный намек на Эйнштейна, чья фамилия по-немецки и означает «камень» (*ein Stein*). По-видимому, подозрительное отношение к Эйнштейну появилось у Набокова уже в период написания «Пнина» (хотя свою роль в его сомнениях могли сыграть и ранние большевистские симпатии физика). В романе также присутствует «междисциплинарный» каламбур: упоминается доктор Розетта Стоун, одна из «наиболее сокрушительных психиатрисс тех дней» (С. 44). Таким образом, идея фрейдистского ключа («Розеттского камня») к переводу (трансляции) бессознательного на язык сознания сочетается с «хитроумными формулами» теории относительности (в изложении теории относительности используется термин «трансляционное движение»). Весьма иронично, что в описании воспитания Виктора родителями-психоаналитиками рассказчик смешивает их фрейдистские представления о детстве с поиском «системы религиозного отсчета» (сугубо релятивистский оборот речи). Возможно, стремление Набокова подорвать теорию относительности обусловлено тем, что он с недоверием относился к абсолютизации ею математики как перспективного языка материалистических объяснений. Ср. в лекции «Искусство литературы и здравый смысл»: «В этом изумительно абсурдном мире души математическим символам нет раздолья. При всей гладкости хода, при всей гибкости, с какой они передразнивают завихрения наших снов и кванты наших соображений, им никогда по-настоящему не выразить то, что их природе предельно чуждо, — поскольку главное наслаждение творческого ума — в той власти, какой наделяется неуместная вроде бы деталь над вроде бы господствующим обобщением. Как только здравый смысл с его счетной машинкой спущен с лестницы, числа уже не досаждают уму. Статистика подбирает полы и в сердцах удаляется. Два и два уже не равняются четырем, потому что равняться четырем они уже не обязаны. Если они так поступали в покинутом нами искусственном мире логики, то лишь по привычке: два и два привыкли равняться четырем совершенно так же, как званые на ужин гости предполагают быть в четном числе. Но я зову числа на веселый пикник, где никто не рассердится, если два и два сложатся в пять или в пять минус замысловатая дробь» [ЛЗЛ: 468–469]. Эти замечания перекликаются с мыслями Набокова о науке, статистике и философии в RML.

в лекциях о романе Толстого объясняет, что у Анны и Вронского часы идут быстрее благодаря глубине и страстности их любви (эмоциональный эквивалент скорости света?), хотя он, судя по всему, снова переворачивает соотношение «скорость — время» в системах отсчета с относительно высокой и относительно низкой скоростью [ЛРЛ: 300–303]. Чем бы это ни было — а в романе Толстого, написанном в доэйнштейновскую эпоху, это, конечно же, просто ошибка в расчетах, — Набоков использует этот поэтизированный вариант «относительности», чтобы подчеркнуть связь между временем и сознанием, обрисовывая пути, которые может открыть физика за пределами сугубо материалистической концепции Вселенной.

Иронический поворот состоит в том, что повествователь в «Пнине», В. В., оказывается материалистом: он во всем предпочитает ньютоновскую определенность и механическую предсказуемость, и это его главное слабое место и главный недостаток как рассказчика истории Пнина. Несоответствие между рассказом повествователя и описываемым миром доводится до крайности, так что к финалу наша вера в объективность рассказчика уже равняется нулю. Рассказчик, по-видимому, хочет воссоздать точную биографию Тимофея Пнина, но он также хочет хорошо рассказать историю, а для него хорошо рассказанная история подчиняется причинности и детерминизму: «Беда происходит всегда. В деяньях рока нет места браку. Лавина, остановившаяся по пути вниз в нескольких футах над съежившейся деревушкой, поступает и неестественно, и неэтично» [ССАП 3: 27][42]. То есть В. В. уверен, что добротной и впечатляющей может быть лишь история определенного типа: та, в которой явные чудеса и счастливые развязки исключаются. Напротив, в мире Пнина причинность сомнительна — этот принцип проиллюстрирован эпизодом, когда Пнин, моя посуду после вечеринки, роняет в раковину

---

[42] Позже зачарованность рассказчика материальностью материи проявляется снова: рассказывая, как отец Пнина удалил угольную пылинку из его глаза, В. В. называет ее «черным атомом» и вопрошает: «Интересно, где она теперь, эта соринка? Сводящий с ума, наводящий уныние факт, — где-то ведь она существует» [ССАП 3: 158].

щипцы для орехов, однако они не разбивают хрустальную чашу под водой и слоем мыльной пены.

Из всего, что есть на свете, внутренняя жизнь человеческой личности меньше всего поддается познанию. Для В. В. важен вопрос о том, как отыскать и передать сведения о Пнине — о его положении и скорости, как выразились бы квантовые физики, — и именно поэтому он тратит больше чернил на описание передвижений Пнина (по Европе и Соединенным Штатам), чем на изложение его мыслей. Рассказчик — а он, как и Набоков, лепидоптеролог — изо всех сил старается дать Пнину научное определение и классифицировать его в пределах определенной логической схемы, но его наблюдения и способ их выражения не позволяют ему это проделать. Эта сложная задача реалистически усугубляется тем, что сам Пнин, может быть, подобно некой воображаемой частице, которую пытается изолировать ученый, знает, что В. В. хочет рассказать его историю, что несколько раз он уже начинал это делать, причем с чудовищными искажениями: он «ужасный выдумщик» [Там же: 165][43]. Подобно наблюдениям ученого, вторжения рассказчика в жизнь Пнина заставляют наблюдаемый объект сменить направление, поэтому, когда В. В. приезжает в Вайнделл, чтобы занять должность начальника Пнина, тот просто уезжает в своем маленьком голубом автомобиле (пытаясь, и не без успеха, предотвратить все прямые, недвусмысленные наблюдения над его положением, скоростью и многим другим: он хочет сохранить свои секреты). Когда В. В. сталкивается с миром Пнина, тот оказывается выброшен, точнее, выбрасывает сам себя, — как частица. Ни рассказчик, ни читатель не знают, где окажется Пнин через несколько минут или несколько часов после завершения романа. (То, что он объявляется в следующем романе

---

[43] Замечание Пнина здесь согласуется не только с психологией субъектности и объектности или с квантовой теорией, но и с рассуждениями Толстого в «Войне и мире» о склонности человека к субъективному восприятию и о том, как сам процесс превращения событий в рассказы заставляет рассказчиков изменять факты для достижения эффекта, жертвовать правдой ради стиля. Потребность в изложении добавляет еще один слой к неизбежному факту субъективности наблюдателя.

Набокова в качестве главы отделения и ревнителя строгой дисциплины, усугубляет иронию неопределенности.) Именно неопределенность окончательного положения Пнина и освобождает его от механистической тирании рассказчика[44].

Сходным образом, примерно так же, как в «Даре» и «Истинной жизни Себастьяна Найта», чем отчетливее мы видим конфликт между интересом рассказчика и его склонностью вставлять в повествование самого себя, тем меньше мы уверены в точности рассказа, пока наконец к финалу романа не осознаем, что не имеем ни малейшего понятия и ни малейшего шанса понять, где кончается «правда» Пнина и начинается вымысел В. В. Конечно, применять такой крайний скептицизм к большинству наших представлений об окружающем мире едва ли разумно, но если уж в игру вступает посредник — независимый наблюдатель и рассказчик — нам следует настороженно и подозрительно отнестись к стремлению этого человека сформировать нашу картину реальности. Лучше уж неопределенность — а для Пнина это грозящая ему безработица, — чем чьи-то предопределенные планы на наш счет.

«Ада»: время, пространство и мысль

Если в «Пнине» теория относительности и квантовая теория служат просто периферийными метафорами, чтобы обозначить тайну сознания, непостижимость отдельной личности, проблемы, связанные с приобретением и передачей знания, — то в романе «Ада» эти научные темы оказываются в творческой сердцевине произведения, где полностью поэтизируются. Этот роман начался с желания Набокова исследовать природу времени посредством литературы, — философский замысел, который

---

[44] Фамилия одного из персонажей, мисс Айзенбор [ССАП 3: 18], звучит очень похоже на контаминацию Эйнштейна, Гейзенберга и Бора. Как отмечают в комментариях С. Ильин и А. Люксембург, эта фамилия (Eisenbohr) по-немецки означает «железное сверло» [Там же: 625].

заставил его познакомиться с историей выработанных человечеством концепций времени. Идея относительности, безусловно, присутствует в «Аде», но ни в коей мере не служит движущей силой романа: именно работая над трактатом Вана, Набоков попытался развернуто изложить критику в адрес темпоральных импликаций теории относительности. Пространство, время, свет, электричество и механика представлены так, что на первый план выводится их *физическая* природа, но при этом границы каждого из явлений до предела растягиваются. В итоге возникает впечатление, будто роман стремится прорваться сквозь все законы физики, отыскав в них слабые стороны и лазейки, — а может быть, просто дать более поэтичное или привлекательное описание реальности, творчески выведенное из положений теоретической физики. Можно было просто написать «научно-фантастический» роман, построенный на воображаемом развитии научных достижений (скажем, сделать «Антитерру» Вселенной, состоящей из антивещества). Вместо этого Набоков исследует мир — каким он мог бы быть, если бы сами законы физики подчинялись разуму и их можно было бы преобразовывать и менять актом художественного творчества, — подобно тому, как некоторые электромагнитные волны преобразуются в мир света, цвета и красоты живописи.

Иными словами, в отношении законов физики, выявленных теорией относительности и квантовой теорией, нас все ближе подводят к мысли: а что, если эти законы условны? Ведь в конечном счете они должны быть обусловлены по меньшей мере существованием Вселенной (так же, как цвет и другие качества обусловлены сознанием)? Что, если эти законы или хотя бы наше восприятие этих законов могли бы быть в корне иными? По сути, именно это представляет себе Ада, когда придумывает свои игры со светом, тенью и временем, — игры, которые подросток Ван в свои четырнадцать лет находит столь скучными:

> Тени листвы [лип] на песке по-разному перемежались глазками живого света. Играющий выбирал глазок — лучший, ярчайший, какой только мог отыскать, — и острым

кончиком палки крепко его обводил, отчего желтоватый кружок, мнилось, взбухал, будто поверхность налитой всклянь золотистой краски. Затем игрок палочкой или пальцами осторожно вычерпывал из кружка землю. Получался земляной кубок, в котором уровень искристого infusion de tilleul [липового чая] волшебным образом понижался, пока не оставалась одна драгоценная капля [ССАП 4: 57].

Вникнем в смысл: свет, мимолетный промельк между тенями листвы, преображается в жидкую «золотую краску». Игра Ады устанавливает совершенно иное соотношение между чувствами и светом: свет теряет свойства бесплотного электромагнитного излучения, приобретает вещественность тела, его можно взвесить, потрогать, разлить, подсчитать. Каково было бы жить в мире, где субстанцию, которая, согласно Эйнштейну, помогает дать определения пространству и времени (благодаря ее скорости), можно остановить и заключить в бокал? Подобная трансформация дает возможность заглянуть в реальность, выходящую даже за пределы, установленные современной физикой.

Вода и свет — две главные стихии романа: они подвергаются впечатляющим трансформациям, полушутливо намекая на центральное положение света в современной физике. А. Скляренко предположил, что в первой главе в зашифрованном виде присутствует радужный спектр и весь роман построен как своего рода радуга — а радуга, конечно же, представляет собой спонтанное, естественное порождение цвета из солнечного света, преломленного в воде [Sklyarenko 2002][45]. Свет и вода на протяжении романа тесно связаны между собой, и наиболее отчетливо — в моменты высочайшего драматического напряжения. Имя Люсетты откровенно напоминает о свете, а имена ее старших родственниц, матери и тетки (Аква и Марина) — сразу и о воде, и о цвете, который рождается от света, падающего на морскую воду. Люсетта находит смерть в океане, и таким образом ее свет поглощает вода.

---

[45] Радуги и другие спектры часто встречаются в произведениях Набокова и обладают высокой смысловой нагрузкой.

Свет и вода заставляют задуматься об «Л-катастрофе» на Антитерре, подсказывая причину ее включения в роман. Речь идет об электричестве и каком-то бедствии, вызванном использованием электричества людьми, — *Lettrocalamity*, как его называет Ван [ССАП 4: 144][46]. На Антитерре использование электричества строжайше запрещено, и его роль исполняет гидравлика. Средства телекоммуникации и другие облегчающие жизнь приспособления работают не за счет электронов, а с помощью молекул воды. Вода, конечно, не справляется со всеми функциями своего предшественника — так, Ван печалится об утрате магнитофонов, — но ясно, что она все же выполняет некоторые задачи, воплощенные в «дорофоне». Люсетта, будучи в романе главным ономастическим источником света, пронизывающим лучами свою водную среду, вызывает в воде разнообразные радужные эффекты. Волны, в которых тонет Люсетта, также напоминают нам о световых волнах и волноподобных свойствах материи, порождая радугу текста. В свою очередь, «Л-катастрофа» говорит о гордыне человечества, эксплуатировавшего природу, не ведая и половины ее тайн: опасно делать утилитарный прибор из того, что мы «никогда не поймем». Сочиняя роман, который, с одной стороны, представляет собой просто семейную хронику, а с другой — источник прекрасных призматических эффектов в «буквальном» смысле[47], Набоков стремится показать таинственную сложность бытия. Следует отметить, что это сложность особая, зависимая от сознания: ведь, как заметили ученые уже во времена Гёте (и как подчер-

---

[46] Набоков, возможно, усматривал внутреннюю связь между электричеством и светом; в стихотворении Джона Шейда «Природа электричества» предполагается, что душа Шекспира могла бы осветить целый город, на что Кинбот в комментарии отмечает: «Кстати, наука утверждает, что Земля не просто развалится на части, но исчезнет, как призрак, если из мира вдруг пропадет Электричество» [ССАП 3: 444]. Р. У. Эмерсону принадлежит на удивление провидческое замечание о магнетизме: «Наука — это "дом, держащийся на магнетизме: вытяните магнит, и дом рухнет и погребет под собой обитателя"» (цит. по: [Walls 2003: 221]). О метафизических смыслах электричества в «Бледном огне» см. [Trousdale 2002/2003]. Б. Бойд в книге о «Бледном огне» [Бойд 2015] также упоминает о месте современной физики в этом романе.

[47] Об этом также см. [Johnson 1985].

кивали другие критики трудов Ньютона), цвет существует исключительно за счет его восприятия и воспроизведения. За пределами этого поля сознания цвета — не более чем пучки электромагнитных волн определенной амплитуды и частоты. Таким образом, цвет (возникающий, когда свет отражается или преломляется, фильтруется или рассеивается, или когда источник испускает волны определенной длины) — свойство, которым определяется преобразование мира излучений (света) в мир сознания[48].

К 1960-м годам Набоков, похоже, решил более пристально и критично рассмотреть теорию относительности с художественной точки зрения. Его возмущают границы, налагаемые скоростью света, а также очевидная зависимость времени от относительной скорости. В заметках, которые Набоков делал, когда, готовясь к работе над «Адой», штудировал философские и научно-популярные труды, он замахивается на сами принципы теории относительности. В частности, работая над «Текстурой времени» (философским трактатом Вана), он боролся с тенденцией Г. Минковского и его последователей соединять время с пространством в рамках четырехмерного множества. Ван — психолог, писатель и философ, обладающий, по-видимому, и математическими способностями: так, мы узнаем, что в десять лет он мог «решить Эйлерову задачу» [ССАП 4: 167][49]. Подобно Набокову, Ван ши-

---

[48] В романе «Смотри на арлекинов!» наглядно показано, как знаменитые эксперименты с одной и двумя щелями, вначале служившие для подтверждения волновой теории света, а затем для исследования волновых свойств материи, могут быть преобразованы в художественный образ: «...всегда сохранялась окаянная щель, некий атом или корпускула тусклого света — искусственного уличного или натурального лунного, — оповещавшего о невыразимой опасности, когда я, задыхаясь, выныривал на поверхность удушающего сна. Вдоль тусклой щели тащились точки поярче с грозно осмысленными интервалами между ними. Эти точки отвечали, возможно, торопливым торканьям моего сердца или оптически соотносились с взмахами мокрых ресниц, но умопостигаемая их подоплека не имела значения» [ССАП 5: 112].

[49] Речь идет о задачах, разработанных Л. Эйлером, плодовитым математиком, при Екатерине II принятым в Российскую академию наук по рекомендации братьев Бернулли. Участники сетевой конференции Nabokv-L обратили внимание на задачи о кенигсбергских мостах и о движении точки под воз-

роко начитан в литературе по естественным наукам и философии времен постэйнштейновского периода, а его биография и интеллект призваны намекнуть, что у него есть необходимые средства, чтобы разобраться в самых сложных аспектах этого вопроса.

Таким образом, можно предположить, что, когда Набоков в 1960-е годы читал о времени и теории относительности, когда он спорил с эйнштейновской концепцией взаимосвязи между временем, пространством и скоростью, выводы, к которым он пришел, были окрашены стремлением смоделировать точку зрения своего персонажа. Набоков утверждал, что «пока не решил», согласен ли он со всеми взглядами Вана («Думаю, что нет» [CC: 173]), но ценил их как рабочие гипотезы, бросающие вызов идеям, уже успевшим стать научной ортодоксией. Бросать такие вызовы — часть призвания художника или философа, стремящегося и дальше расширять пределы человеческого познания.

В этом же вызывающем духе он писал: «Мне не нужны искусственные концепции запятнанного пространством времени, которые можно найти в релятивистской литературе»[50]. В романе эта запись превратилась в слова Вана: «Мы безо всяких сомнений отбрасываем запакощенное, завшивленное пространством время, пространство-время релятивистской литературы» [ССАП 4: 517]. И далее: «То, что многие космогонисты склонны принимать за объективную истину, на деле представляет собой гордо изображающий истину врожденный порок математики» [Там же: 520]. Судя по всему, его главная задача — признать время отдельной реальной сущностью, а не просто мерой изменений в физическом мире. «Можно ненавидеть Пространство и нежно любить Время» [Там же: 519], — пишет Ван. Учитывая его противостояние причинности и сугубо материалистическим философским учениям, это неудивительно. Набоков делает свои выводы «вопреки утвер-

---

действием двух гравитационных центров [Weldon 2003]. Эйлер оказался в центре внимания незадолго до того, как Набоков начал работу над «Адой»: одна из его гипотез о наложении «латинских квадратов» была опровергнута в 1959 году, см. [Osmundsen 1959 1; Bose, Shrikhande 1960].

[50] Это замечание выделено и отчеркнуто на полях карточки («Заметки к "Текстуре времени"», Berg Coll.).

ждению [у Фрейзера, в "Голосах времени"], будто в мире, в котором "не происходит естественных изменений, в результате которых одно состояние Вселенной можно было бы отличить от другого", не было бы "оснований для концепции времени". Это нонсенс. Даже в "таком тихом мире" время существовало бы, в этом-то и беда со временем»[51]. Иными словами, «состояния» Вселенной — здесь понимаемые как сугубо физические состояния, которые можно выявить с помощью различных инструментов — и их изменения существуют *во* времени или *наряду* с ним, но не образуют время процессом своих изменений. Какой бы ни была концепция времени, выводимая из механических перемен, она в лучшем случае будет крайне ограниченной и узкой, считает Набоков. Комментируя излагаемую Дж. Уитроу теорию о «хрононе», гипотетической неделимой базовой единице времени, и протоне как его источнике, Набоков в скобках отмечает, что «"протоны" и "хрононы", возможно, содержат такое же множество миров материи и времени, как атомов во Вселенной»[52]. Этот аргумент выда-

---

[51] Карточка «Время 5» в «Заметках к "Текстуре времени"» из «Заметок на разные темы» (Berg Coll.). Имеется в виду отсылка к статье Р. Шлегеля «Время и термодинамика» в [Fraser 1966: 501]. Далее на карточке значится: «Время не единственная перемена, и осознание перемены не есть осознание времени».

[52] Карточка «Спирали 3», «Заметки к "Текстуре времени"» (Berg Coll.). Эта карточка особенно содержательна и заслуживает подробного ознакомления: «Спиральные туманности. [Действительно ли это миры, похожие — из-за искажения "времени" — на спирали]». На обороте карточки: «Атом — это открытая рабочая структура, состоящая в основном из пустого пространства, с небольшим центральным ядром и планетоподобным электроном, вращающимся вокруг него по орбитам. Но у электронов есть и другой аспект, свойственный не материальной частице, а волне. Двойственный и взаимно противоречивый характер. Мы не знаем, что на самом деле представляет собой электрон (С. 160). Современный физик изобретает символы для сопоставления наблюдений и предсказаний фактов, но отрекается от стремления узнать, какой тип объекта первоначально вызвал эти объяснения». Текст, на который ссылается Набоков, — книга Дж. Уитроу «Естественная философия времени» [Уитроу 1964: 146]. Дж. Дж. Уитроу (1912–2000) — английский ученый-космолог, астрофизик, историк науки и математик, преподавал в Лондонском Империал-колледже. Следует отметить в вышеприведенной цитате возобновление интереса к корпускулярно-волновому дуализму.

ет близость к предшественникам-романтикам и перекликается с собственными набоковскими юношескими рассуждениями о Вселенной. В нем звучит желание всегда заходить в исследовании дальше данного уровня реальности — доходить до ее субстрата или скрытых компонентов, идти вперед, возможно, в регрессивную бесконечность. Трактат Вана демонстрирует философски обоснованный отказ принимать сугубо материальную базу бытия или времени. Как мы уже успели убедиться, Набоков настаивает, что само сознание, возможно, теснее связано с «чистым» и «конечным» временем, чем пространство или пространство-время, — и именно поэтому он отвергает идею, согласно которой путешествие в пространстве со сверхсветовой скоростью может оказать самостоятельное воздействие на ощущение личного времени.

Уверенность Набокова в том, что время не зависит от вычислений пространственно-механических перемен, продиктована его ощущением, что Вселенная, возможно, сложнее и таинственнее, чем способны вообразить люди-математики: какие бы истины или даже нелепости ни порождались подобными подсчетами, они все равно представляют лишь частичную, ограниченную структуру, для которой возможно представить внешнюю, направляющую или генерирующую систему. Эта интуитивная догадка о том, что математика — ограниченная, замкнутая, но неполная система, сближает мысль Набокова с «теоремой о неполноте» К. Геделя, популярное изложение которой Набоков мог прочитать уже в 1958 году. В общих чертах теорема гласит, что все достаточно сложные математические системы должны содержать утверждения, истинность или ложность которых доказать невозможно, — и, следовательно, они не являются полными[53]. В одной из

---

[53] Первое популяризаторское издание — [Nagel, Newma 1958]. Теоремы Геделя, впервые опубликованные в 1931 году, показали невыполнимость плана Д. Гильберта обосновать всю математику с помощью полного и непротиворечивого набора аксиом, особенно в том виде, в каком они предстают в труде Б. Рассела и А. Уайтхеда «Principia Mathematica». Набоков в 1930-е годы вряд ли слышал о теоремах Геделя, но высказывал собственные, схожие по духу, мысли: «...математика, предупреждаю вас, лишь вечная чехарда через собственные плечи при собственном своем размножении» [ССРП 5: 129], объясняет провидец Фальтер Синеусову в рассказе «Ultima Thule» (1939).

заметок, вспоминая также и принцип неопределенности Гейзенберга, Набоков записал: «Действительно, имеется глубокая связь между реальностью времени и существованием невычислимого элемента во вселенной. Элемент непредсказуемости и не поддающейся вычислению случайности во вселенной»[54]. Будучи уверенным, что время и сознание не полностью подчиняются математическим законам пространства и материи, Набоков предполагает, что то и другое — знаки просветов, сквозь которые можно смутно и мимолетно уловить «запределье», «потусторонность» — непостижимую случайность системы.

Этот образ мыслей подкреплялся и чтением Дж. У. Данна, которого Набоков как раз изучал, работая над «Адой». Он с одобрением отметил следующее высказывание из «Серийного мироздания» Данна:

> В классической науке присутствует, используется и признается... представление, что любой наблюдатель потенциально осуществляет внешнее вмешательство во вселенную, в остальном «детерминированную»... Детерминистский жупел — этот предполагаемый отпрыск классической науки — никогда даже не был зачат, и свидетельство о рождении, подписанное материалистом, было фальшивкой[55].

Довольно путаная аргументация Данна основывается на регрессивном представлении о том, что все вмешивающееся наблюдение (а любое наблюдение по сути своей — вмешательство) заключено во временны́е рамки, которые превосходят те, которые наблюдаются и испытывают вмешательство. Эти убывающие темпоральные наблюдательные позиции порождают убывающую перспективу, внутри которой каждый уровень содержит соб-

---

[54] Карточка 39 «Уитроу» (цит. по: [Уитроу 1964: 378]).

[55] Карточка «Время 8», касающаяся книги Данна «Серийное мироздание» [Dunne 1938: 71]. М. Гришакова подробно останавливается на этом аргументе и его связи с концепцией Данна о «последнем наблюдателе» применительно к романам «Под знаком незаконнорожденных», «Истинная жизнь Себастьяна Найта», «Прозрачные вещи» и рассказа «Ultima Thule» [Grishakova 2006: 261–272].

ственный набор отчетливых «объектов наблюдения», не менее реальных, чем тот, который мы считаем эмпирической действительностью, но находящихся за пределами нашей осознанной осведомленности. Именно эти идеи очень отчетливо просматриваются в «Прозрачных вещах», где рассказчик с коллегами, стоящие на более высоком метафизическом уровне, видят физические объекты в их полной темпоральной протяженности, от настоящего до далекого прошлого, как молекулы в дисперсной системе (но не слишком далеко заглядывают в будущее): им открываются последовательности отчасти причинного характера, на которые они сами, будучи потусторонними, способны повлиять лишь очень незначительно. Похожую регрессию до более широкого темпорального ракурса, с которого можно распознать особый уровень смысла, невидимый в обычном хронологическом потоке событий, можно также обнаружить в «Истинной жизни Себастьяна Найта», например, в образе идентичного узора, создаваемого двумя внешне несхожими и даже контрастными стилями игры в теннис двух братьев[56].

В детстве Набоков был математическим вундеркиндом, но утратил это дарование, после того как в семь лет перенес тяжелейшую пневмонию [ССРП 5: 159; Бойд 2010a: 88]. Серию выписок, касающихся теории относительности, он начинает с того, что сомневается в способности математиков выразить глубочайшие истины вселенной и ее сущности. В заметке, предвосхищающей его высказывание о «хитроумных формулах» Эйнштейна, Набоков пишет: «Математическая вселенная Эйнштейна и др. — это нереальный мир, путаница символов, мешанина формул»[57]. На

---

[56] Этой аналогией В. показывает неуловимое сходством между собой и сводным братом: «Однажды я наблюдал, как играли друг против друга два брата, оба теннисные чемпионы: один был значительно сильнее другого, и удары у них были совершенно разные, но общий ритм движений обоих порхавших по корту игроков оставался одним и тем же, и будь возможно записать оба варианта игры, на свет явились бы два одинаковых рисунка» [ИЖСН: 53].

[57] Карточки «Относительность 1 и 2», «Заметки к "Текстуре времени"» (Berg Coll.). Следует подчеркнуть, что даже в таких заметках никогда не знаешь, выражает ли Набоков свою мысль или мысль одного из своих персонажей.

другой карточке он, похоже, критикует Уитроу за признание физических последствий теории относительности; релятивист «открыл не объективную истину, но присущий математике изъян, выступающий в качестве истины... Пример умозрительных чудовищ, порожденных скрещиванием равенства "свет = сигналам" с "путешествующими часами" посредством математических формул [и не вручную, как утверждаю я]»[58]. Этот «присущий математике изъян» снова, намеренно или случайно, перекликается с теоремой Геделя. На протяжении нескольких нумерованных карточек, помеченных как «Относительность» и «Одновременные события», Набоков излагает аргументы против «путешествий во времени», подразумеваемых теорией относительности, и в пользу идеи одновременности, которую относительность успешно аннулировала на более широком уровне космологии[59]. «Мир-как-мы-его-наблюдаем в данный момент индивидуального времени нельзя отождествлять с миром-как-таковым в конкретный момент вселенского времени. [Но можно было бы, если бы наблюдатель мог находиться одновременно везде]»[60]. Эти соображения зиждутся на концепции наблюдателя, который превосходит физические возможности, доступные внутри системы — то есть известной нам эмпирической вселенной с ее физическими законами. Чтобы проиллюстрировать эту идею, Набоков на другой карточке описывает гигантскую руку, которая прикасается к двум отдаленным точкам во вселенной и одновременно передает ин-

---

[58] Карточка «Относительность 8: Уитроу. С. 222» («Заметки к "Текстуре времени"», Berg Coll.). «Путешествующие часы» упоминаются в английском переводе романа «Король, дама, валет» (см. прим. 6 к этой главе).

[59] Это происходит потому, что, если три наблюдателя движутся с высокой скоростью относительно друг друга, события, происходящие в двух из движущихся локаций, могут показаться одновременными одному из трех наблюдателей, но будут казаться последовательными двум другим (и для этих двух последовательности могут иметь иной, даже обратный порядок). Это верно независимо от расстояния между объектами, поэтому расстояние, которое должен пройти свет, здесь не имеет значения.

[60] Карточка «Относительность 6: Уитроу. С. 179» («Заметки к "Текстуре времени"», Berg Coll.).

формацию о каждой из них обладателю рук. Ван в «Аде» отмечает затруднительность подобной аргументации:

> ...релятивисты, обремененные их «световыми сигналами» и «путешествующими часами», пытаются истребить идею одновременности на космической шкале, однако представим ладонь великана, большой палец которой лежит на одной звезде, а мизинец на другой, — не касается ли он обеих одновременно — или осязательные совпадения морочат нас еще сильнее, чем зрительные? [ССАП 4: 520–521][61].

Физики отвергают такие аргументы, потому что они никак не связаны с тем, что мы можем в реальности наблюдать или познать, — а также потому, что нервные сигналы подчиняются ограничениям скорости. К тому же эта титаническая рука была бы такой массивной — размером с неведомое количество звезд, — что ее гравитационное воздействие на все предметы в ее исполинском окружении было бы мощнейшим, а то и разрушительным, — если, конечно, не имеется в виду *нематериальная* рука, не подлежащая научному наблюдению и изучению. Как бы то ни было, желание Набокова использовать эти явные парадоксы демонстрирует его твердую уверенность в случайном и подчиненном характере того, что он называл Видимой Природой с ее уже открытыми законами.

Возможно, Набоков сражался с этими релятивистскими эффектами из желания с полным правом говорить о времени как о самодостаточном явлении с внутренней логикой, доступной человеческому сознанию, и при этом лежащем за пределами детерминистской причинности. Судя по всему, он тревожился, что пространство-время Минковского может уничтожить время как одну из граней тайны Вселенной. В конечном итоге Набоков приходит к выраженной устами Вана мысли, что лучшая стратегия — ограничиться временем как переживаемым, хотя труды по теории относительности, равно как и личные склонности, то

---

[61] Ср. карточку «Одновременные события», 7 («Заметки к "Текстуре времени"», Berg Coll.).

и дело тянули его к далеким звездам. Последнюю карточку он начинает словами: «Далекие объекты в космосе за пределами Галактики», — но тут же перебивает себя: «...[но я интересуюсь только локальным временем]»[62], словно открещиваясь от вновь и вновь возникающего искушения. Ведь если он сумеет ограничиться рассуждениями о времени как локально переживаемом, то ему, по крайней мере, не потребуется сражаться с физиками и математиками до победного конца[63].

Мир, изображенный в «Аде», не вполне похож на наш: действие разворачивается на некой Антитерре, планете, чья история похожа на земную, но с существенными отличиями в исторических деталях, географии и хронологии. Эти искажения интерпретировались по-разному, но, подозреваю, лучший подход, подсказываемый самим романом, — предположить, что это некий антимир, который каким-то тайным образом связан с парным ему миром Терры[64]. Роман предполагает, что из каждого описывае-

---

[62] «Относительность 6». Карточка «Уитроу, 29»; см. также: «Одновременные события», карточка «Уитроу, 28. С. 176 [тема моей работы], индивидуальное время разумного наблюдателя» («Заметки к "Текстуре времени"», Berg Coll.).

[63] Сомнения Набокова в долговечности новых открытий можно увидеть в следующем отрывке из его заметок: «Красные смещения в спектрах отдаленных галактик понимаются как признак того, что Вселенная расширяется — точно так же, как перемещение Солнца в небе для наших предков неоспоримо доказывало, что вокруг нашей планеты ездит Феб. Галактики благополучно разбегаются с головокружительной скоростью уже около тридцати лет; мы задаемся вопросом, чья новая догадка или устройство завтра их остановит и со дня на день вернет на место, без сомнения, уменьшенными с помощью следующего шарлатана» («Одновременные события», 4. «Заметки к "Текстуре времени"», Berg Coll.).

Похоже, что Набоков не понимал или не хотел понимать проблему невозможности прямого восприятия двух очень отдаленных объектов в одном поле восприятия (одним наблюдателем), что делает понятие одновременности бессмысленным; кроме того, он, похоже, не сознавал, что они могут двигаться с предельной скоростью относительно друг друга, так что одновременность, которая с некой произвольной точки зрения может рассматриваться как реальное явление, связана со скоростью наблюдателя.

[64] Антиматерия была открыта в 1932 году, и ученые выдвинули предположение о существовании целых галактик, состоящих из антивещества, еще до того, как Набоков начал писать этот роман (см., например, [Sullivan 1959: 78]).

мого «антимира» можно как-то проникнуть в противоположный посредством сознания; подобные контакты, которые служат как объектом исследований Вана-психиатра, так и предметом культа «верующих» в Антитерру, склонны проявляться в разнообразных психических отклонениях. Различия — с нашей точки зрения, искажения — прекрасно объясняются тем, что Набоков отвергал детерминизм в чистом виде, поэтому даже если два мира связаны неясными психофизическими каналами, каждый из них все равно свободен и независим от другого, пусть и в рамках определенного набора ограничений[65]. Таким образом Антитерра, возможно, воплощает, по представлениям Набокова, макроскопические последствия субатомной неопределенности в зеркальных сдвоенных мирах.

Едва ли Набокову была известна многомировая интерпретация квантовой механики: впервые она была выдвинута в малоизвестной работе 1957 года, но популярной стала лишь в конце 1960-х — 1970-х годах. Более вероятно, что он почерпнул идею Антитерры из романа Г. Х. Уэллса «Люди как боги» (1923), в котором люди путешествуют между Землей и параллельным ей миром, Утопией; или из книги фантаста М. Лейнстера «Когда время сошло

Более того, Набокову было известно о зеркальном удвоении молекул и возможности существования зеркальных миров из книги М. Гарднера «Этот правый левый мир»; собственную пародию на цитату из Гарднера в «Бледном огне» он иронически цитирует в «Аде» [ССАП 4: 519]. О «гарднеровском следе» в «Аде» см. [Hayles 1985: 111–137].

[65] На тему «свобода vs. детерминизм» Набоков сделал следующее замечание: «Эддингтон А. С. Пространство, время и тяготение, 1921, 51. "Деление событий на прошедшие и будущие (это свойство расположения во времени не имеет себе аналогичного в расположении в пространстве) тесно связано с нашими идеями о причинности и свободы воли. С точки зрения полного детерминизма П.[рошедшее] и Б.[удущее] как бы нанесены на карту... Наше знание о вещах, находящихся там, где нас нет, и происходящих тогда, когда нас нет, это по существу одно и то же... Таким образом, если события предопределены, ничто не может мне помешать знать о событии раньше, чем оно произошло". [это чушь] [сама идея такой "карты" и "знания" опровергает детерминизм]». (Карточка «Детерминизм». «Заметки к "Текстуре времени"», Berg Coll.). (Цитата из А. Эддингтона приводится по [Эддингтон 1923: 52]. — *Примеч. ред.*)

с ума»[66]. К тому же в воображении он делал собственные выводы из новых открытий, которые на глазах у него делала теоретическая физика. Поразительно, что Ван по воле автора размышляет о параллельном существовании альтернативных реальностей и о развилках — возможных вариантах развития событий в жизни. Эта нестабильность причинных траекторий в романе «Ада» — повторяющаяся черта, и иногда метаморфоза реальности из одной в другую происходит прямо у нас на глазах. Например, после того как отец запрещает брату и сестре продолжать их связь, Ван пытается застрелиться:

> ...надавил на удобно изогнутый курок. И ничего не случилось — или, быть может, случилось все, и судьба его в этот миг попросту разветвилась, что она, вероятно, делает время от времени по ночам, особенно когда мы лежим в чужой постели, испытывая величайшее счастье или величайшую безутешность, от которых умираем во сне, но продолжаем ежедневное существование без мало-мальски заметного перебоя подложной последовательности — на следующее, старательно заготовленное утро, к коему деликатно, но крепко приделано подставное прошлое. Как бы там ни было, то, что Ван держал теперь в правой руке, было уже не пистолетом, а карманным гребнем, которым он приглаживал волосы на висках [ССАП 4: 431][67].

Этот фрагмент, полностью сосредоточенный на пересечении между границами сознания и альтернативными возможностями

---

[66] Об «Аде» как части традиции «альтернативной истории» в литературе см. [Chapman, Yoke 2003; Collins 1990; Gevers 1997; Hellekson 2001; McKnight, Jr. 1994].

[67] Здесь по меньшей мере во второй раз Набоков изображает самоубийство, которое могло произойти, но было либо предотвращено, либо вытеснено альтернативной реальностью (первый случай — в «Соглядатае» [1931]). Этот отрывок также напоминает строку из «Бледного огня» (1962): «Тут время начало двоиться» [ССАП 3: 323] — строка, соответствующая удавшемуся самоубийству Хэйзель. Возможно, имеет значение то, что рассказ Х. Л. Борхеса «Сад расходящихся тропок» появился на английском языке в 1948 году, а в марте 1963 года Набоков в интервью Э. Тоффлеру назвал Борхеса одним из своих любимых современных писателей [СС: 59].

будущего, снова изображает сознание как краеугольный камень развития реальности. Эта модель «развилки» ближе к многомировой интерпретации квантовой теории, чем к скачкам между мирами и измерениями в романах Уэллса и Лейнстера. Художественное чутье Набокова привело его к размышлению над идеями, весьма сходными с соображениями современных физиков, и примечательным образом показало, как много общего между художественным и научным исследованием.

«Ада» представляет собой художественную кульминацию набоковского интереса к физике, но романы, которых я здесь не затронул, пусть в них не наблюдается такой же открытой игры с идеями, почерпнутыми из физики, тоже содержат завуалированные вариации на темы, открыто развиваемые в других произведениях. Роман «Истинная жизнь Себастьяна Найта» (1938) с его сыщиком-исследователем В., собирающим сведения о жизни брата, развивает идею сомнительного наблюдателя, чье сознание влияет на объект наблюдения и в то же время поддается его влиянию, оставляя читателя в состоянии полной неопределенности относительно того, где пролегают «истинные» границы романного мира. В. также упоминает о писательской манере, которой пользуется Себастьян в романе «Сомнительный асфодель», где целый набор мотивов взаимодействует и передает тайный смысл книги «через последовательность волн» [ИЖСН: 202] — эта фраза эхом аукнется в 1940 году в набоковской лекции о Чехове и в рассказе «Ultima Thule». Роман «Бледный огонь» (1962), где фигурируют потусторонние послания, которые передаются в земной мир в виде пятнышек света, тоже построен так, что читатель оказывается брошенным в самую гущу многочисленных загадок и их решений и пребывает в состоянии полной неопределенности относительно «истинного» поля действия романа. Эта неопределенность или намеки на возможные или явные изъяны в описаниях, которые нам предъявляют разные рассказчики, становятся одним из самых частых и варьируемых структурных мотивов в произведениях Набокова после 1934 года. Тот же импульс побудил его написать «Смотри на арлекинов!», роман, который играет с метафизическими смыслами праволевой симметрии на молекулярном уровне — о ней Набоков узнал из книги М. Гарднера «Этот правый левый мир» и других книг по физике, прочитанных им в 1960-е в ходе работы над «Адой».

Я уже говорил о том, что в каждом романе, начиная с «Приглашения на казнь» — то есть в сумме в десяти романах, — Набоков в большей или меньшей степени, но непременно использовал идеи из арсенала достижений современной ему теоретической физики. Исключением может показаться «Лолита», но и в ней задействованы многие из тех же неопределенностей, которые мы видим в «Даре», «Истинной жизни Себастьяна Найта», «Пнине» и «Бледном огне». Эти переплетения с современной физикой зачастую дополняют философские аспекты произведений Набокова, напоминая нам о том, что все ведущие физики начала XX века и сами стали философами, интерпретирующими собственные теории. Для писателя, чьей главной темой творчества называли то «художника», то «нимфеток», то «изгнание», эта настойчивость поразительна. Она свидетельствует, что, какую бы доминирующую тему Набоков ни ставил в центр очередного произведения, он всегда рассматривал ее внутри целого ряда расширяющихся контекстов, включая поиск тайных шифров, позволяющих разгадать криптограммы природы. Особенно характерно то, что его увлечение этими теоретическими идеями, по сути своей, игра, вызов и даже дерзость. Ибо, хотя теория относительности и квантовая теория перевернули для человечества картину вселенной, Набоков определенно считал их всего лишь признаками неполноты и изменчивости знания. Таковы и созданные им миры — миры, что заставляют нас вечно искать и вечно разгадывать.

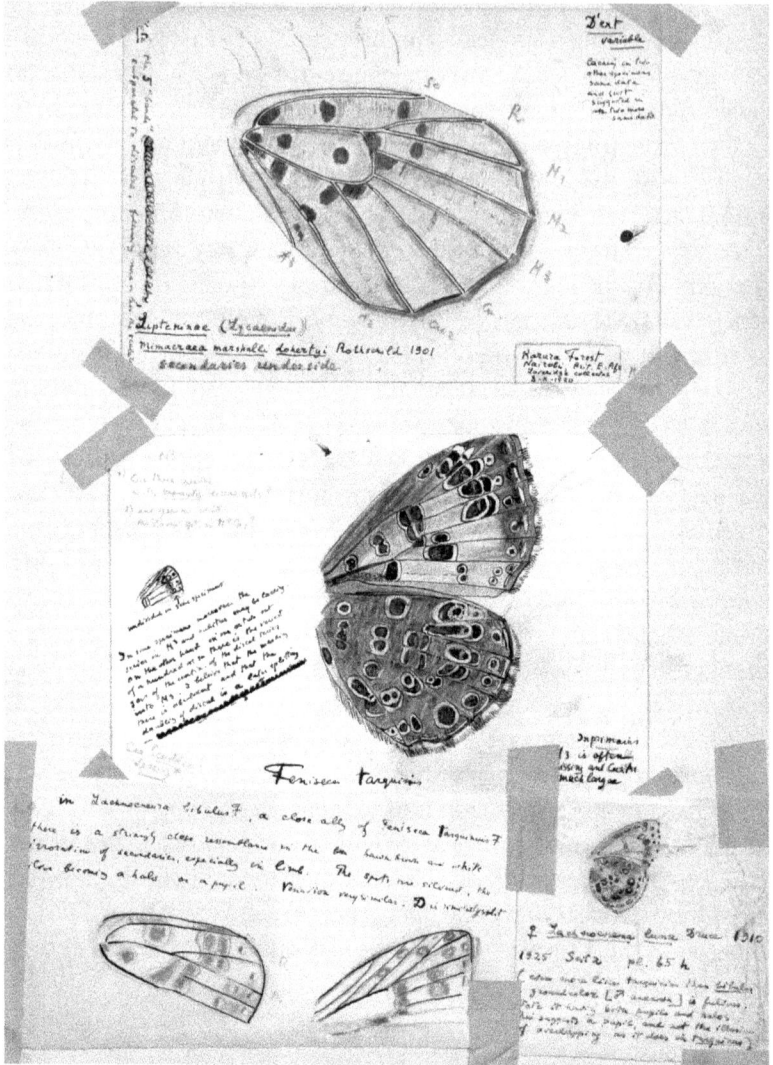

Рис. 7. Схема крыльев. На средней иллюстрации, помеченной
«Feniseca tarquinis», слева есть надпись, свидетельствующая об
интересе Набокова к отсутствующим свойствам в природе. Абзац
начинается со слов: «Кроме того, у некоторых особей может
недоставать M3 и cubitus...», а далее следует рассуждение о том, что
подобное отсутствие может быть признаком эволюции. (Источник:
Архив английской и американской литературы Г. В. и А. А. Бергов,
Нью-Йоркская публичная библиотека: фонды Астор, Ленокс
и Тилден.)

Глава 6
Набоковские зияния

*Разрыв непрерывности в природе,
искусстве и науке*

...стиль его прозы был стилем его мышления, а оно
было головокружительной чередой зияний, которых
не собезьянничать[1].

Истинная жизнь Себастьяна Найта (1941)

Один из афоризмов Набокова, который часто цитируется,
звучит так: «Что бы ни воспринимал наш мозг, он делает это
с помощью творческого воображения» [СС: 186]. Смысл этого
заявления и его обычное истолкование таковы: воображение
играет ключевую роль в определении «реальности» в том виде,
в каком она познается и переживается индивидуумом. Но далее
в этом высказывании слово «воображение» уточняется научным
сравнением: «...этой капли воды на стеклянном скате стакана,
которая придает четкость и рельеф наблюдаемому организму»
[Там же]. Воображение — среда, в которую помещен рассматри-
ваемый предмет, среда, позволяющая его увидеть, придающая
зрению четкость и перспективу. Если среда адекватна, то предмет
можно разглядеть отчетливо. Но вернемся к началу нашей цитаты: «Что бы ни воспринимал наш мозг...». А как быть с тем, чего
мозг не воспринимает? Набоковская, по сути своей, кантианская
точка зрения на то, чего мозг не воспринимает, явствует из утверждения: «Мы никогда не узнаем ни о происхождении жизни, ни

---

[1] [ИЖСН: 55].

о смысле жизни, ни о природе пространства и времени, ни о природе природы, ни о природе мышления» [Там же: 60]. Это свидетельствует об уверенности, что за пределами человеческого сознания в его нынешней форме всегда будет некая неведомая область, и именно в ней — в лакунах познания или за его пределами — навсегда останется скрытой суть главных вопросов бытия. Тем не менее и произведения, и мировоззрение Набокова говорят о другой возможности: отыскивая отклонения, такие как узоры в очертаниях жизни, аномалии в ее эволюции (например, неутилитарная мимикрия), явственные разрывы или сбои в законах физики и, возможно, вкрапления паранормальных явлений, мы сумеем интуитивно угадать присутствие «изнанки ткани», или «дивной подкладки» жизни, — проще говоря, наличие незримого, непознаваемого, более широкого фона, на котором существует мир явлений и с которым он тесно связан[2]. В конечном итоге вопрос звучит так: посильно ли постигнуть, пусть и не напрямую, зияния и прорехи в ткани реальности? Наука обычно уклоняется от собственных слепых пятен; Набоков, напротив, стремился выпячивать их как места, где и нужно искать проблески более глубоких слоев реальности.

Через предыдущие главы красной нитью проходило рассуждение о заметном интересе Набокова к пределам науки с ее опровергаемостью и обратимостью. Во всех трех областях научных исследований, которые я частично затронул на страницах этой книги — в биологии, психологии и физике, — Набоков искал недостающие данные на самых дальних границах возможного познания: он считал, что биология неспособна объяснить некоторые случаи мимикрии и красоты в природе; психология поднимает больше вопросов, чем дает ответов; а физика, похоже, пришла к неправдоподобным представлениям о «времени» и преувеличивает могущество математики. В целом Набоков не скрывает недоверия к математическим и психологическим обобщениям, равно как и презрения к интеллектуальной моде. Поэтому сначала Ньютон и Дарвин, а потом даже Эйнштейн оказы-

---

[2] Ср. эпилог к книге А. Эддингтона «Новые пути в науке» [Eddington 1935].

ваются символами системы знаний, которая служит, с одной стороны, предметом мумификации, упрощения, избыточной категоризации и слепой веры, а с другой — расширяется, опровергается и даже переворачивается с ног на голову. Случай Фрейда немного иной, поскольку его писания (для Набокова) представляют не столько научные исследования, сколько субъективное теоретизирование на основе конкретного свода данных, «археологию» бессознательного, извлеченную из рассказов пациентов, самоанализа, мифов и литературы. В период после Первой мировой войны основная гипотеза Фрейда — то, что неврозы взрослых коренятся в превратностях сексуального созревания ребенка, — не столько проверялась, сколько массово применялась и одновременно приживалась как главная идеология развивавшегося психоаналитического сообщества. Как культурная доминанта и определенная интеллектуальная программа его теория сознания, личности и бессознательного была одинаково уязвима для ловушек более «точных» наук — биологии и физики.

Набоков занимает уникальное место в истории современной научной мысли не только из-за своего двойственного статуса художника и ученого, но и потому, что научная работа внушила ему скептическое отношение к способности науки дать окончательные ответы на вопросы, больше всего занимающие человечество. Дело не в том, что Набоков не верил в ценность научной работы — напротив, он ставил ее очень высоко. Но он всегда помнил: научное знание может легко обратиться в эпистемологическую сверхкатегоричность, обрести политическую повестку и воспрепятствовать интеллектуальной свободе. Есть обманчивая ирония в том, что этот скептицизм соседствует со «строгими суждениями», высказанными в различных интервью и эссе Набокова. Обманчивая потому, что многие из этих «суждений» представляют собой настойчивые предупреждения об опасностях, которые таит в себе определенный тип знаний и заявлений о «реальности». Может быть, Набоков и испытывал некоторый интерес к принципу неопределенности, но это не значит, что он считал, будто все знания в корне неопределенны или зависят от наблюдателя. Скорее и в искусстве, и в науке он проявляет весьма поучительное стремление основывать выводы на тщательно детализированных эмпирических данных, подкрепленных и чувствами, и доступным инструментарием, а также помнить, что любые из этих выводов всегда предварительны и частичны, даже если кажутся неоспоримыми. Научное исследование проверяет гипотезы о природе, и результаты могут считаться верными лишь постольку, поскольку их можно повторить в ходе эксперимента. Объяснение научных данных — это изложение сюжета, основанного на конкретных фактах, установленных экспериментально. Но эти данные всегда неполны (иногда в меньшей, иногда в большей степени), и само существование недостающих данных, предполагаемых, но не подтвержденных явлений — неотъемлемая часть научного понимания мира. Именно это чаще и легче всего игнорируют в обществе, где науку используют в собственных целях то как двигатель прогресса, то как политический трамплин[3]. Наше знание о мире по сути своей неполно и частично; наука расширяет знание, но не отменяет его фундаментальной неполноты. Именно эпистемологический скептицизм в сочетании со страстью к открытию познаваемого характеризует Набокова и как художника, и как ученого.

Ярко выраженная черта интеллектуального кредо Набокова — неизменная нетерпимость к неточности, неряшливости, обобщению и нечестности. В некоторых заметках к «Бабочкам Европы» он пишет: «Единственный из всех известных мне в мире писателей, который постоянно и с превосходной точностью описывает бабочек — это Леон-Поль Фарг. Следует добавить, что глава Аксакова о собирании бабочек с научной точки зрения ниже всякой критики»[4]. Набоков безжалостно критикует измышления и ошибки везде, где только их обнаруживает, от «безнадежно неточной» «Книги бабочек» Холланда [ДПДВ: 176; NMGL: 503] до переводов «Евгения Онегина». Основной посыл его

---

[3] Вспомним разразившийся в 2000-е годы скандал с фальсифицированными данными доктора Э. Полмана в Вермонтском университете [Interlandi 2006; Sox, Rennie 2006].

[4] «Бабочки Европы» (Berg Coll., контейнер 4). Леон-Поль Фарг (1876–1947) — французский поэт и прозаик из круга символистов.

критики в том, что некоторые открытия и утверждения можно делать с определенной долей уверенности, но только если скрупулезно учитывать доступную информацию. Когда лепидоптеролог неверно классифицирует вид или род бабочки в крупном справочнике, считает Набоков, ложные сведения распространяются в профессиональном сообществе, вытесняя верные. Таким образом, притворяться, что обладаешь сведениями, которых на самом деле нет, или предоставлять ошибочную информацию вместо доступной и правильной гораздо хуже, чем прямо признаться в невежестве. Создавая и распространяя мифы об истине, знании и авторитете там, где ничего этого нет, достойные ученые заодно с шарлатанами и неучами поощряют и разжигают в массах предвкушение новых и новых подобных открытий. Ложное ощущение всеведения ведет лишь к росту человеческого самодовольства. Как показывает путь Набокова, опровергнуть укоренившиеся фикции еще труднее, чем открыть новые научные истины, и каждый ложный след, который превращается в догму, представляет собой нечто большее, чем простой сбой в прогрессе знания. Хотя в большинстве научных статей оговариваются ограничения, свойство предпочитать уверенность, пусть даже и ложную, неопределенности глубоко коренится в характере человека. А это значит, что если ошибочная теория изложена четко и изобилует риторическими красотами, у нее появляется немалый шанс перевесить рациональные сомнения и разрозненные контраргументы, по крайней мере, на время. Именно так случилось с Птолемеевой моделью солнечной системы или с первоначальными аргументами против тектоники плит[5].

В собственной работе лепидоптеролога Набоков часто подчеркивал ограниченность своих знаний: как исследователь он располагает лишь ограниченным количеством биологических видов; ему недостает данных, которые подтверждали бы предпочитаемую им теорию; в прогнозируемом непрерывном ряде форм имеются лакуны. В главе 1 мы уже видели, как все это проявлялось

---

[5] Т. Кун, как известно, называет преодоление таких ложных догм «сменой парадигмы». См. [Kuhn 1957; Кун 2003].

в рассуждениях о предположительных, но возможных интердеградациях между уже известными видами; в подвидах, которые Набоков обнаружил, но которые, как он считал, могли быть и гибридами; в его неохотно выдвинутом предположении, что представители подсемейства *Plebejinae* проникли в Южную Америку из Азии скорее через Аляску, чем по какому-то другому сухопутному маршруту, хотя никаких родственных форм на предполагаемом пути распространения обнаружено не было[6]. Отметим, как в приведенном далее черновом фрагменте Набоков определяет качество таксономической категории с точки зрения *лакун*, отделяющих одну категорию от других подобных:

> Genus (род). Качество рода, то есть его природное или искусственное состояние, зависит от разрыва между ним и любым другим родом, а также от межвидовых разрывов внутри этого рода. Чем больше межродовой разрыв и чем меньше межвидовые, тем более естественным оказывается род. Но когда — со вздохом облегчения — мы обнаруживаем прекрасно ограниченный «естественный» род (~~Glaucopsyche~~ или ~~Scolitantides~~ или настоящую ~~Aricia~~), состоящий из ряда тесно связанных — и все же различающихся узором и строением — видов, объединенных более чем удовлетворительным *air de famille*[7], — мы, боюсь, обманываем сами себя: этот «естественный» род не что иное, как расширенный вид, и его представители, так сказать, с пылу с жару из подвидовой печи: они только что пересекли границу видового союза, или расового вассалитета — это «хорошие» виды, да — но этот ранг был получен так недавно, что они все еще проявляют именно те черты конспецифичности, которые мы воспринимаем как характеристики «естественного» рода. Хрупкий мостик между видом, содержащим ряд четко разграничиваемых подвидов, и четко определенным родом, содержащим ряд близко связанных видов на самом деле протянут над очень мелкими водами [NB: 340–341].

6   Эта гипотеза возникла до признания тектоники плит научным фактом в 1960-е, хотя Набоков мог слышать об этой теории непосредственно от В. Е. Татаринова, который в 1923 году перевел книгу А. Вегенера «Происхождение континентов и океанов» (см.: Руль. 1923. 30 сент.).

7   Фамильное сходство (*франц.*). — *Примеч. пер.*

Разрывы имеют принципиальное значение, потому что, если их нет — если серии форм совершенно непрерывны? — то мы имеем дело с «родом», который трудно отличить от политипичного вида, и его абсолютный статус трудно определить, пока нам не поможет время. Наличие отчетливых пробелов внутри рода или между видами позволяет таксономисту очерчивать определенные границы, но эти контуры всегда под вопросом. Синхронический подход ограничивает для ученого возможность понять статус формы или группы форм; диахроническое исследование, будь оно только возможным, освободило бы наблюдателя от иллюзии фиксированных форм, в данный момент встречающихся в природе[8].

Как таксономист Набоков был заворожен двусмысленным статусом форм, чье положение в классификационной системе могло измениться на основе научных исследований: «...монотипичный вид может в одночасье превратиться в политипичный — это библиография, а не биология» [NB: 340–341]. Применительно к собственному выводу, что *Cyclargus* Nab. — монотипический род (а единственный вид внутри него — *ammon* Lucas), он написал: «Вполне возможно, что кто-то другой 1) обнаружит, что в каком-нибудь уголке Кубы *ammon* производит четко определенные местные формы или 2) [дополнит эти данные] фактами, которые были мне неизвестны — и в результате монотипический *ammon* без малейшей эволюционной деятельности с его стороны может вернуть себе политипичность, которой обладала до этой статьи» [Там же: 383]. А о своем самом значительном достижении, обзоре более 120 подвидов в роде *Lycaeides*, Набоков написал Э. Уилсону, что «этот труд будет важным и незаменимым лет 25, после чего кто-нибудь докажет, как я ошибался здесь и там. Вот в чем разница между наукой и искусством» [ДПДВ: 202]. Набоков считал, что общая картина знаний о мире природы постоянно меняется. Обнаруживаются новые лакуны, другие заполняются,

---

8   Диахронические исследования таких объектов, как скелеты животных, конечно, дело обычное, но черты и органы, используемые для идентификации чешуекрылых, не сохраняются в палеонтологической летописи.

а третьи остаются незамеченными, в зависимости от инструментария и критериев, используемых, чтобы давать оценку и характеристику открываемым формам. Таким образом, знание человека о природных процессах остается, как и сама природа, скорее изменчивым, текучим целым, чем устойчивой структурой: оно расширяется, по мере того как его удается пополнить новыми единицами информации. Именно поэтому Набоков настаивал на том, чтобы знание основывалось на точном, подробном наблюдении, и требовал, чтобы лакуны в знании оставались видимыми.

* * *

Набоков прекрасно понимал, что обобщения и абстракции расплывчаты и преходящи, но подробное конкретное наблюдение сохранит ценность надолго:

> Какой бы метод он ни использовал и какими бы ни были длина и единообразие его ряда, то, что он описывает, представляет собой не априорный географический подвид, а образцы, которые он видит перед собой. Только время с помощью полемически настроенных первого, второго, третьего и энного реформаторов может установить объективное существование того или иного географического подвида, но это никоим образом не может отменить или исказить конкретный смысл четкого описания, основанного на фактической структуре любого реально существующего насекомого [NB: 342].

Конкретные описания отдельных образцов и действенность точного наблюдения не гарантируют, что новая теория будет лучше, но обеспечивают доступ к фактам. В 1950 году, отвечая на критику М. Брауна в адрес работы «Неарктические представители рода *Lycaeides*», Набоков наглядно показал, что конкретные суждения, основанные на детальном знании отдельных случаев, он ценит выше и считает более значимыми, чем статистические выкладки об общей частоте или диапазоне встречаемости данной структурной особенности:

> Меня больше всего интересовало «качественные» подвиды (поскольку я считаю, что просто «количественные» явления таксономического статуса не имеют), и я старался вернуть качественный подход в его почетное положение, при этом поставив ему на службу количественные значения, чтобы дать направление будущим исследователям [Там же: 460].

Это различение между качественным и количественным при подчиненном статусе последнего принципиально важно: наблюдение и восприятие поставлены выше измерения и подсчета, призванных лишь *служить* качественной оценке. Набоков был невысокого мнения о статистике, и в этом выражалось его решительное предпочтение точного наблюдения отвлеченным, обобщенным законам. Эта принципиальная позиция подразумевает и отказ игнорировать индивидуальный случай с его «качественными» составляющими, и неизменное недоверие к подавляющей силе статистического обобщения. Очевидно, что Набокова отвращает тенденция статистики исключать или замалчивать данные, предоставляемые индивидуальными случаями, в пользу средних показателей. Отвращение Набокова к тому, что он назвал «демоном обобщений» [OG: 12][9], возможно, мешало ему замечать объяснительную силу статистической информации, когда речь идет об исходных данных и диапазонах, которые могли бы служить основой для описания конкретных случаев. Сегодня у нас не вызывает сомнений, что статистический анализ — это могущественный инструмент для обработки больших объемов информации. Но там, где статистическая интерпретация грозит занять место скрупулезнейшего рассмотрения новых образцов, при котором группы понимаются не как «средние величины», а как совокупности отдельных случаев, — там она, с точки зрения Набокова, по меньшей мере потенциально обманчива.

---

[9] В докладе Набокова «On Generalities» (1926; текст доклада на русском языке, название вписано на английском) речь идет не о статистике и не о бабочках, а об историографии. См. также рассуждение об «искусственном мире логики» [ЛЗЛ: 469].

Внимательное рассматривание конкретной бабочки выявляет как присутствующие, так и недостающие особенности. Набоков «больше интересовался тем, что происходит на данном отрезке, чем рисунком крыльев в целом» [NMGL: 120]. Однако каждая из характеристик биологического вида у конкретных особей может варьироваться, и эти вариации порождают уже другой узор, который, *как может показаться*, переводит наблюдение с синхронического уровня на диахронический. В заключении своих «Заметок о морфологии рода *Lycaeides*» Набоков использует динамичную терминологию, чтобы подчеркнуть переменчивую сущность биологического вида. Эта терминология основана на «конкретном повторении, ритме, объеме и выражении общих признаков, представленных в восьми рассматриваемых категориях» [Там же: 137]. Самое динамичное понятие здесь «ритм»: когда все возможные характеристики видов уже рассмотрены, когда их предсказуемое или неожиданное присутствие или отсутствие в различных подвидах принято во внимание, эти «пропуски, разрывы, слияния и синкопированные толчки создают в каждом виде ритм изменчивости, отличающий его от другого вида» [Там же]. Сам по себе ритм вторичен: это подвижный узор присутствия и отсутствия, которым вид *характеризуется*, но вовсе не обязательно *определяется*. Это сугубо метафорическая трансформация географического многообразия в подобие временного потока (ритма); Набоков использует неоднородность современных видов как аналогию текучести, изменчивости видов также и во времени.

Миф о непогрешимости

Особый взгляд Набокова на науку и ее границы заставлял его особенно презрительно относиться к позитивизму с его потугами создать совершенное общество посредством распространения научных знаний. Разумеется, можно предположить, что причиной его критического, антипозитивистского подхода была и личная катастрофа — дело рук большевиков. Однако если учесть все, что мы знаем о жизни Набокова, такой вариант крайне маловероятен.

Набоков рос в социальном окружении, сочувствовавшем либеральному гуманизму и идеализму, — ведь его отец состоял в кадетской партии, — и потому у него не было непосредственных стимулов стать позитивистом. Например, читая в детстве «Принципы психологии» У. Джеймса, он мог лишь острее почувствовать, что научный дискурс — не что иное, как сегмент более обширного поля: он «ответствен перед философией». Джеймс делает все возможное, чтобы показать: можно создать научный труд, который строго придерживается фактов и наблюдаемых законов, но в то же время дает понять, насколько ограничена область его приложения. Превращение России в режим, воплощающий эпистемологические основания, полностью противоположные набоковским, заставило его пространно и отчетливо выразить в сложной художественной форме те эпистемологические воззрения, которым он и без того был глубоко привержен.

Это противостояние приобретает самую отчетливую форму (если не выражается впервые) в четвертой главе «Дара» — «Жизни Чернышевского», написанной Федором. Этот труд призван продемонстрировать природу социалистической мысли с ее безнадежными внутренними противоречиями: перед нами коллаж из красноречивых фактов жизни знаменитого радикала. Самое поразительное противоречие для Федора в том, что «материалисты» плохо понимают мир природы, мир, который от них заслонила их же утопическая идеология[10]. Федор описывает (возможно, утрируя) попытки Чернышевского изобрести вечный двигатель — как символ социальной алхимии материалистов. По его словам, именно из-за своего невежества по части природы и ошибочного подхода к физике Чернышевский в жизни то и дело наталкивался на непредвиденные преграды. Эта несообразность служит фоном научной программы социалистов, которая, так или иначе, была предназначена для того, чтобы исцелить все болезни человечества. Вера в способность построить новое общество, основанное на рациональных принципах и разумном

---

[10] Это противоречие в очередной раз подтвердилось случаем Лысенко в советской генетике.

эгоизме, впервые была публично развенчана в «Записках из подполья» Ф. М. Достоевского, которого Набоков редко брал в союзники, но в данном случае разделял его позицию. Именно уверенность, прометеев порыв, скрывавшийся за ленинизмом, (плюс отказ от традиционных, буржуазных ценностей) позволили большевикам взяться за полную перестройку общества и человечества, не задумываясь, скольких человеческих жизней это будет стоить. Лакуны в человеческих знаниях неизбежны, но если их отрицать, последствия будут катастрофическими. Чернышевский и его последователи так хотели создать всеобъемлющее мировоззрение, что игнорирование этих лакун стало для них практической необходимостью. Но ограниченность самого Чернышевского проявляется в его (предполагаемом) незнании мира природы; еще сильнее она подчеркнута в эпизоде, в котором он читает «запутанную повесть, со многими "научными" отступлениями», глядя в пустую тетрадь. («Символ ужасный!» — только и комментирует Федор) [ССРП 4: 462]. Близорукость Чернышевского служит знаком его неспособности видеть мелкие детали окружающего его мира фактов — явлений, которые на самом деле рядом, но он их не воспринимает. Эту ограниченность не следует воспринимать как личную критику в адрес Чернышевского: его плохое зрение — аналог состояния человечества в целом, хотя из прочих его выделяет неспособность замечать свой недостаток. Дело не только в том, что подробности мира невозможно увидеть, но и в том, что зачастую они остаются незамеченными, когда увидеть их можно, если постараться: легко проглядеть то, чего *не стараешься* увидеть. Подобное туннельное зрение сопутствует одержимости Германа в «Отчаянии». Он не только видит своего двойника в человеке, который двойником никак не является, — видит, потому что искал двойника; совершая «идеальное убийство», он упускает из виду самую главную, роковую улику, забыв в автомобиле палку с вырезанными инициалами жертвы. Предполагается, что, подобно Герману, Чернышевский и его последователи упустили из виду неизбежность пробелов и недостатков в своем видении мира, а в результате вымостили дорогу политической системе, которая была обречена двигаться от ошибки к ошибке, порождая альтернативную реальность чудовищных масштабов.

Сомнительной идее механического совершенства в построении утопического общества уделено особое внимание в романе «Под знаком незаконнорожденных»: ее символизирует прибор под названием «падограф». «Под знаком незаконнорожденных» — единственный роман Набокова, который относительно подробно отражает устройство утопического государства, основанное на позитивистском, материалистическом понимании возможного прогресса человечества. Это режим, который, подобно большевистскому, ставил задачу создать полностью рационализированное общество, где все поступки просчитывались и рассматривались как потенциальные шаги на пути к всеобщему равенству. Центральный образ романа, выражающий эту общественную веру в гуманитарные технологии, и есть «падограф», изобретенный отцом нового диктатора. Этот прибор был разработан, чтобы создавать идеальные подделки под любой почерк, так что в итоге личный почерк переставал быть индивидуальной чертой[11]. Казалось бы, само собой разумеется, что индивидуальность не сводится к одному лишь уникальному почерку, однако, по логике Падука, этот прибор был первым шагом к тому, чтобы стереть несправедливые и вредоносные различия между талантами отдельных людей. Способность механизма в совершенстве подражать почерку, по мнению диктатора, предвещала победу над индивидуализмом, как будто этот довольно простой механический трюк мог многократно усилить способность государства управлять разнообразными, уникальными личностями и уравнивать их. Эта чрезмерная уверенность в приборе ведет к алогичным и невозможным выводам — и самым мрачным последствиям. Идеология Падука так же ущербна, как его логика, и в итоге во всех своих дальнейших проявлениях порождает чудовищ. Она основана не на научном видении мира, а на отвлеченной теории (тут можно вспомнить

---

[11] «Говоря философски, падограф выжил в качестве эквилистского символа, как доказательство того, что механическое устройство способно к воспроизведению личности и что Качество есть не более чем способ распределения Количества» [ССАП 1: 258].

предупреждения Гёте об опасностях, которые таит в себе теория), но при этом становится в государстве руководящим принципом науки, которая, как и все прочее в эквилистском государстве, обязана отказаться от совершенства: ведь совершенство противоречит равенству. В результате скудоумные психологи, служащие режиму, больше озабочены тем, что идет «на благо» преступным и склонным к насилию личностям, чем защитой и поддержкой ранимых детей. (Это причудливое искажение логики, похоже, воплощает мысль Набокова о том, что достаточно отступиться от принципов разума и гуманизма, как возникает ситуация, в которой ни один исход не будет по-настоящему алогичным.)

По представлению Набокова, познание мира включало непременное знание конкретных явлений, а также умение точно копировать или воспроизводить эти явления. «Падограф» — пародия на такое копирование и одновременно на повторяемость научных экспериментов. Метафора копирования значима и в интертекстуальном плане, напоминая о «Шинели» Гоголя и чиновнике-переписчике Акакии Акакиевиче, и в метапоэтическом, как отзвук утверждения Федора, а позже Набокова, о воспроизведении текста, уже существующего в ином, трансцендентном измерении. Когда Набоков становился чуть откровеннее обычного, он признавал, что ему не всегда удается увидеть и воплотить все возможности, содержащиеся в том или ином трансцендентном произведении искусства[12]. Этот процесс копирования может быть настолько точным, насколько это по силам человеческому восприятию, но он не механичен и не всеобъемлющ: ясно, что в том, как автор понимает указующую силу мироздания, могут быть пробелы.

Неповторимость: перевод, знание и непознаваемое

Неполнота переводов с «трансцендентного» языка на земной наводит на сравнение с научной работой, которое многое объясняет. Научные наблюдения должны быть повторимыми, но это

---

[12] «Некоторые участки, увы, так и остаются незаполненными» [СС: 46].

не означает, что повторимыми могут или должны быть все формы знания. Художественное вдохновение едва ли поддается единственно верному, совершенному переводу. Переживание вдохновения, возможно, неповторимо, его выражение в искусстве не подчиняется законам науки и может оказаться неполным. Именно внимание к таким проявлениям неполноты характеризует набоковский научный подход и, еще явственнее, исследовательский подход к литературе. Его перевод «Евгения Онегина» и комментарий к пушкинскому тексту — настоящий памятник столкновению между человеческим стремлением к полному, воспроизводимому знанию и реальностью, в которой такое знание невозможно. Эту же тему затрагивал А. Эддингтон, сравнивая феноменальный мир с неуклюжим и неверным переводом физического мира (см. эпиграф к главе 5). Когда Набоков углубился в проблемы перевода, особенно поэтического, он взглянул на научную проблему повторяемости под другим углом. Хотя в 1940-е годы он сделал несколько рифмованных поэтических переводов, начав работу над «Евгением Онегиным», он убедился, что полностью передать игру звука и смысла на другом языке невозможно. Таким образом, его негладкий, буквальный перевод в точности отражает именно невозможность полностью и в совершенстве передать оригинал. Эту максималистскую цель можно в корне отмести как неразумную и донкихотскую, и все же она выражает и подчеркивает важную философскую позицию. Из нее следует, что человеческому разуму необходимо смириться с явлениями, которые он не в состоянии постигнуть. В данном случае конкретные особенности и вся полнота формы пушкинской поэмы выходит за пределы возможностей английского языка и тех, кто не владеет русским; скрывать эту недостижимость за гладким вольным переводом, по словам Набокова, означает преувеличивать силу самого языка как орудия познания. Даже выполненный с упрощенной целью буквального, смыслового копирования оригинала (без рифмы и размера), перевод терпит неудачу, поскольку, чтобы полностью передать все семантические слои, он требует комментария примерно в пять раз объемнее его самого. Более того, ни один, даже самый пространный комментарий не может быть исчерпывающим и по-своему подчеркивает неполноту всех переводов, каким бы обширным ни был аппарат и как бы кропотливо и чутко ни работал переводчик. Эта позиция — следующий логический шаг по сравнению со стратегией перевода, которую в «Под знаком незаконнорожденных» использует Эмбер, переводя Шекспира: как мы уже видели, его переводы подобны «тенеграфам» невероятной сложности, чья цель — отбрасывать тени, «в точности схожие» по очертаниям с произведениями Шекспира, но не отражать их в изначальной форме. Если в романе Набоков заставляет Круга задаваться вопросом, стоит ли результат усилий, то ко времени работы над «Евгением Онегиным» важнее всего для него стало опровергнуть миф об эпистемологической уверенности, которую подразумевает легкий для чтения поэтический перевод.

Невозможность в совершенстве перевести поэтическое произведение на другой язык — аналог того, что мир нельзя перевести на язык нашего сознательного восприятия.

> Реальность — очень субъективная штука... лилия более реальна для натуралиста, чем для обычного человека, но она еще более реальна для ботаника. Еще одна ступень реальности достигается ботаником, специализирующимся в лилиях. Вы можете, так сказать, подбираться к реальности все ближе и ближе; но вы никогда не подойдете достаточно близко, так как реальность — бесконечная последовательность шагов, уровней восприятия, ложных днищ, а потому она неутолима, недостижима [СС: 23][13].

Тема ограниченной способности человека к познанию мира принимает разные формы на протяжении всего творчества Набокова. В романе «Камера обскура» (1933) содержится одно из самых наглядных воплощений этой идеи, полностью изъятое из философского контекста. Главный герой романа, знаток живо-

---

[13] Ср. Гёте: «Вместе с воззрениями, когда они исчезают из мира, часто пропадают и сами предметы. Ведь в высшем смысле можно сказать, что воззрение и есть предмет» [Гёте 1964: 344].

писи Кречмар, после автомобильной катастрофы слепнет и вынужден развивать у себя представление об окружающем мире на основе осязания, обоняния и слуха, в сочетании с тем, что ему сообщает любовница Магда. Она создает для него воображаемый мир и рассказывает о нем, о картинках, которые в этом мире якобы есть, о его очертаниях и содержании — зачастую намеренно искажая перспективы и цвета: «Горну казалось весело, что слепой будет представлять себе свой мирок в тех красках, которые он, Горн, продиктует» [ССРП 3: 377]. Но она не сообщает слепцу главного: на самом деле на вилле они не вдвоем, рядом Роберт Горн, с которым у девушки любовная связь прямо под носом у слепого. И это до поры до времени находится за пределами сознания Кречмара. Горн кривляется, гримасничает и приплясывает меньше чем в шаге от невидящих глаз Кречмара — так развивается мрачная комедия. Постепенно чувства слепца обостряются, и он начинает обращать внимание на несообразности: аномальные звуки, запахи и даже уколы интуиции, которые подсказывают ему, что в его картине мира что-то нарушено: «...вскоре Горну стало затруднительно незаметно входить и выходить; как бы беззвучно ни открывалась дверь, Кречмар сразу поворачивался в ту сторону и спрашивал: "Это ты, Магда?"» [Там же: 378]. Кречмар часто останавливается и напрягается, чтобы уловить признаки этого таинственного присутствия чужака. В новом для него темном мире Горн и Магда предстают в роли злокозненных демиургов, и сокрытая, внешняя реальность не имеет почти ничего общего с тем, как ее представляет себе Кречмар. Его жизнь превращается в нескончаемый ад, который он создал себе сам, — последствия его эгоистического и жестокого поведения, аморального отказа думать о других людях, чьи жизни превратил в ад он сам (его утрата иллюзий перекликается с состоянием Германа в «Отчаянии», когда тот резко пробуждается от грез и возвращается в реальность, обнаружив ошибку в своем «идеальном преступлении»). Однако столь пессимистичная картина взаимоотношений между феноменальным миром и высшей реальностью для произведений Набокова нетипична.

Восхождение Кречмара от ограниченного, ошибочного восприятия на более высокий уровень понимания — это гротескный перевертыш обостренного сознания при «многопланности мышления» [ССРП 4: 344], свойственной Федору в «Даре». Если «прозрение» Кречмара основано на улавливаемых им изъянах реальности, которую разрисовывает для него Магда, то Федор находит еще и много аномалий, совпадений, узоров и радостей, которые говорят ему о благосклонной потусторонности, формирующей очертания его мира или как-то соучаствующей в этом мире: «...постоянное чувство, что наши здешние дни — только карманные деньги, гроши, звякающие в темноте, а что где-то есть капитал, с коего надо уметь при жизни получать проценты в виде снов, слез счастья, далеких гор» [Там же]. Он предполагает, что его отец интуитивно угадывает ту же метафизическую структуру: он обнаруживает ее в природе, особенно когда находит виды, чье существование не оправдано борьбой за выживание. Именно эта интуиция позволяет Константину войти в основание радуги, в ее цветной воздух, тайно бросая вызов законам физики. Федор тоже нарушает эти законы, когда преображает свою крохотную комнатку в просторы Средней Азии или превращает прямой трамвайный маршрут в кольцо. Эти и другие родственные им персонажи улавливают благодатную основу высшей реальности сквозь щели обыденной жизни, даже если не знают в точности, что такое «реальность».

Подразумеваемые лакуны в непрерывности «реальности» — предполагаемая неутилитарная избыточность в природе или сверхъестественные узоры в жизни человека («совпадения») — связаны с прорехами в законах физики (вспомним своевольное поведение часов Федора или его умение переходить запруженные машинами улицы, витая в облаках). В совокупности эти явные разрывы, изъяны и сбои указывают на то, что видимый мир подчинен контексту некой более масштабной реальности. С легкой руки В. Е. Набоковой [Набокова 1979: 3] этот контекст принято называть «потусторонностью» (слово из стихотворения Набокова «Влюбленность»); но его также можно назвать «непознанное» или «непознаваемое», имея в виду ограниченность и неполноту человеческого разума[14]. Но независимо от названия это простое соображение постоянно присутствует в набоковских повествовательных структурах и служит основной причиной, по которой практически во всех его романах и большинстве рассказов присутствует скрытый узор. Но узоры — можно сказать, лейтмотивы жизни — лишь один из знаков, указывающих на этот более масштабный контекст. Сама структура произведений Набокова содержит намеренные лакуны, изъяны и аномалии как в конструкции его воображаемых миров, так и в их текстовом субстрате — языке автора: эти аберрации призваны подражать тем самым несовершенствам, которые намекают на произвольность мирового устройства. Взаимосвязь между этими явлениями и *ошибками* открыто, хотя и в инвертированном виде, показана в «Отчаянии» и в «Камере обскуре», главные герои которых практически солипсисты. Она получает положительное, пародийное и преувеличенное продолжение в «Приглашении на казнь», где «труппа» персонажей, «разыгрывающих» странный тюремный мир Цинцинната, совершает разнообразные ошибки, которые сопровождаются полным распадом законов языка, логики и даже физики. Сходным образом социалистическая диктатура в «Под знаком незаконнорожденных» комически и трагически уязвима для грубейших промахов в своей тиранической погоне за совершенством на условиях всемирного равенства.

Ошибки солипсистов-«филистеров», таких как Кречмар, Герман, Падук или Гумберт, — это пародии на складки и трещины, которые способен различить восприимчивый и любознательный. Эти невежественные персонажи подчинены другим разновидностям текстовых узоров и аномалий, которых они сами не распознают, но которые автор позволяет рано или поздно увидеть

---

[14] В. Е. Александров назвал свою книгу *Nabokov's Otherworld* (1991; в русском переводе «Набоков и потусторонность» [Александров 1999]). *Otherworld* (букв. «иной мир») вызывает слишком прямолинейные ассоциации, хотя автор в предисловии старается их прогнать. Вадим Вадимыч в романе «Смотри на арлекинов!» приводит пересказ стихотворения «Влюбленность», где передает слово «потусторонность» как *the hereafter* («загробная жизнь») [LATH: 26]. (В русском переводе романа стихотворение Набокова дается в оригинале. — *Примеч. пер.*)

читателям. В их числе, например, нагромождение фаллических и мифологических образов в «Отчаянии», которое наводит на мысль, что Герман страдает сложным фрейдистским психозом, сосредоточенным на страхе кастрации. К тому же Герман едва ли не осознает, до какой степени его текст пародирует современную литературу — ту самую, что служит для него самого издевательским подтекстом (см. [Blackwell 2002/2003; Dolinin 1995]).

Прерывность в природе и искусстве

Видимый узор как система содержательно взаимосвязанных моментов для Набокова лишь один из способов организации текста в целостную структуру. Лакуны и прорехи в сознании персонажа или в восприятии смысла текста читателем все ближе подводят произведения Набокова к аллегорическому изображению лакун на каждом доступном уровне художественного материала. Представление Набокова о лакуне отчасти восходит к его литературоведческим штудиям, в частности, чтению статьи А. Белого «Лирика и эксперимент» [Белый 2010: 176–214], вошедшей в теоретический сборник «Символизм» (1910). Во Введении уже говорилось о том, что есть нечто общее между теорией Белого с ее вниманием к просодическим пропускам (незаполненным ударным позициям) в стихах и интересом Набокова, например, к недостающим элементам в предполагаемом наборе морфологических признаков бабочек. А в своем переводе «Евгения Онегина» Набоков специально привлекал внимание читателя к пропущенным строфам, тем, что выбросил сам Пушкин, и тем, которых, возможно, никогда не существовало. Таким строфам Набоков отводил целые пустые страницы, с номерами строк на месте текста. Ни в одном из изданий романа такой прием не используется[15]. Подобные зияющие пропуски свойственны миру,

---

15 Редакторы обычно указывают на месте «отсутствующих» строф их номера (иногда диапазон номеров, например [I–VI] в главе 4, но не оставляют места для строк. Последнее можно найти только в четырехтомных изданиях

каким его видит Набоков; он также предполагал — и доказывал, — что они характерны и для художественного мировоззрения Гоголя (А. Белый в книге «Мастерство Гоголя» также обращал внимание читателя на «отрицательные» определения и характеристики в произведениях Гоголя) [Белый 1934: 55, 63, 92, 207]. Набоков, безусловно, хотел, чтобы читатели задумались над тем, почему Пушкин включил эти пропуски в свой «роман в стихах». Он пишет о пропущенных строфах XXXIX–XLI первой главы романа: «Можно предположить, что этот пропуск является фиктивным, имеющим некий музыкальный смысл — пауза задумчивости, имитация пропущенного сердечного удара, кажущийся горизонт чувств, ложные звездочки для обозначения ложной неизвестности» [КЕО: 178–179]. Подчеркивая этот момент, Набоков не только дает понять, что пропуски принципиально необходимы для полного понимания произведения Пушкина, но и намекает, что они демонстрируют некоторую общность между двумя авторами[16]. Для ученого (литературоведа и не только), как и для писателя, суть состоит в том, что «отсутствующее» необходимо изучать так же пристально, как и «присутствующее». В 1950-е годы, когда Набоков приступил к работе над

Боллингена 1963 и 1974 годов. (В русских изданиях даются «условные» отточия, не отражающие реального числа «пропущенных» строк. — *Примеч. ред.*) Феномен недостающих строф представляет интерес в контексте жизни Пушкина и романтической литературы. Решение Пушкина сохранить их номера, вместо того чтобы менять нумерацию в окончательном варианте, имело целый ряд причин. Временами Пушкин исключал написанные строфы, опасаясь цензуры. В других случаях его просто не устраивали сочиненные строки, но он все же оставлял для них место. Некоторые пропуски, возможно, создавались намеренно и с иронией: эти строки никогда не были написаны. Другие недостающие строфы были опубликованы в первом, «поглавном» издании, но были исключены из полного издания, потому что могли оскорбить жену Пушкина. Пропуски также отражают романтическую культуру фрагмента: в этом контексте они намекают на то, что произведение было сочинено спонтанно, «на одном дыхании», и *честно* преподносится публике со всеми шероховатостями (пропусками) и т. п. См., например, вторую главу книги М. Гринлиф [Гринлиф 2006].

[16] Первым обратил внимание на пустые страницы в переводе Набокова К. Браун [Brown 1967].

«Онегиным», эти искусные разрывы в тексте уже были давно освоенным им художественным приемом. Начиная с «Приглашения на казнь», Набоков намеренно вкраплял в нарратив аномалии, которые нарушали мерное течение читательского восприятия. Эти разрывы или перебои поначалу (как в «Приглашении») характеризуют мир персонажа, но ко времени «Дара» они уже встроены в нарративную форму как переживаемые читателем[17]. Нерегулярное, скрытое переключение между нарративными голосами в «Даре» влечет за собой ряд трудновыявляемых, но очень важных онтологических сдвигов, так что читатель постоянно пребывает в состоянии неопределенности в отношении нарративного статуса текста. Едва мы начинаем ощущать хоть какую-то определенность, ее быстро рушат с помощью очередного незаметного сдвига нарративной перспективы. Возможно, именно эти переходы подразумевает рассказчик в «Истинной жизни Себастьяна Найта», когда говорит, что роман Себастьяна представляет собой «череду зияний», которую невозможно сымитировать [ИЖСН: 55]. Этот прием — лакуны в нарративном потоке, одновременно очевидные и скрытые — наиболее ярко иллюстрируют утверждение Набокова, что книгу нельзя «читать», а можно только перечитывать, поскольку первое прочтение дает очень неполную и одномерную картину множественных смысловых слоев книги и их взаимосвязей. Такой же ряд когнитивных сдвигов происходит по мере того, как читатель в ходе последующего перечитывания постепенно распознает слепые пятна, оставшиеся после предыдущих прочтений, фрагменты из других литературных текстов, аллюзии и связанные с ними потайные узоры, из которых по большей части составлена мозаика каждого произведения. Опытный и увлеченный перечитыватель внимательно выискивает красноречивые признаки таких, пользуясь выражением Эддингтона, «криптограмм», точно так же, как Федор и его отец ищут скрытые аномалии в мире природы. Такое чтение трансформирует текст из системы однонаправленных причинных цепочек повествования и сюжета в сеть скрытых фактов и их

---

[17] Более подробно см. в моих работах [Blackwell 1995, 2000: гл. 3].

рекурсивного обнаружения, — таким образом оно оказывается «сродни научному открытию как процессу»[18].

Перенесение аналогии «текст — реальность» в область откровенной игры и манипуляций стало естественным шагом на творческом пути Набокова: это произошло уже в рассказе «Сестры Вейн» (1951) за счет введения в текст криптограмм, хотя прием был предвосхищен в «Отцовских бабочках», где Набоков характеризует мимикрию как «рифмы природы»[19]. Похожий образ встречается на страницах «Дара»: Чернышевский едет в повозке, «и ухаб теряет значение ухаба, становясь лишь типографской неровностью, скачком строки» [ССРП 4: 395]. И как мы уже видели в главе 5, эхо, если не предвестие самой идеи прозвучало в книге А. Эддингтона «Новые пути в науке», где он уподобляет феноменальную вселенную криптограмме. Но наиболее полного развития идея достигает в «криптографическом пэперчэсе» из «Лолиты» [ССАП 2: 307], а также в «Бледном огне», где налицо дихотомия «текст-текстура», возникающая из метафизической опечатки (*mountain* vs. *fountain* как часть переживания на грани смерти[20]) — а по сути, как утверждает Дж. Рэми, из целой совокупности незамеченных опечаток [Ramey 2004], — и в алфавитных и типографских головоломках «Ады». В линейной цепочке текста типографская опечатка — это изъян или разрыв, нарушение правильной, нормативной последовательности букв, составляющей письменный язык. Она может возникнуть случайно или, как в Аде, служить потусторонним знаком, но в любом случае это точка, где правила письменного языка нарушает внешнее событие, обусловленное собственным набором законов: это могут быть механика и физика неврологии, коэффициент ошибок при печати, случайная невнимательность наборщика или законы действия потусторонних сил — словом, что угодно. Дело

---

[18] Это неоднократно отмечал Б. Бойд, в частности, в [Бойд 2015].

[19] «Человек — это и есть книга» [ССАП 1: 167].

[20] В русских переводах передается только значение слов, но не их формальное сходство: «гора, а не фонтан» [БО: 58]; «вулкан, а не фонтан» [ССАП 3: 334]. — *Примеч. ред.*

в том, что на одном уровне опечатка — это просто ошибка, но если автор вводит ее в текст намеренно, то она уже отсылает к другой онтологической плоскости (плану авторов, наборщиков и корректоров). Если опечатка еще и значимая (часть намеренного узора за пределами внутреннего повествования), то она открывает канал связи между двумя планами в форме «потустороннего», то есть не поддающегося конкретному определению вторжения в повседневные события. У Набокова эти *случайные*, но *значимые* (перефразируя его образ, «выбор в обличии выдури») вторжения говорят о том, что каждый уровень бытия подвержен воздействию смежных, но обычно незримых пластов бытия или смысла. Произведения Набокова намеренно стремятся к метафизически окрашенным структурам, которые воплощают именно этот тип многослойного смысла (напоминающий также о регрессивном подходе Дж. У. Данна к бытию во времени в книге «Серийное мироздание»).

Некоторые разновидности интеллекта — назовем их гениальностью, как у Круга в романе «Под знаком незаконнорожденных», как у художника или великого ученого, — в спектре человеческих способностей представляют собой крайнюю редкость и аномалию. Такие аберрации в умственных характеристиках человека сами по себе представляют разрывы в самовыражении природы — нарушения, которые эквилистский режим Падука хочет уничтожить, чтобы создать идеально гладкое, однородное равенство. Начинание Падука — прекрасный пример того, как извращенная идея («равенство») ведет к созданию программы, полностью противоречащей фактам реальности (таким как неравенство, прерывность, непредсказуемость). Если исследовать мир как подлинный ученый, изучая индивидуальные примеры и крайние выражения природы наряду с ее усредненными образчиками, то у исследователя развивается чуткость к сложности системы, к взаимосвязанности и взаимозависимости всех ее частей. Тогда выясняется, что равенство полностью противоречит природе, для которой характерна дифференциация — свойство, глубоко изученное Набоковым в ходе исследования обширных групп подвидов. Природа — это сплошные разрывы, ухабы и ямы;

уничтожить их — значит действовать вопреки реальности и игнорировать красоту, которую несет в себе разнообразие природы.

Набоков писал о «Ревизоре» Гоголя: «Пьеса начинается с ослепительной вспышки молнии и кончается ударом грома. В сущности, она целиком умещается в напряженное мгновение между вспышкой и раскатом» [ССАП 1: 434]. Из этой образной иллюстрации видно, как завораживала Набокова сама идея пропасти между причиной и следствием. В выбранном им примере пауза, или «напряженное мгновение», легко объясняется разницей в скорости света и звука. Тем не менее пауза не может тянуться два часа или достаточно долго, чтобы вместить всю длительность пьесы. Этот видимый промежуток становится символом интуитивно угаданных или воспринятых трещин в любых причинных цепочках, независимо от того, насколько очевидны звенья между событием и реакцией.

Каковы бы ни были законы причинности и непрерывности в природе, по мнению Набокова, исключениями, перебоями и разрывами управляет более глубокий закон. Его суть, возможно, недоступна нашему восприятию и рассудку, но ключи к неполноте причинности очевидны для внимательного и непредубежденного человека. Об этом говорят все произведения Набокова. Интуитивные догадки писателя подтверждали или по меньшей мере разделяли такие физики, как А. Эддингтон, Дж. Джинс, Н. Бор и В. Гейзенберг, а также философы науки Э. Мейерсон, Ф. Франк и другие. Постоянное осознание этого имплицитного, хотя и непостижимого закона помогает ученым уберечься от чрезмерной веры в силу своих методов и непогрешимость собственных открытий — иными словами, защищает их от спеси. Исследуя эти метапричинные явления как научными, так и эстетическими методами, Набоков помогает наметить основные пути для эффективного научного исследования и поиска знаний.

Заключение
Наука, искусство и этика

Дело в том, что исчезла граница
между вечностью и веществом...
Око, 1939¹

На протяжении этой книги я отстаивал концепцию, согласно которой Набоков отвергал детерминизм и даже причинность как фундаментальные признаки бытия². Он утверждал, что эволюционное развитие не зависит исключительно от механизмов естественного отбора; история сознания не подчиняется каким бы то ни было детерминистским законам; известный нам «физический» мир имеет тенденцию включать в себя узоры и зияния, которые скорее можно назвать метафизическими. Я заявлял, что по сути своей Набоков был убежденным идеалистом и признавал возможности, которые таит в себе мир за пределами чувственного опыта. Такие утверждения не ожидаешь услышать об ученом, хотя, как мы уже убедились, среди крупных ученых у Набокова были предшественники с такими же метафизическими воззрениями (У. Джеймс, О. Лодж, А. Эддингтон и несостоявшийся

---

¹ [Ст: 236].

² Что касается философов, сомнения в том, что природой правит в первую очередь «закон» причинности, высказывал Д. Юм и, в более категоричной форме, И. Кант: согласно последнему, причинность лишь составная часть базового способа, которым сознание воспринимает события и структурирует знание о них. Таким образом, в сопротивлении Набокова детерминизму не было ничего нового, но в своих очевидных попытках найти научный подход к непричинным явлениям он был по-настоящему оригинален.

физик А. Бергсон — и это далеко не все). Здесь, в «Заключении», я рассматриваю парадокс ученого-антикаузалиста, одновременно помещая Набокова в контекст более поздних дискуссий «наука против антинауки» и утверждая, что место Набокова в первом лагере, а не во втором. После этого я покажу, как основные положения этого исследования влияют на наше понимание самых важных интерпретаций набоковского творчества и какие последствия это несет и для читателей, и для ученых.

В первые десятилетия XX века физики, работавшие над субатомной и квантовой теориями, столкнулись сначала с прерывной природой энергии, затем — с непознаваемостью полных данных о субатомных частицах, а также с корпускулярно-волновым дуализмом материи[3]. Результаты этих открытий были столь обескураживающими и алогичными, что самим ученым приходилось основательно ломать голову над тем, что бы это значило[4]. Когда некоторые физики начали популяризировать новые теории или давать им философские оценки, разгорелись дебаты о «пределах прочности» закона причинности с учетом принципиально неопределимого и непредсказуемого поведения субатомной материи. Почти во всех популярных трактовках новой науки поднимался вопрос о причинности: окончательно она умерла или еще сопротивляется? Смерть каузальности провозглашали Дж. Джинс и А. Эддингтон; Н. Бор также высказывал сомнения в причинности в жестких рамках субатомных явлений, в то время как В. Гейзенберг и А. Эйнштейн заняли противоположную позицию (хотя Эйнштейн усмотрел антикаузальную подоплеку квантовой теории уже в 1917 году, что привело его к стойким сомнениям в верности последней)[5]. Все эти революционные

---

3 Конечно, было совершено и много других открытий, в том числе рентгеновских лучей. Идею дуализма впервые представил Н. Бор в 1927 году, на конференции на озере Комо в Италии [Faye 2019].

4 Об одном из подробных обсуждений дуализма материи среди ученых см. [Holton 1993: 74–85].

5 См. [Jeans 1931: 22]. Статус причинности в законах физики и в «высшей реальности» широко обсуждался учеными и философами еще в XIX веке, а не только после популяризации принципа неопределенности. За несколь-

перемены в сочетании с теорией относительности Эйнштейна подготовили почву для скептицизма Набокова по поводу формулировки и непреложности «известных» законов природы[6].

ко лет до открытия принципа Гейзенберга Эмиль Мейерсон предположил: «Человек, несмотря на его непобедимую склонность верить в рациональность, очевидно очень рано почувствовал, что в природе есть иррациональность, что природа не вполне объяснима... В целом, в этой области мы можем делать только отрицательные или вообще неточные высказывания. Мы знаем, где невозможна полная рационализация, то есть где заканчивается согласие между нашим разумом и внешней реальностью: это иррациональные вещи, которые уже открыты» [Meyerson 1991: 172]. Тем не менее о витализме Мейерсон писал, что он «не сможет найти законное место в науке, пока исследования не продвинутся бесконечно дальше, чем сегодня» [Там же: 192]. Вопрос о том, как наука может подходить к явлениям, не подчиняющимся стандартным правилам науки, особенно правилу причинности, также весьма занимал в начале 1930-х Ф. Франка: «Утверждать, что "существуют" только законы природы причинного типа, имело бы смысл только в том случае, если бы законы существовали "помимо" человеческого опыта и "над" ним, как знание верховного разума в "истинном" мире. С точки зрения чисто научной концепции оправдан любой порядок событий, если он верен, то есть связывает между собой наши действительные переживания. И практическое значение причинного порядка состоит в установлении не общего причинного закона, а особых законов в причинной форме. <...> Вопрос о том, является ли природа причинной, и тому подобные нельзя формулировать как научные вопросы, поскольку они больше не имеют отношения к порядку наших переживаний; это описывается сложными фактическими ситуациями, представленными в гл. IX; но задавая такие вопросы мы хотим узнать что-то об "истинном" мире» [Frank 1998: 274]. Таким образом, отрицание Набоковым физической причинности как окончательной истины о мире хорошо вписывается в атмосферу дискуссий, вызванных открытием квантовых явлений на субатомном уровне. Набоков мог знать о Ф. Франке если не непосредственно по его работам, то из 3-й главы книги Ленина «Материализм и эмпириокритицизм», в которой подвергалась критике более ранняя версия работы Франка о причинности [Ленин 1968: 170]. Дж. Холтон приводит цитату из письма гарвардского физика Э. К. Кембла: «...из всех, кто имеет образование в области прикладной физики, Франк, пожалуй, самый замечательный философ» [Holton 1993: 38].

6 Они, безусловно, оказали такое же влияние на художника В. В. Кандинского, который начал откликаться на новые физические теории еще в 1913 году, когда модель Бора пришла на смену модели Резерфорда. В автобиографическом очерке «Ступени» он пишет о том, что помогло ему преодолеть творческий кризис: «Одна из самых важных преград на моем пути сама рушилась

Набоков вошел в науку как страстный наблюдатель, уделяющий пристальное внимание деталям. Его подход к лепидоптерологическим исследованиям начался с попытки классифицировать ранее не описанные виды, а это можно было выполнить, лишь достигнув тончайшей восприимчивости к морфологическим характеристикам насекомых. Хотя мы знаем наверняка, что Набоков живо интересовался эволюционной теорией и охотно спорил с теорией естественного отбора, нам неизвестно, когда именно он прочитал труды Дарвина. Конечно, многое он должен был узнать еще в Тенишевском училище, в рамках учебной программы по биологии: в школе имелись специальные материалы и даже наглядные пособия по эволюции и мимикрии[7]. Однако что заставило Набокова усомниться в правильности или полноте теории естественного отбора, пока остается неясным. До романа «Дар» в его писаниях не просматривается четких следов возражений Дарвину (если только целиком не согласиться с моим анализом «Подвига» в главе 2). Если мы воспримем метафизические выражения в набоковском письме к матери буквально (о том, что художники/писатели, изначально «маленькие плагиаторы», иногда дополняют «Богом написанное» новыми ценными украшениями)[8], то увидим в них явственную основу идеалистического подхода к природе. С другой стороны, подобные излияния слишком редки, чтобы понять, не являются ли они просто фигурами речи; к тому же в письмах Набокова или приватных материалах просто-напросто недостаточно информации, чтобы заключить, был ли Набоков в частной жизни деистом или хотя бы теистом. Формулировки в «Отцовских бабочках» отчет-

---

благодаря чисто научному событию. Это было разложение атома. Оно отозвалось во мне подобно внезапному разрушению всего мира. Внезапно рухнули толстые своды. Все стало неверным, шатким и мягким. Я бы не удивился, если бы камень поднялся на воздух и растворился в нем. Наука казалась мне уничтоженной...» [Кандинский 2014: 29].

7   Ю. Левинг сообщает об архивных материалах ЦГИА в книге «Гараж, ангар, вокзал» [Левинг 2004: 251] и в личной переписке.

8   13 октября 1925 года. Цит. по: [Бойд 2010a: 288].

ливо указывают на идеалистический, возможно, пантеистический взгляд на существо природы — но это все же художественное произведение. В совокупности высказывания Набокова о дарвинизме, — художественные, автобиографические и научные, — демонстрируют последовательное стремление встраивать научное, земное знание в более масштабный контекст, которым оно и определяется. Утверждая, что явления природы могут быть неутилитарными и, следовательно, не подчиняться закону борьбы за существование (который Набоков упоминал в другом письме матери в 1924 году[9]), он опирается на потенциальную отмену каузальности, выдвинутую на передний план посткопенгагенскими дискуссиями. Подчеркивая избыточность творческого начала природы, содержащийся в ней элемент неожиданности, Набоков снова и снова привлекает внимание к возможному существованию иных законов, пока что не открытых, а может быть, и недоступных человеческому разуму, действующих на уровнях реальности, недостижимых для физики и биологии[10].

Набоков, по всей видимости, чувствовал или надеялся, что доказательства можно получить непосредственно в рамках биологии. Его последние, незавершенные или отброшенные научные проекты помогают понять, как это можно было бы сделать. В. Е. Набокова сообщает о его грандиозной идее написать всеобъемлющий труд о мимикрии, в котором были бы собраны все известные примеры из животного мира, и, судя по ее описанию будущей книги, в ней он должен был продемонстрировать свою неизменную убежденность в том, что мимикрия во всей полноте своего развития выявляет и неутилитарные отклонения[11]. А всеобъемлющие справочники «Бабочки Европы»

---

[9]   Подрядившись на оплачиваемую работу — переводы для лондонской газеты «Таймс», — Набоков иронически заметил, что теперь ему не придется «бороться за выживание» (31 января 1924 года, Berg Coll.).

[10] Самые прямые высказывания о подобных возможностях вложены в уста Фальтера и Синеусова в рассказе «Ultima Thule» [ССРП 5: 129].

[11] В. Александер полагает, что эти неутилитарные явления, возможно, восхищали Набокова как примеры эмерджентного телеологического принципа, как «сверхъестественной случайности» [Alexander 2003: 182, 195].

и «Бабочки Америки» были призваны показать биологические виды в их подлинном соотношении так полно и точно, как никто до Набокова не показывал. Возможно, он считал, что стремительный рост числа видов бабочек говорит о разнообразии, выходящем за рамки необходимого для борьбы за выживание, или что такое обилие данных обеспечило бы других ученых инструментарием, позволяющим обнаружить принцип неутилитарности в природе.

Показательно, что самая значимая научная работа Набокова была направлена на правильную классификацию *групп* видов — то есть на роды и подсемейства. Больше всего его интересовало то, как различные группы родственных насекомых формируют разные типы *единств*: монотипические роды наподобие *Parachilades*, или политипические, такие как *Cyclargus* [NNP: 6, 14]. Он воспринимал естественный отбор как нечто само собой разумеющееся, но не отводил ему почетного места при рассмотрении таксономических отношений или появления новых форм. Эти группы форм могут демонстрировать макроскопические, межвидовые свойства или закономерности, заметные исследователю и обладающие определенной феноменальной *реальностью*, хотя при этом могут никак не влиять на выживание видов как таковое. Это холистическое восприятие *качественного* аспекта природы утверждает не что иное, как потенциально ценное (для сознания) существование явлений (замечаемых или незамечаемых), которые не имеют прямого отношения к утилитарности или выживанию. Всеми силами своего интеллекта стараясь показать притягательность этого явления, Набоков собственной деятельностью доказывает, что человеческий разум тоже не чужд «бесполезных упоений»[12]. Подобное «доказательство» напоминает аргументы Э. Маха, утверждавшего, что некоторые проявления любопытства могут не иметь видимой цели и указывают на достижение уровня психической жизни, на ко-

---

[12] Это предположение возникло до появления эволюционной психологии, которая не так давно предоставила адаптационистские объяснения эстетической деятельности.

тором цель, а вместе с ней причинно-следственные отношения, вторичны[13].

Что касается психологии, то упорное принижение Набоковым фрейдовского психоанализа, или по крайней мере его карикатурное изображение создает обильные помехи вокруг его собственного понимания личности и самости. Как сугубо позитивистское, причинное объяснение человеческой личности и невроза, теория Фрейда, по-видимому, казалась Набокову примитивной, ущербной и ложной[14]. Но внутри культуры в целом она обрела такое

---

[13] «Раз психическая жизнь развилась до известной степени под действием биологической необходимости, она выражается уже и самостоятельно, помимо этой необходимости. <...> Одна обезьяна в зоологическом саду поймала опоссума, рассмотрела его, нашла сумочку, из которой вынула птенцов и, подробно рассмотрев их, положила обратно. В последнем случае интерес маленького зоолога идет уже значительно дальше биологической необходимости» [Max 2003: 98].

[14] Особенно по сравнению с тем, что он читал в «Принципах психологии» У. Джеймса. Так, Джеймс пишет о предмете психологии: «Границы душевной жизни, безусловно, размыты. Лучше не впадать в педантизм и позволить науке быть такой же расплывчатой, как ее предмет, и охватывать такие явления, если это поможет нам пролить свет на главное, чем мы непосредственно занимаемся. Я уверен, скоро мы поймем, что поможет, и что широкое понимание принесет нам много больше, чем узкое. В развитии каждой науки есть стадия, когда некая степень неясности делает ее наиболее плодотворной. В конце концов, немногие формулы в новейшей психологии оказали более услуг, чем спенсеровское положение, что сущность душевной и телесной жизни заключается в одном и том же, именно в «приспособлении внутренних отношений к внешним». Эта формула — воплощенная расплывчатость; но поскольку она принимает во внимание то, что сознание обитает во внешнем мире, который воздействует на него и на который оно, в свою очередь, реагирует; поскольку, коротко говоря, она рассматривает душевную жизнь в гуще всех конкретных отношений, она гораздо плодотворнее старомодной "рациональной психологии", которая рассматривала душу как нечто обособленное, самодостаточное, обладающее собственной природой и свойствами, которые только и должно рассматривать. Поэтому я не стесняюсь делать вылазки в зоологию или в чистую нейрофизиологию, если это поучительно для наших целей; в остальном же оставляю эти науки физиологам» [James 1981: 5]. Эта открытость ко всем способам исследования, в отличие от узкого пути, избранного Фрейдом, дает ясную картину научных предубеждений Набокова.

могущество, что с ней нужно было постоянно бороться. Поэтому два важнейших для произведений Набокова аспекта человеческой самости — это ее принципиальная непостижимость и неполная обусловленность позитивистской причинностью. Нелепо было бы утверждать, будто такого явления, как психологическая причинность, не существует, так же как глупо отрицать все причинно-следственные связи в биологии или физике. Но Набоков рисует своих персонажей так, что на первый план выходит элемент тайны: личностные нарративы основываются на психологических событиях, причины которых неясны. Готовность быть застигнутым врасплох и рассматривать неожиданность как нечто принципиально новое и спонтанное, а не то, что нужно немедленно объяснить, — вот что лежит в основе такого понимания мира и личности. Когда разум склонен к открытию и даже сотворению в мире новых форм, он не «борется за выживание». С этой очень шопенгауэровской по духу точки зрения эстетическое восприятие (природы и искусства) позволяет продукту природы — человеческому сознанию — хотя бы на время уйти от детерминистского закона причины и следствия, освободиться от «воли» в шопенгауэровском смысле[15]. Как и гипотетические неутилитарные свойства растений или животных, стремление разума к тайному знанию или эстетическому восторгу не несет в себе прямой выгоды для выживания или размножения. Именно сознание и сущность человеческого «Я» Набоков жаждал в первую очередь (хотя, возможно, не исключительно) изъять из детерминистского механизма, предполагая, что в них заключены тайны, лежащие за пределами путей, очерченных причинностью. Что касается причинности в мире физики и материальных объектов, то о позиции Набокова мы можем отчасти судить по оформлению сюжета в романе «Прозрачные вещи», где повествование ведется от лица призрака (или призраков), существ,

---

[15] Подробно обо всем, чем Набоков обязан Шопенгауэру, см. в [Senderovich, Shvarts 2007/2008]. Заглавие статьи Сендеровича и Шварц «Если просунуть голову между ног...» отсылает к эффекту мира, увиденного вверх ногами, упоминаемому У. Джеймсом и Р. Эмерсоном. См. также [Toker 1989, 1991].

способных, правда, лишь слегка влиять на физический мир
и, возможно, на поступки людей:

> Все, что мы можем сделать, понукая нашего фаворита
> двигаться в лучшем из направлений, в обстоятельствах, не
> влекущих за собой причинения кому-то другому ущер-
> ба, — это поступать подобно легкому ветерку, и уж коли
> подталкивать, так очень легко и в высшей степени опосре-
> дованно, — скажем, пытаясь наслать нашему фавориту сон,
> который, мы только надеемся, он припомнит как проро-
> ческий, если похожее происшествие и вправду случится
> [ССАП 5: 85].

И в самом деле, к концу романа они пытаются воздействовать на
причинность в мире Хью Персона, чтобы спасти героя от пожа-
ра, который они предвидят, но терпят неудачу, потому что Хью
психологически независим от любых действий, какие они могли
бы предпринять, зримо или незримо[16].

Но что это может значить и как может ученый всерьез призы-
вать к отказу от причинности в повседневной жизни? В конце
концов, даже копенгагенская интерпретация квантовой механики не отрицает причинную предсказуемость событий на уровнях
выше, чем субатомный. Вся эта антикаузальная риторика могла
бы привести к обвинению Набокова в антинаучной или релятивистской позиции. Внимание, которое я привлекал к его скепси-
су по отношению к эпистемологической уверенности, будь то
в науке или в обществе, может навести на мысль, будто он заклю-
чил союз с теми, кто дискредитирует привилегированную роль

---

[16] Здесь будет уместно привести занимательное рассуждение Ф. Франка о связи между причинностью и явлениями, выходящими за ее рамки, которые он
называет «чудесами»: «Другая, я бы сказал, более "научная" концепция, заключается в том, что не в характере законов природы предопределять все.
Всегда остаются некоторые бреши. При определенных обстоятельствах законы природы не сообщают, что непременно должно произойти: они допускают несколько возможностей, а какая из них воплотится, зависит от этой
высшей силы, которая, следовательно, способна вмешиваться, не нарушая
законов природы» [Frank 1998: 76].

научной работы в современном обществе. Временами кажется, что он и в самом деле так поступает — например, в лекции «Искусство литературы и здравый смысл» он открыто принижает основополагающую ценность математики и всех строящихся на ней наук:

> На известной стадии своей эволюции люди изобрели арифметику с чисто практической целью внести хоть какой-то человеческий порядок в мир, которым правили боги, путавшие, когда им вздумается, человеку все карты. <...> Потом... математика вышла за исходные рамки и превратилась чуть ли не в органическую часть того мира, к которому прежде только прилагалась. От чисел, основанных на некоторых феноменах, к которым они случайно подошли, поскольку и мы сами случайно подошли к открывшемуся нам мировому узору, произошел переход к миру, целиком основанному на числах, — и никого не удивило странное превращение наружной сетки во внутренний скелет [ЛЗЛ: 469][17].

Если рассмотреть этот фрагмент в совокупности с набоковским отрицанием статистики, с его предпочтением качественного исследования количественному, с желанием опровергнуть доминирующие теории, например, естественного отбора, у нас складывается портрет человека, который отвергает научный метод и его результаты ради субъективного и даже слегка мистического воззрения на мир. Однако именно здесь на помощь приходит гётеанское мировоззрение, напоминая о другом подходе к научному методу: в нем гипотеза и эксперимент играют меньшую роль, чем сбор данных и анализ, основанный на закономерности. Осознание Набоковым этого методологического контраста легко прочитывается в «Ultima Thule». Главный герой, Синеусов, в своей жажде познать истину говорит:

---

[17] Сравним с версией, выдвинутой провидцем Фальтером в «Ultima Thule»: «...математика, предупреждаю вас, лишь вечная чехарда через собственные плечи при собственном своем размножении, — я комбинировал различные мысли, ну и вот скомбинировал и взорвался, как Бертгольд Шварц» [ССРП 5: 129].

Гипотезу, пришедшую на ум ученому, он проверяет выкладкой и испытанием, то есть мимикрией правды и ее пантомимой. Ее правдоподобие заражает других, и гипотеза почитается истинным объяснением данного явления, покуда кто-нибудь не найдет в ней погрешности. Если не ошибаюсь, вся наука состоит из таких опальных, или отставных, мыслей: а ведь каждая когда-то ходила в чинах; осталась слава или пенсия [ССРП 5: 129][18].

Этот взгляд на прогресс науки довольно точно отражает концепцию Гёте: тот тоже весьма сдержанно высказывался о могуществе математики. При этом Гёте не единственный крупный мыслитель, поднимавший подобные вопросы: похожие сомнения выражал А. Эддингтон, чья экспедиция помогла подтвердить общую теорию относительности. Споря с Дж. Джинсом, безоговорочно признававшим универсальную роль математики, он писал:

Основная причина, по которой математик победил своих соперников, заключается в том, что мы позволили ему диктовать условия конкурса. Судьба каждой теории Вселенной решается математическим подсчетом. Правильная ли вышла сумма? Я не уверен, что математик понимает наш мир лучше, чем поэт и мистик. Возможно, дело только в том, что он лучше считает [Eddington 1935: 324][19].

Столь принципиальная позиция, согласно которой все теории сомнительны и, вероятно, будут опровергнуты, когда откроются новые факты или методы, на деле представляет собой суть современного научного этоса. О непрочности научного знания трубят

---

[18] Рассказ был написан около 1939 года, и это, в сочетании со всеми другими доказательствами, подтверждает вероятность того, что в предшествующее десятилетие Набоков много читал Гёте.

[19] Ср. с мыслью Круга в романе «Под знаком незаконнорожденных»: «Конечный разум, сквозь тюремные прутья целых чисел вперяющийся в радужные переливы незримого, всегда казался ему отчасти смешным. И даже если Вещь постижима, чего ради он или, коли на то пошло, кто угодно другой должен желать, чтобы феномен утратил свои локоны, зеркало, маску и обратился в лысый ноумен?» [ССАП 1: 341].

не так громко, как о его впечатляющих успехах, но то, что Набоков подчеркивает первое в ущерб второму, не уменьшает его роли первооткрывателя и энтузиаста-практика в науке. Научная работа была для Набокова одной из вершин сознания, наряду с художественным творчеством.

Хотя Набоков не был традиционным ученым, есть все основания полагать, что он горячо возражал бы против идеи, будто все научное знание изначально скомпрометировано социологическими предубеждениями. Однако он остро осознавал, что наука весьма чувствительна к предубеждениям, как *политическим*, так и *личным*. Он неоднократно и подробно писал о влиянии наблюдателя на наблюдаемый объект и рассказчика на рассказ. Признавая опасность предвзятого исследования или науки, ослепленной политическими пристрастиями, Набоков также чувствовал, что сама наука — это занятие, которое могло бы стремиться к идеалу беспристрастности и просвещенной интуиции, расширяя сферу человеческого познания. Вспомним, как в научных работах он привлекал внимание читателя к возможным слабостям собственной позиции или ограниченности своих эмпирических данных, приглашая будущих исследователей поправить его: это мы видели в главе 1. Сама научная работа представляет собой процесс достижения все более и более детализированного познания феноменальной реальности, и сегодняшние ошибки и неточности будут исправлены уточнениями следующего поколения.

Научную работу Набокова роднила с его художественным творчеством принципиальная неутилитарность с точки зрения практического выживания. «Чистая наука» и «чистое искусство» в его представлении шли рука об руку, расширяя сознание и выводя на границы борьбы за существование. Наука как неутилитарный поиск, стремление к знанию ради самого знания, представляла собой идеальное поле приложения для изобретательного ума. Каковы бы ни были ее слабости и подверженность ошибкам, все они поддавались исправлению в пределах нормальной работы научного сообщества. Принадлежа к этому сообществу, Набоков трудился, чтобы создать по возможности лучшие новые знания в своей области специализации, исправляя ошибки предшественников и при этом честно привлекая внимание к вопросам, требующим ответа, и к возможной предвзятости его собственных трудов.

Его заинтересованность в том, чтобы в ряде своих произведений («Приглашение на казнь», «Дар», «Ада», «Прозрачные вещи», «Сестры Вейн») отойти от строго реалистического, причинно-обусловленного повествования следует рассматривать в контексте его воззрений 1940-х годов на эволюцию. Хотя Набоков в научных работах весьма настойчиво использовал адапционистскую терминологию, он также выражал «неудовлетворенность» всеми доступными объяснениями механизмов действия этой теории. Его интерес к мимикрии как возможному источнику антидарвинистских доказательств ясно показывает его желание подчеркнуть недетерминированные явления в природе. С другой стороны, Набоков так и не опубликовал ни одной научной работы, посвященной исключительно мимикрии: если бы он изучил все доступные примеры и обсудил свои планы с коллегами-профессионалами, то, вероятно, понял бы, что этот конкретный аргумент против естественного отбора не выдержит серьезной критики. Чтобы и дальше следовать в этом направлении, ему пришлось бы расширить фокус внимания, чтобы охватить неадаптивные мутации в целом, особенно те, которые сохранились со временем.

Но скорее всего, его интерес бы двинулся в другом направлении, том, которое занимало центральное место в его искусстве и восприятии мира природы. Как мы уже убедились в главе 1, Набоков пришел к своему методу дифференцирования видов, выработав концепцию «синтетического характера»[20]. «Синтетический характер

---

[20] Для удобства частично повторим цитату: «Априори я предположил, что в ходе комбинирования и разделения общих признаков в различных расовых формах (и, кстати, именно это значение я придаю термину "форма"), можно было бы увидеть, что каждая из шести структурно различающихся групп (т. е. видов) *Lycaeides* повторяет определенные стадии одной и той же общей (т. е. родовой) вариации, но демонстрирует различия в ритме, масштабе и выражении, совокупность которых в сумме даст синтетический характер одного вида в его отличии от синтетического характера другого. Это оказалось правильным, поскольку в настоящее время вид известен...» [NMGL: 138].

видов» — комплексное понятие, основанное на знании коррелирующих индивидуальных вариаций в нескольких конкретных органах или вспомогательных органах данного вида. Это своеобразное «метазнание» о видах, ощущение, что должен существовать организм, превосходящий по строению то, что обнаружено в одиночной «типовой» особи. (Возможно, Набоков представлял себе нечто аналогичное абстрактному потенциалу генотипа со всеми его вариациями в индивидуальных особях, как противоположность конкретному фенотипу, выраженному в отдельной особи.)

Набор фенотипических выражений в феноменальном плане «реален» для познающего сознания, но является ли он частью *механизма* или *динамики* подлинного развития эволюции? Есть ли у таких вторичных явлений — не самих вариаций, но «синтетического характера» всех возможных вариаций внутри каждого вида и рода, — какой-то статус в мире природы? *Полезны* ли они для видов, о которых идет речь? Или они полезны — и, возможно, красивы — только для людей, которые жаждут их классифицировать? Коротко говоря, даже в привычных рамках своей научной мысли Набокову не составило бы труда найти другие пути, в обход конкретной области механизмов, конкуренции и выживания; собственно в 1940-е годы он и нашел эти обходные пути, хотя довольно эзотерические. Сознание, да и само искусство, хотя и не входили в его программу научных изысканий, также предоставляли ему пример порожденных природой видов деятельности, выходивших далеко за пределы области чистой «пользы»[21].

---

[21] То же касается «магических треугольников», которые Набоков отмечал на репродуктивном аппарате самца бабочки. Как мы видели в главе 1, Набокова особенно интересовали эти формы, поскольку он считал, что, будучи защищенными от воздействий окружающей среды, они должны быть более стабильными, чем другие характеристики. Последовательно синтетический, или целостный, подход Набокова к анализу видов предвосхитил классическую статью С. Гулда и Р. Левонтина, написанную в 1979 году [Гулд, Левонтин 2014]. Авторы статьи критикуют «адапционистскую программу» за «атомизацию» организма на признаки и пренебрежение «целостным организмом», многие из свойств которого могут не иметь никаких адаптивных преимуществ. В дальнейших исследованиях Гулд и Левонтин называют все неадаптивные (т. е. не подчиняющиеся требованиям отбора) структуры «пазухами» (термин, заимствованный из архитектуры. — *Примеч. ред.*). См. также [Alexander 2003: 183–186].

Уже высказывалось предположение, что научные догадки Набокова чем-то схожи с концепцией *эмерджентных* явлений, не так давно появившейся в исследованиях сложных систем. Достаточно было бы возможности существования эмерджентных форм[22], возникающих (как бы) не путем естественного отбора, а вследствие неожиданных сдвигов, чтобы восполнить утрату неутилитарной мимикрии? Наверное, только в том случае, если бы результаты были столь же «бесполезными» на поле битвы естественного отбора. В главе 1 я обратил внимание на то, как в воображении Константина Годунова-Чердынцева эволюция перемещается из области физической природы в сферу самого сознания. Хотя в версии Годунова-Чердынцева сознание достигается телеологически (это часть его идеалистического мировоззрения), нет никаких причин, по которым сознание само по себе не могло бы быть эмерджентным, нетелеологическим феноменом, сохраняя при этом всю приписанную ему Набоковым таинственность. Набоков стремился выявить «синтетический характер» видов, закономерности в развертывании суток или жизни и другие явления, которые, если они только не рождены «замыслом», должны быть эмерджентными свойствами, доступными сознанию (если не просто свойствами сознания); может быть, это непричинные знаки «потусторонних миров» или прорехи в ткани реальности: в любом случае все они составляют дискретные компоненты феноменальной «реальности» в том виде, в каком она переживается. Если они обнаружены, их можно назвать *открытиями* (если, скажем, «синтетический характер» обладает идеальной реальностью, как полагает старший Годунов-Чердынцев); если же они выдуманы, то являются *творениями* разума, но все же они реальны постольку, поскольку продолжают существовать. Они возникают в результате деятельности созна-

---

[22] В. Александер объясняет эту возможность теорией «нейтральной эволюции» и генетического дрейфа, в соответствии с которыми радикально новые черты могут появиться внезапно, в случае если латентные гены некоторое время мутировали до того, как очередная мутация или изменение окружающей среды заставят эти скрытые мутации проявиться [Alexander 2003: 199–207].

ния и могут влиять или не влиять на выживание, равно как и на природу самого сознания. Подозреваю, что в эту категорию творчества Набокова попадают произведения искусства в целом, образуя новую сферу, где важно прежде всего развитие или эволюция сознания, появление новых форм его существования. Именно этот переход проявляется в новаторском скрещивании разнородных орхидей в «Аде»: возможности эволюции сохраняются в сознании и мысли в той же мере (если не в большей), что и в других сферах природного мира[23].

Осведомленность Набокова в вопросах развития науки и интерес к ней играли главную роль в его стремлении осмыслить мир и вынести о нем художественные суждения. Я попытался показать, как этот интерес проявляется во всех его произведениях на разных уровнях. Но даже если мы о нем знаем, как привязать эту тему к более «всеохватным» интерпретациям романов или рассказов? Конечно, недостаточно предположить, что в них в первую очередь «идет речь» о границах причинности (в психологии, механике или экосистемах), точно так же как в «Лолите» не «идет речь» о каузальности убийства или педофилии.

Исследуя научную плоскость литературного творчества Набокова, вполне уместно рассмотреть самого автора как объект эмпирического изучения и эстетической рефлексии, чтобы понять, как пересекаются эти два варианта восприятия. В последние годы существует три основных научных подхода к Набокову; каждый из этих подходов претендует на главенство, стремясь сформировать или определить все дальнейшие направления исследований. Есть смысл рассмотреть их по отдельности. Это подход философский (идеалистический), этический и семиотический (интертекстуальный). Отчасти они пересекаются, но в каждом из них есть, как мне представляется, главный аспект, отличающий его от других. На этих главных отличиях я и сосредоточусь, попутно отмечая важные совпадения там, где это уместно.

---

[23] То же самое можно сказать о характере романа Федора в «Даре», отчасти «правдивом», отчасти «перекрученном».

Философская интерпретация распространилась в 1980-е годы благодаря работе Б. Бойда о романе «Ада» и статьям Д. Б. Джонсона, позже объединенным в книгу «Миры и антимиры Владимира Набокова» [Джонсон 2011]. В определенном смысле этот подход достиг апогея в книге В. Александрова «Набоков и потусторонность» [Александров 1999], после чего детализировался и шлифовался в работах Г. А. Барабтарло [Barabtarlo 1993] и Б. Бойда [Бойд 2015]. Последняя содержит множество доказательств и скрупулезную аргументацию в пользу того, что точный выбор Набоковым интертекстуальных отсылок подкреплял его стремление вплести тему сверхъестественного начала и вмешательства сверхъестественных сил в книгу, рассматриваемую некоторыми как его «главный» роман. В своем исследовании Бойд более, чем любой другой набоковед, проявлял чуткость к научной ипостаси Набокова, выявляя эпистемологические импликации его художественного творчества[24]. Подчеркивая важность многократного прочтения, необходимого, чтобы прийти к еще более детальному пониманию текста с его узорами, подтекстами и узорами подтекстов, Бойд выявил близкие параллели между научными методами, которые предпочитал Набоков, и опытно-эпистемологическим процессом изучения (внимательного перечитывания) его произведений. Бойд также обратил внимание на то, что в романах Набокова налицо тенденция задавать задачи, которые имеют уникальные и точные,

---

[24] Во введении к своей книге о «Бледном огне» Б. Бойд пишет: «Сейчас, когда со скепсисом воспринимается возможность художественного открытия как такового — и в сфере литературы, и в сфере литературоведения, — мне особенно хотелось бы настоять на том, что писатель и читатель могут еще открыть для себя новые способы письма и чтения, и что эти открытия сродни научному открытию как процессу» [Бойд 2015: 5]. В своей самой первой книге Бойд заметил, что даже в явно метафизических конструкциях господствовал научный метод: «Размышляя о потустороннем, сам Набоков чаще всего пользуется методом выдвижения и *проверки* гипотез» [Бойд 2012: 331]. Бойд также предполагает, что именно научный и шахматный опыт дал Набокову инструменты, помогающие имитировать в творчестве богатый артистизм природы [Бойд 2010a: 373].

хотя и труднонаходимые, правильные решения, аналогичные решениям шахматных задач[25].

В. Е. Александров и другие исследователи подчеркивали тщательную выверенность, «преднамеренность» произведений Набокова. Б. Бойд, ориентируясь в своем подходе на поиск задач и их решений, также выводит на первый план и подробно рассматривает телеологический аспект его творчества, предполагая, что искомая цель была предусмотрена и предопределена автором. Представляется, что такой подход прямо противоречит набоковскому пониманию природы: «...бесконечная последовательность шагов, уровней восприятия, фальшивых днищ, а потому она неутолима, недостижима» [СС: 23][26]. О романах Набокова говорят, что, когда найдено правильное решение, происходит характерный «щелчок»: все свидетельства аккуратно встают на место[27]. Если это так, если все его тексты таят в себе однозначные, окончательные решения, то художественные цели Набокова должны вступать в конфликт с его научной философией, его эпистемологией. Такое противоречие в принципе допустимо: *стремление* к абсолютному знанию при очевидной невозможности его достичь. Однако верно и то, что с самого начала двусмысленность была постоянной чертой творчества Набокова. «Щелчки», безусловно, не выдумка.

---

[25] «Опытные набоковеды должны знать, что Набоков не допускает двойных или множественных решений: его решения, как и решения его шахматных задач, точны (и, конечно, не содержат внутренних противоречий, как "вымышленное" предисловие)» [Boyd 2003: 76]. Как подтверждает анализ Дж. Гезари, шахматные задачи Набокова и других на самом деле могут подразумевать двойные или множественные решения (см. далее).

[26] Эти слова также перекликаются с замечанием А. Эддингтона: «Что касается внешних объектов, безжалостно анализируемых наукой, они изучаются и измеряются, но никогда не *познаются*. Наша погоня за ними переместилась из области твердого вещества к молекулам, от молекул к редко рассеянным электрическим зарядам, от электрических зарядов к волнам вероятности. Куда дальше?» [Eddington 1935: 322–323].

[27] См., например, [Kuzmanovich 2006: viii]. А согласно Э. Найману, даже лучшие из произведений Набокова основаны на предпосылке, что способы чтения бывают правильными и неправильными и для каждого текста существует «верная» интерпретация — «истинное понимание» произведения [Naiman 2005].

Но, как убедительно демонстрирует Б. Бойд, решения всегда подвергаются дальнейшему пересмотру, что нарушает сиюминутное равновесие и влечет за собой новые наборы задач. Во многих романах это в конечном итоге приводит к классической фигуре парадокса и к бесконечной регрессии, присущей поиску знаний (например, парадокс «самоперекручивания» Федора в «Даре» и загадка авторства в «Бледном огне»).

Есть одна биографическая деталь, которой часто объясняют безупречную конструкцию нарративных структур Набокова: это его любовь к шахматным задачам с их однозначными решениями. Однако два его высказывания должны дать нам понять, что в этом пристрастии крылось нечто более глубокое. Больше всего ему нравились задачи, призванные ввести в заблуждение опытного игрока, заставить сделать ряд осложняющих положение ошибок и лишь потом вернуться к началу и увидеть простое решение, которое неискушенный игрок найдет сразу же: «...значительная часть ценности задачи зависит от числа "иллюзорных решений", — обманчиво сильных первых ходов, ложных следов, нарочитых линий развития, хитро и любовно приготовленных автором, чтобы сбить будущего разгадчика с пути» [ССАП 5: 367–368][28]. Если смотреть на ситуацию в целом, «правильное» решение выглядит так: поддаться на провокацию, потом заметить свою ошибку и дать простой ответ. Второй подход — прямой путь к окончательному решению — проще, но хуже, поскольку игно-

---

[28] Далее в «Память, говори» приводится пример «одной определенной задачи»: «Ложный след, неотразимо соблазнительная "иллюзорная комбинация": пешка идет на b8 и превращается в коня, после чего белые тремя разными, очаровательными матами отвечают на три по-разному раскрытых шаха черных; но черные разрушают всю эту блестящую комбинацию тем, что, вместо шахов белым, делают маленький, никчемный с виду выжидательный ход в другом месте доски. <...> Но лишь теперь, многие годы спустя, я могу обнародовать информацию, скрытую в моих шахматных символах и пропущенную этим контролем, да, собственно, уже обнародовал» [ССАП5: 324]. Это, собственно, содержание задачи 1 из сборника «Стихи и задачи» [PP: 182]. Дж. Гезари после увлекательного анализа «виртуальной игры» как набоковской темы обращает внимание на одну из последних его опубликованных шахматных задач, получившую приз: задачу с «обратным матом» (матом самому себе) и двумя решениями [Gezari 1995: 51–52].

рирует двусмысленность и скрытые намеки на сложность. Или возьмем другую любимую задачу Набокова, основанную на ретроградном анализе: чтобы ее решить, белые должны *вернуть ход* перед финальной матовой комбинацией. Эта задача (которую Набоков относит к «сказочным»[29]) подразумевает, что вопреки всему правила игры могут быть нарушены. Так что, оказывается, шахматные задачи не служат таким уж убедительным обоснованием телеологичности набоковских нарративов.

Также предполагалось, что метафизические, даже сверхъестественные элементы повествований Набокова входят в противоречие с его сугубо эмпирическими научными работами и мировоззрением, и, следовательно, эти два вида творчества нужно рассматривать отдельно (такое разделение поддержал бы, скажем, Кант). Однако во всех случаях, за исключением, пожалуй, «Прозрачных вещей», предполагаемое вмешательство призраков или иные метафизические вторжения могут быть интерпретированы как небуквальные: как проявление сложных психологических феноменов или пример одного из способов, которыми система может «нарушать правила» (в данном случае физики и причинности). И даже в «Прозрачных вещах», где, казалось бы, духам ушедших позволено существовать и даже в ограниченных пределах влиять на земную жизнь, это происходит в рамках исследования темпоральной сущности реальности («пространство оказалось опухолью»), где сознанию придается привилегированный и независимый статус за пределами его материального субстрата. Здесь никоим образом не предполагается наличие телеологической системы, в основе которой лежали замысел и исполнение. Хотя такие творческие фантазии или догадки не имеют почти ничего общего с наукой, они ближе к духу научного вопрошания, чем к чистым метафизическим рассуждениям. Иными словами, роман вовсе не демонстрирует веру в духов, реально и недвусмысленно участвующих в движении человече-

---

[29] Задача 18 [PP: 199]. («Сказочными» шахматами называют раздел шахматной композиции, где допускается отход от общепринятых правил игры. — *Примеч. ред.*)

ства к некоей метафизической цели; в нем, скорее, предлагается некая гипотеза как ответ на загадочный тезис Набокова в «Память, говори»: «...и если в ходе спирального развития мира пространство спеленывается в некое подобие времени, а время, в свою очередь, — в некое подобие мышления, тогда, разумеется, наступает черед нового измерения — особого Пространства, не схожего, верится, с прежним, если только спирали не обращаются снова в порочные круги» [ССАП 5: 576].

«Особое пространство» романа — место, где все прошедшее время проявляется в каждом предмете, и ближайшее будущее тоже видно, хотя и смутно. Но истин в последней инстанции, объяснений основ бытия здесь не больше, чем в любом другом произведении Набокова. Он просто задает вопрос (наряду с другими, более приземленными): что, если сознание может существовать вне времени, после смерти?

Такие вопросы поначалу кажутся абсолютно ненаучными. Однако мы видели, что интерес Набокова к «психическим исследованиям» — непрекращающимся попыткам изучать эти вопросы научными методами — был не просто мимолетным увлечением. Дело не в том, что эти попытки так и не принесли убедительных результатов: важно, что реальность «психических» явлений *может* быть подвергнута научному исследованию. Иными словами, для человека, не разделяющего материалистических взглядов, надежда на то, что интуитивно прозреваемые паранормальные явления можно привести к рациональному знаменателю, не будет необоснованной, антинаучной или сверхъестественной. Ни одно из этих «избыточных» явлений не представлено как твердо известный факт, и отчасти поэтому они попадают в область гипотез и мысленных экспериментов, а не убежденного спиритизма. Это возможное расширение научного мышления, а не его прямая противоположность.

Этически обоснованная интерпретация работ Набокова не так уж далека от метафизической, отчасти потому, что допускает существование априорных нравственных стандартов, по которым мы должны оценивать действия главных героев. Среди ведущих сторонников этого подхода — Э. Пайфер [Pifer 1980], Дж. Коннолли [Connolly 1991], все тот же Б. Бойд, особенно в работах, посвященных «Лолите» и «Аде», и Г. А. Барабтарло: в работе «Троичное начало у Набокова» [Барабтарло 1999; Barabtarlo 1999] он помещает любовь в аксиологический центр творчества Набокова[30]. Г. А. Барабтарло указывает на пересечение научных и морально-этических аспектов, заявляет, что Набоков движим «ненасытной любовью к вещественной подробности, доступным любому из пяти воспринимательных чувств», что исследователь далее определяет как «жадноокая любовь к сотворенному миру, во всех его микро- и макроформах, к малому и большому, незамеченному или не описанному ранее и потому умоляющему, чтобы его оживили точным и свежим описанием» [Там же]. Сама наука — труд естествоиспытателя, таксономиста, теоретика — в мире Набокова являет собой чистейшую форму этого вида любви. В своем неуклонном стремлении достичь еще более точных приближений к «истине» природы — как истине фактов (особь, вид), так и истине взаимоотношений (род, семья, экосистема) — он выражает эту особую разновидность любви.

За художественными произведениями Набокова, изображающими материальную среду и неповторимых личностей, и его метафизическими размышлениями стоит один и тот же принцип. Суть этики и морали состоит в нашей оценке собственных поступков по отношению к другим, и, как отмечал М. М. Бахтин, даже попытка узнать человека является этическим действием. Может ли человек, наделенный сознанием, быть предметом научного, эмпирического познания так же, как внечеловеческий мир природы? У Набокова это вызывает большие сомнения. Ведь любое знание о другом человеке радикальным образом ограничено, даже сильнее, чем знание эмпирической природы. В результате произведения Набокова отражают и необходимость проникать во внутреннюю жизнь других людей — что особенно отчетливо видно в «Даре», «Истинной жизни Себастьяна Найта» и «Пнине» — и опасность, которую несет в себе пренебрежение

---

[30] Этические темы у Набокова также были тщательно исследованы Л. Токер, М. Вудом, З. Кузмановичем и Д. Драгуною (см. Библиографию).

к чужой внутренней жизни (в «Лолите», «Бледном огне» и «Аде»). Таким образом, науку психологии в творчестве Набокова подрывают именно *этические соображения*: мысль, что научное изучение сознания рискует заслонить или даже отвергнуть его тайну и, пусть непреднамеренно, разрушить его автономию — а последствия могут быть подобны тому, что происходит в мирах «Приглашения на казнь» и «Под знаком незаконнорожденных» (и можно предположить, что именно от такого исхода убегает Тимофей Пнин в конце своей истории).

Этическую составляющую содержат, пользуясь метким выражением Г. Барабтарло, и «пробные тычки» Набокова в сферу метафизического запредельного. Притом что Набоков интересовался попытками науки обрести хотя бы проблески знания о том, что существует за пределами горизонта разума и земного бытия, его литературная трактовка таких тем обращает на себя внимание своим гипотетическим, если не чисто игровым характером. За исключением очевидного предположения Набокова, что в основе мира лежит добро, все его метафизические допущения носят сугубо умозрительный характер. Об этом говорит, помимо прочего, манера постоянно вплетать в произведения некий символ присутствия автора — в виде анаграммы или под маской второстепенного персонажа. Для нас это своего рода романтическая ирония, посредством которой писатель отказывается утверждать или даже намекать на авторитетность своих суждений о конечных пределах и онтологическом статусе мира. (Можно ли вообразить Толстого, так же иронизирующего над своими метафизическими высказываниями?) В своем отказе претендовать на авторитет Набоков не только проявляет предельную честность, но и оставляет читателям максимальный простор для собственных метафизических построений: это тот путь, которым притязания науки или знания самоумаляются из этических соображений, дабы не посягать на независимость других[31]. Как исследование знания,

---

[31] Эта позиция соответствует, если не непосредственно следует трактовке «мнения» И. Кантом в «Трансцендентальном учении о методе» [Кант 1999: 603–605].

как ряд художественных репрезентаций страстной жажды понимания, подход Набокова к изображению этих трех уровней — физического, личностного и метафизического — демонстрирует один из способов понять органическую связь между научным и философским способами исследования.

Направление интерпретации, которое я назвал интертекстуальным, особенно тесно связано с вышеописанной эпистемологической прогрессией и воплощает точный дух этой дифференциации. Исследователи, работающие в этом направлении, наиболее тщательно разработанном А. А. Долининым, О. и И. Роненами, С. Сендеровичем и Е. Шварц, И. Паперно, Ю. Левингом и Э. Найманом, стремятся раскрыть, если можно так выразиться, точную природу композиционных единиц и правил Набокова: они рассматривают само вещество и законы, составляющие его художественный мир. По точности, строгости и достоверности эта область исследований больше всего похожа на «науку» в ее традиционном кантианско-ньютоновском смысле: ясные гипотезы, прямые доказательства, скромные, однозначные и проверяемые выводы[32]. Плотность и количество культурных и литературных аллюзий во всех произведениях Набокова обеспечили и, вероятно, еще долго будут обеспечивать чрезвычайно плодородную почву для исследований. Это, можно сказать, область «чистой науки» в литературоведении, поиск основных составляющих, которые могут привести (или не привести) к окончательной интерпретации «смысла» данного произведения.

Чем больше выявляется скрытых, но поддающихся проверке интертекстуальных отсылок, тем тверже уверенность, что Набоков умышленно стремился к тому, чтобы его творения взаимодействовали с внешним культурным контекстом на каждом уровне, почти в каждом предложении. Достиг ли он на самом деле столь высокой степени интертекстуальности, еще предстоит

---

[32] Следует отметить, что Б. Бойд также обнаружил множество интертекстов, особенно в «Аде» и «Бледном огне». Однако Бойд демонстрирует эти находки, чтобы показать их определенные функции в системе смыслов (например, тематическая значимость поэмы Р. Браунинга «Пиппа проходит», оттеняющей роль Хэйзель Шейд в «Бледном огне»).

увидеть, но плотность уже настолько велика, что можно с уверенностью утверждать: Набоков создавал свои произведения, активно и широко используя огромное количество культурного материала. Именно язык культуры служил ему основным средством, а не язык как таковой, который, скорее, был вынужден приспособиться или подчиниться этому доминирующему композиционному закону.

Рассматривая произведения Набокова с этой точки зрения, мы уподобляем их отдельной вселенной, которую постепенно узнаем, внимательно изучая материал, из которого они сделаны, способы, которыми они организованы, и пути, на которых порождается смысл. Слово «смысл» употребляется здесь в скромном значении: не высший или абсолютный смысл, а локальный, значимость которого обусловлена тематикой рассматриваемого произведения. Сторонники этого подхода склонны избегать поиска окончательного смысла у Набокова, отчасти, конечно, потому, что работа по выявлению аллюзий еще далеко не завершена. Но есть, по-видимому, и другая причина: желание оставаться в рамках научного подхода, как истинные приверженцы метода, принявшие эстафету формализма и структурализма. Здесь главенствует тенденция не выводить предположения и утверждения за рамки эмпирически доказуемого, не забредать в область возможных философских или метафизических гипотез. При таком подходе произведения рассматриваются как эмпирические явления, о которых что-то можно сказать с достаточной уверенностью, а что-то остается в области догадок. Особенно четко эта позиция выражена в основополагающей работе С. Сендеровича и Е. Шварц:

> Мы намеревались реконструировать мотивы, объединенные источниками референции, чтобы рассмотреть их сети как семантические слои, каждый из которых охватывает весь корпус произведений Набокова и наделен особой функцией. Именно эта уникальная функция превращает сеть аллюзий к конкретному писателю или культурному контексту в измерение, составляющее неотъемлемую часть поэтического мира Набокова. <...> Таким образом, мы отстаиваем взгляд на творчество Набокова как на мир, расположенный

в своих уникальных измерениях и управляемый своими собственными уникальными законами. С этой позиции мы получаем шанс точно понять особенности этого мира, причем так, как задумал автор, а не просто сочинить очередную замысловатую интерпретацию [Senderovich, Shvarts 1999: 179].

Работая таким образом, ученые строго придерживаются определения научной деятельности, данного Кантом, и «конечные смыслы» в их трудах не фигурируют как метафизические материи, о которых у нас могут быть мнения, но нет уверенности или эмпирического знания. Набоков и сам в работах по лепидоптерологии и в эмпирическом комментарии к пушкинскому «Евгению Онегину» держался в рамках научной практики.

Но держался ли? Я описал несколько способов, которыми Набоков пытался вырваться из формальных ограничений науки: это идеи о магическом треугольнике, о «синтетическом характере» вида, о принципе неутилитарности, даже артистизма в природе (конечно, последний в опубликованной научной работе звучит весьма сдержанно, в отличие от художественных «Отцовских бабочек»). И стоит еще раз вспомнить афоризм Набокова: «...естествознание ответственно перед философией, а не перед статистикой». Соответственно, его произведения провоцируют и вознаграждают всевозможные рассуждения о смыслах, — этим занимаются и его персонажи, пусть даже не приходят к «убедительным доказательствам» абсолютной истины; но в то же время в них могут найти опору и глубоко обоснованные «строгие суждения». Поэтому неудивительно, что иногда даже исследователи-эмпирики переходят в более опасную сферу чистой гипотезы, если чувствуют, что собрали достаточно доказательств, чтобы предложить смелую теорию. В конце концов, именно таким был метод, предложенный Бэконом и Гёте и подхваченный Константином Годуновым-Чердынцевым в его теории видообразования.

Набоков не считал, что искусство управляется теми же законами, что и наука: лучшее искусство минует рамки рационального и причинного, что запрещено науке. Напомним еще раз цитату из лекции «Искусство литературы и здравый смысл»:

В этом изумительно абсурдном мире души математическим символам нет раздолья. При всей гладкости хода, при всей гибкости, с какой они передразнивают завихрения наших снов и кванты наших соображений, им никогда по-настоящему не выразить то, что их природе предельно чуждо, — поскольку главное наслаждение творческого ума — в той власти, какой наделяется неуместная вроде бы деталь над вроде бы господствующим обобщением [ЛЗЛ: 468][33].

Это кредо отражает принципиальную веру Набокова в то, что рациональное мышление представляет собой систему замкнутую, но не абсолютную. Согласно Канту, наука открывает правила, отражающие эмпирические закономерности мира, и таким же правилам подчиняется. Искусство, напротив, ищет отклонения, единичные случаи и несообразности. Необычность подхода Набокова состоит в допущении, что само по себе эмпирическое исследование позволяет замечать или интуитивно чуять аномалии — и именно аномалии оказываются самой захватывающей и многообещающей областью исследования; это подтвердилось его открытием, которое он так высоко ценил, — «загадочно постоянной» голубянки Карнера [NNP: 535, 539]. В итоге из этих отклонений может сложиться какая-нибудь новая теория — и тогда им на смену придет новый набор необъяснимых данных[34]. Человеческий разум стремится к регулярности и последовательности, которые создает даже на голом месте, — он готов «скорее изобрести причину и приладить к ней следствие, чем вообще остаться без них» [ТгМ: 503]. Таким образом, по определению, все сопротивляющееся рациональной систематизации и будет вероятной областью для поиска того, что находится за пределами способности разума к пониманию.

---

[33] Ср. в лекции «Трагедия трагедии»: «Наивысшие достижения поэзии, прозы, живописи, режиссуры характеризуются иррациональностью и алогичностью, тем духом свободной воли, который прищелкивает радужными пальцами перед чопорной физиономией причинности» [ТгМ: 504].

[34] Такова природа научного прогресса в понимании Т. Куна [Кун 2003].

* * *

Набоков всегда крайне осторожно выражал свои знания в любой сфере, уверенность в любой теории, и был гораздо более склонен критиковать, чем поддерживать господствующие теории или идеологию. Создается впечатление, что он прилагал немало усилий, чтобы подорвать авторитет любой систематизирующей теории или притязаний на знание: так он поступил с Достоевским, Фрейдом, Дарвином, а позже даже с Эйнштейном: такой подход не так давно пропагандировал физиолог и философ науки Р. С. Рут-Бернштейн[35]. Набоков критиковал общепринятую мудрость как ученый и как преподаватель; о том же он не раз говорил в интервью. Сходство между его утверждениями и высказываниями П. Успенского о науке, которая «даже не приблизилась» к пониманию некоторых вещей, вызывает вопрос: если эта мысль была настолько близка Набокову, что он по-своему повторил ее, ценил ли он другие, метафизические аспекты учения Успенского? Ответ: мы не знаем. Не знаем потому, что Набоков изо всех сил старался, чтобы ни одно его произведение не содержало безапелляционных метафизических утверждений; двусмысленность несут в себе даже самые ранние его журнальные статьи (см. например «Стихи и схемы»). Нам известны два явно противоречащих друг другу факта: Набоков размышлял о метафизических вопросах; он критически относился ко всем программным выражениям мистицизма. В 1950-е годы он отмечал в литературе начала XX века явление, которое называл «поддельным мистицизмом» символистских пьес[36]; в двадцатилетнем возрасте критиковал ту же тенденцию в стихах своего брата Сергея. Если

---

[35] Рут-Бернштейн утверждает, что такая иконоборческая деятельность имеет огромную ценность для науки: «...больше всего мы узнаем, когда бросаем вызов общепринятым представлениям с помощью самых веских и лучших аргументов, какие только можем собрать. <...> Попытка подорвать догму часто раскрывает новые аспекты знания или заставляет нас применять его *новыми и новаторскими способами, оправдывающими переосмысление*» [Root-Bernstein 1996: 49–50].

[36] Дневник за 1951 год, 15 янв. (Berg Coll.).

мы сопоставим эти факты с многозначительным заявлением Набокова «я знаю больше того, что могу выразить словами» [CC: 61], то начнем постепенно прозревать общий принцип: притязания на истинное знание налагают огромную ответственность и могут быть очень опасными из-за непредсказуемых, часто катастрофических последствий. Мы видим, как этот принцип воплощается в научной, литературной и преподавательской деятельности Набокова.

Заявка на знание играла колоссальную роль в истории человечества, особенно в истории Запада, начиная с XVIII века. Распространение позитивизма после ньютоновских открытий и его постромантическое возрождение социалистами произошло потому, что некоторые заявки на знание были успешно перенесены из области естественных наук в политику и социальную теорию. Правомерные в отношении природных явлений, в общественной жизни они породили политическую программу преобразования социума на рациональной основе. Во многом этому способствовала уверенность в том, что гуманитарная наука в состоянии решить все проблемы, стоящие перед обществом. Эта уверенность и стала краеугольным камнем социалистических и большевистских идей, а в конечном итоге обернулась мифом о непогрешимости советского режима. По аналогичной модели религиозное знание переходило в государственную власть во время христианизации Киевской и Московской Руси. Заявки на абсолютное, неоспоримое знание всегда носят религиозный характер, но дело даже не в этом. Важнее другое: этот путь ведет к двойному закрепощению. С одной стороны, якобы «истинное» знание полно ошибок, которые намеренно игнорируются; это, с другой стороны, грозит тем, что стерилизованное, готовое к употреблению «знание» будет преобразовано в убедительную программу политических действий и, следовательно, власти. При этом «знание» или «истина», в значительной степени ложные, превращаются в идола, которому должны быть принесены в жертву другие ценности (что драматически и трагически проиллюстрировано в романах «Под знаком незаконнорожденных» и «Приглашение на казнь»).

Преклонение перед знанием — фаустовская сделка — и особенно безоговорочная вера в него ведут к тому, что знание оказывается в привилегированной позиции по отношению к неопределенности и сократовскому неведению. Поклонение позитивному знанию может привести к тирании мысли, если не к откровенному деспотизму. Как это происходит? Ученые, действующие в мире, где они полностью осознают свои эпистемологические ограничения, тем не менее умудряются высказывать позитивные утверждения о природе. По разным причинам, которые в свое время перечислил Гёте, говоря о Ньютоне, они делают выборочные заявления о том, на каких основаниях пришли к знанию, и обычно умалчивают о хаосе и неопределенности, которые сопутствовали их работе[37]. Гёте был против подобных недомолвок, и, судя по всему, Набоков тоже. Оба настаивали на полной открытости научного процесса. Опасно, в их понимании, то, что научная культура, которая преуменьшает сомнения, загадки и ошибки, неизбежно порождает соблазн слепо доверять потенциальным возможностям человеческого знания. Набоков, по-видимому, остро ощущал опасность заявок на знание; этому его научил жизненный опыт, хотя такое отношение было характерно для неоидеалистов задолго до прихода к власти большевиков. Высказывания Набокова соответствуют правилу: любая неподтвержденная заявка на знание, научное или религиозное, сродни притязанию на власть. Но поскольку ни одна интересная или важная заявка на знание не может быть по-настоящему полной, всеобъемлющей и безошибочной, все утверждения о всеобъемлющем знании представляют собой попытку сосредоточить в своих руках власть, основанную на ложных предпосылках, усугубляемых тем фактом, что цель заявителей — не знание, а сила. Только утверждения, в которых постоянно подчеркивается их неполнота и признаются как человеческие когнитивные, так и практические экспериментальные ограничения, не

---

[37] Мы могли в этом убедиться на примере гётевской критики Ньютона и эксперимента Р. Милликена с каплями масла (1909). См. примечание 37 к главе 1. См. также [Holton 1978: 25–83].

участвуют в погоне за властью. Таким образом, и Гёте, и Набоков выступали за этичную науку, учитывающую разные возможные последствия открытий, — не только их содержания, но и того, как они были сделаны. Истина и знание, воплощенные в научных исследованиях, присутствуют не только в конечном результате, но и во всем процессе их становления. И лишь самовопрошающая наука с таким же процессом открытия ведет к культуре знания, прочно защищенной от политического присвоения. Власть имущие — если они вообще приемлют науку — не любят универсалистских, бесформенных, сомневающихся в себе научных доктрин, модель которых нелегко передать массам и превратить в политический капитал. Поведение Набокова, который не желал указывать читателям, во что им верить, а, напротив, призывал их искать и вопрошать, делает его одним из самых этичных писателей современности.

Искусство и наука представляют собой разные виды познания: искусство может, по сути, содержать знание, недоступное науке[38]. Для Набокова и искусство, и наука указывают на то, что таится у самых границ разума и сознания или даже за их пределами. Искусство ищет эти пределы, исследуя внутренние формы сознания как условие знания и опыта; наука — измеряя все, что сознание может или могло бы познать эмпирически. Двигаясь с противоположных сторон, они соединяются, как предполагает Набоков, на высоком узком гребне, откуда открывается великолепный вид на окружающие пейзажи.

---

[38] Ср. вывод Рут-Бернштейна: «...возможно, художники и в самом деле обладают знанием, которого нет у ученых» [Root-Bernstein 1996: 75].

Источники

Принципы цитирования

Художественные произведения Набокова цитируются в основном по Собраниям сочинений русского (ССРП) и американского (ССАП) периодов. При ссылках на роман «Истинная жизнь Себастьяна Найта» используется не вошедший в ССАП перевод А. Горянова и М. Мейлаха как более точный. Из двух переводов заглавия романа *Pale Fire* — «Бледный огонь» и «Бледное пламя» — нами был выбран первый (ср. в «Защите Лужина»: «Проплыл бледный огонь и рассыпался с печальным шелестом» [ССРП 2: 391]); соответственно, цитируется перевод В. Набоковой «Бледный огонь», также не вошедший в ССАП.

При ссылках на мемуары Набокова автор использует окончательный вариант книги «Память, говори», и в этом мы следуем за ним. Роман «Камера обскура» цитируется в русском оригинале, хотя С. Блэкуэлл ссылается на автоперевод Набокова «Смех в темноте» (*Laughter in the Dark*).

В книге часто упоминается и цитируется текст под названием «Отцовские бабочки». Этот фрагмент, который Набоков намеревался включить во второе издание «Дара», был впервые опубликован в переводе Д. Набокова в сборнике *Nabokov's Butterflies* (1999) под названием *Father's Butterflies*, придуманным Б. Бойдом (см. вступительную заметку Бойда к [ВДД]). В 2001 году в журнале «Звезда» (№ 1) был опубликован русский оригинал с первоначальным «рабочим» заглавием «Второе добавление к "Дару"». Все цитаты в книге приводятся по этой публикации, однако в тексте мы сочли целесообразным сохранить заглавие «Отцовские бабочки», которое использует автор.

Прочие источники цитирования см. ниже.

Ред.

Архивные материалы

Berg Coll. — Архив В. В. Набокова, Berg Collection (собрание братьев Берг), Нью-Йоркская публичная библиотека:
Дневник за 1951 год.
Ежедневник за 1945 год.
Заметки для «Текстуры времени».
Заметки на разные темы.
Заметки по текущей работе.
Ритмы шестистопнаго ямба. Е. А. Баратынский.
Чехов (Машинопись с исправлениями).
Материалы по лепидоптерологии.
Письма Е. И. Набоковой.

LCNA — Library of Congress Nabokov Archive (Архив В. В. Набокова, отдел рукописей Библиотеки Конгресса США):
«Бледный огонь», черновик на английском. Контейнеры 3–5.
Второе добавление к «Дару». Контейнер 2.
Заметки к «Лолите» (на английском). Контейнер 2.
Наброски к «Дару» (на русском). Контейнер 2.
Письмо Раисе Татариновой. 11 ноября 1937 года. Контейнер 1.
«Пнин». Заметки на английском. Контейнер 8.
«Стихи и схемы». Контейнер 10.

Опубликованные источники

Сокращения (произведения Набокова)
AnLo — The Annotated Lolita / A. Appel, Jr., ed. New York: Vintage Books, 1991.
KQK — King, Queen, Knave. New York: McGraw-Hill, 1968.
LATH — Look at the Harlequins! New York: Vintage International, 1991.
NB — Nabokov's Butterflies / eds B. Boyd, R. M. Pyle. Trans. D. Nabokov. Boston: Beacon Press, 1999.
NFLH — Nearctic Forms of Lycaeides Hüb. (Lycaenidae, Lepidoptera) // Psyche. 1943. Vol. 50. № 3–4 (Sept. — Dec.). P. 87–99.
NMGL — Notes on the Morphology of the Genus Lycaeides (Lycaenidae, Lepidoptera) // Psyche. 1944. Vol. 51. № 3–4 (Sept. — Dec.). P. 104–138.

NMGLH — The Nearctic Members of the Genus Lycaeides Hübner // Bulletin of the Museum of Comparative Zoology at Harvard College. 1949. Vol. 101. № 4. P. 479–541.

NNP — Notes on Neotropical Plebejinae (Lycaenidae, Lepidoptera) // Psyche. 1945. Vol. 52. № 1–2 (Mar. — June). P. 1–61.

OG — On Generalities / Публ. А. А. Долинина. Звезда. 1999. № 4. С. 12–14.

PP — Poems and Problems. New York: McGraw-Hill, 1970.

RML — Remarks on F. Martin Brown's 'Measurements and Lepidoptera // Lepidopterist's News. Vol. 4 (1950). P. 75–76.

SL — Selected Letters 1940–1977. Dmitri Nabokov and Matthew J. Bruccoli / eds. San Diego: Harvest/HBJ, 1989.

БО — Бледный огонь / пер. с англ. В. Е. Набоковой. Анн Арбор: Ардис, 1983.

ВДД — Второе добавление к «Дару» // Звезда. 2001. № 1. С. 85–109. URL: https://magazines.gorky.media/zvezda/2001/1/vtoroe-dobavlenie-k-daru.html (дата обращения: 01.12.2021).

ДПДВ — Дорогой Пончик. Дорогой Володя. В. Набоков — Э. Уилсон. Переписка. 1940–1971 / пер. с англ. В. Таска. СПб.: КоЛибри, 2013.

ИЖСН — Истинная жизнь Себастьяна Найта / пер. с англ. А. Горянина, М. Мейлаха. СПб.: Азбука, 2019.

КЕО — Комментарии к «Евгению Онегину» Александра Пушкина / пер. с англ., под ред. А. Николюкина. М.: НПК «Интелвак», 1999.

ЛЗЛ — Лекции по зарубежной литературе / пер. с англ., под ред. В. Харитонова. М.: Независимая газета, 1998.

ЛРЛ — Лекции по русской литературе / пер. с англ. А. Курт. М.: Независимая газета, 1999.

ПВ — Письма к Вере. СПб.: Азбука-классика, 2019.

ПГС 1 — Письма В. В. Набокова к Г. П. Струве. 1925–1931 // Звезда. 2003. № 11. С. 115–150.

ПГС 2 — Письма В. В. Набокова к Г. П. Струве. Часть вторая. (1931–1935) // Звезда. 2004. № 4. С. 139–163.

ПНД — Переписка Владимира Набокова с М. В. Добужинским / публ., вступ. заметка и примеч. В. Старка // Звезда. 1996. № 11. С. 92–108.

ПНП — Переписка Набоковых с Профферами / пер. с англ. Н. Жутовской // Звезда. 2005. № 7. С. 123–171.

СС — Строгие суждения / пер. с англ. М.: КоЛибри, 2018.

ССАП — Собрание сочинений американского периода: в 5 т. СПб.: Симпозиум, 2004.

ССРП — Собрание сочинений русского периода: в 5 т. СПб.: Симпозиум, 2004–2008.

Ст — Стихотворения. СПб.: Академический проект, 2002.

ТгМ — Трагедия господина Морна. Пьесы. Лекции о драме / пер. с англ. А. Бабикова, С. Ильина. СПб.: Азбука-Аттикус, 2008.

Другие источники

Берг 1922 — Берг Л. С. Номогенез, или Эволюция на основе закономерностей. Пг.: Госиздат, 1922.

Бор 1961 — Бор Н. Атомная физика и человеческое познание / пер. с англ. В. Фока, А. Лермонтовой. М.: Изд-во иностранной литературы, 1961.

Бухарин 2008 — Бухарин Н. И. Теория исторического материализма. М.: Вече, 2008.

Вейль 1986 — Вейль Г. Теория групп и квантовая механика / пер. с англ. В. Галаева, С. Шеховцова. М.: Наука, 1986.

Вейсман 1905 — Вейсман А. Лекции по эволюционной теории / пер. с нем. В. Елпатьевского, Г. Риттера. М.: М. и С. Сабашниковы, 1905.

Вернадский 1926 — Вернадский В. И. Биосфера. Л.: Науч. хим.-технол. изд-во, 1926.

Гельмгольц 1866 — Гельмгольц Г. Популярные научные статьи Г. Гельмгольца, орд. проф. физиологии при Гейдельберг. ун-те: Вып. 1. СПб.: О. И. Бакст, 1866.

Герцен 1957 — Герцен А. И. Полное собрание сочинений. М.: ГИХЛ, 1957. Т. 11.

Гёте 1957 — Гёте И. В. Избранные сочинения по естествознанию / пер. с нем. И. Канаева. М.: Изд-во Акад. наук СССР, 1957.

Гёте 1964 — Гёте И. В. Избранные философские произведения / пер. с нем. М.: Наука, 1964.

Гёте 1980 — Гёте И. В. О правде и правдоподобии в искусстве // Гёте И. В. Собрание сочинений: в 10 т. М.: Художественная литература, 1980. Т. 10. С. 58– 63.

Дарвин 1950 — Дарвин Ч. Различные приспособления, с помощью которых орхидеи опыляются насекомыми / пер. с англ. И. Петровского // Дарвин Ч. Сочинения. Л.: Изд-во АН СССР, 1950. Т. 6. С. 69–226.

Достоевский 1973 — Достоевский Ф. М. Преступление и наказание // Ф. М. Достоевский. Полное собрание сочинений: в 30 т. Т. 6. Л.: Наука, 1973.

Кандинский 2014 — Кандинский В. В. Точка и линия на плоскости / пер. с нем. Е. Козиной. СПб.: Азбука-Аттикус, 2014.

Кузнецов 1915 — Кузнецов Н. Я. Насекомые чешуекрылые. Т. 1. Пб.: Тип. Имп. Акад. наук, 1915.

Ленин 1968 — Ленин В. И. Материализм и эмпириокритицизм // В. И. Ленин. Полное собрание сочинений. 5-е изд. Т. 18. М.: Изд-во политической литературы, 1968.

Майр 1942 — Майр Э. Систематика и происхождение видов с точки зрения зоолога. М.: Гос. изд-во иностранной литературы, 1947.

Мах 2000 — Мах Э. Механика: историко-критический очерк ее развития / пер. с нем. Г. Котляра. Ижевск: Редакция журнала «Регулярная и хаотическая динамика», 2000.

Мах 2003 — Мах Э. Познание и заблуждение: очерки по психологии исследования / пер. с нем. Г. Котляра. М.: БИНОМ, 2003.

Менделеев 1906 — Менделеев Д. И. Основы химии. СПб.: Типо-лит. М. П. Фроловой, 1906.

Пушкин 1937 — Пушкин А. С. Полное собрание сочинений. Л.: Акад. наук СССР, 1937. — Т. 13.

Рибо 2001 — Рибо Т. Болезни личности. Опыт исследования / пер. с. франц. М.: АСТ; Минск: Харвест, 2001.

Толстой ПСС — Толстой Л. Н. Полное собрание сочинений: в 90 т. М.: ГИХЛ, 1928–1958.

Уитроу 1964 — Уитроу Дж. Естественная философия времени / пер. с англ. Ю. Молчанова и др. М.: Прогресс, 1964.

Успенский 1916 — Успенский П. Д. Tertium organum. Ключ к загадкам мира. Пг.: Издание Н. П. Таберио, 1916.

Успенский 2020 — Успенский П. Д. Новая модель вселенной / пер. с англ. Н. фон Бока. М.: Амрита, 2020.

Фейнман 2019 — Фейнман Р. Вы, конечно, шутите, мистер Фейнман? / пер. с англ. С. Ильина. М.: АСТ, 2019.

Хант 2009 — Хант М. История психологии / пер. с англ. А. Александровой. М.: АСТ, 2009.

Холодковский 1923 — Холодковский Н. А. Биологические очерки. М.; Пг.: Гос. изд-во,1923.

Эйнштейн 1967 — Эйнштейн А. Эрнст Мах / пер. с нем. // Эйнштейн А. Собрание научных трудов: в 4 т. Т. 4. М.: Наука, 1967. С. 27–33.

Эмерсон 1977 — Эмерсон Р. Природа / пер. с англ. А. Зверева // Эстетика американского романтизма. М.: Искусство, 1977. С. 178–223.

Emerson 1912 — Emerson R. W. Journals of Ralph Waldo Emerson with Annotations. Boston and New York: Houghton Mifflin Company, 1912.

Emerson 1938 — Emerson R. W. Young Emerson Speaks: Unpublished Discourses on Many Subjects. Boston: Houghton-Mifflin, 1938.

Goethe1985 — Goethe J. W. Sämtliche Werke. Briefe, Tagebücher und Gespräche/ Hrsg. von Dieter Borchmeyer u. a. 40 Bde. Frankfurt a. M.: Deutscher Klassiker Verlag, 1985. Bd. 1.

Helmholtz 1971 — Helmholtz H. Goethe's Anticipation of Subsequent Scientific Ideas // Kahl R., ed. Selected Writings of Hermann von Helmholtz. Middletown, CT: Wesleyan University Press, 1971. P. 479–500.

James 1981 — James W. Principles of Psychology. Cambridge, MA: Harvard University Press, 1981.

James 1890 — James W. Principles of Psychology. Classics in the History of Psychology. Dev. by Christopher D. Green. York University. URL: http://psychclassics.yorku.ca/James/Principles/index.htm (дата обращения: 03.12.2021).

Jeans 1931 — Jeans J. The Mysterious Universe. New York: Macmillan, 1931.

Meyerson 1991 — Meyerson É. Explanation in the Sciences / trans. M. Alice, D. A Sipfle. Boston Studies in the Philosophy of Science. Vol. 128. Dordrecht; Boston; London: Kluwer, 1991.

Rank 1932 — Rank O. Art and Artist. New York: W. W. Norton, 1932.

Weismann 1896 — Weismann A. Germinal Selection // The Monist. 1895–1896. № 6. P. 250–293.

Библиография

Александров 1999 — Александров В. Е. Набоков и потусторонность: метафизика, этика, эстетика / пер. с англ. Н. А. Анастасьева. СПб.: Алетейя, 1999.

Барабтарло 1999 — Барабтарло Г. Троичное начало у Набокова. О движении набоковских тем // В. В. Набоков: Pro et Contra. Материалы и исследования о жизни и творчестве В. В. Набокова. Т. 2. СПб.: РХГИ, 1999. С. 194–212.

Барабтарло Г. (сост.) 2020 — Я/сновидения Набокова / сост., публ. и коммент. Г. Барабтарло. СПб.: Изд-во Ивана Лимбаха. 2020.

Белый 1934 — Белый А. Мастерство Гоголя. М.; Л.: ГИХЛ, 1934.

Белый 2010 — Белый А. Символизм. Книга статей. М.: Культурная революция; Республика, 2010.

Бергсон 2001 — Бергсон А. Творческая эволюция / пер. с фр. В. Флеровой. М.: ТЕРРА-Книжный клуб; КАНОН-пресс-Ц, 2001.

Бергсон 2013 — Бергсон А. Длительность и одновременность / пер. с франц. А. Франковского. М.: Добросвет, 2013.

Блэкуэлл 1999 — Блэкуэлл Ст. Границы искусства: чтение как «лазейка для души» в «Даре» Набокова // В. В. Набоков: Pro et Contra. Материалы и исследования о жизни и творчестве В. В. Набокова. СПб.: РХГИ, 1999.

Бойд 2010а — Бойд Б. Владимир Набоков: Русские годы / пер. с англ. Г. Лапиной. СПб.: Симпозиум, 2010.

Бойд 2010б — Бойд Б. Владимир Набоков: Американские годы / Пер. с англ. А. Глебовской, С. Ильина и др. СПб.: Симпозиум, 2010.

Бойд 2012 — Бойд Б. «Ада» Набокова. Место сознания / пер. с англ. Г. Крейнера. СПб.: Симпозиум, 2012.

Бойд 2015 — Бойд Б. «Бледный огонь» Владимира Набокова: Волшебство художественного открытия / пер. с англ. С. Швабрина. СПб.: Изд-во Ивана Лимбаха, 2015.

Бойл 2017 — Бойл Р. В поисках лесных нимф // Иностранная литература. 2017. № 6. С. 153–158.

Бэкон 1977 — Бэкон Ф. Сочинения в двух томах. М.: Мысль, 1977. Т. 1.

Васильев 1922 — Васильев А. В. Пространство, время, движение. Историческое введение в общую теорию относительности. Берлин: Аргонавты, 1922.

Вернадский 1981 — Вернадский В. И. Мысли и замечания о Гёте как натуралисте // В. И. Вернадский. Избранные труды по истории науки. М.: Наука, 1981. С. 242–289.

Гейзенберг 1987 — Гейзенберг В. Шаги за горизонт / пер. с нем. М.: Прогресс, 1987.

Гринлиф 2006 — Гринлиф М. Пушкин и романтическая мода: Фрагмент. Элегия. Ориентализм. Ирония / пер. с англ. М. Шерешевской, Л. Семеновой. СПб.: Академический проект, 2006.

Гулд, Левонтин 2014 — Гулд С. Дж., Левонтин Р. Ч. Пазухи свода собора Святого Марка и парадигма Панглосса: критика адаптационистской программы / пер. с англ. И. Кузина // Философия. Наука. Гуманитарное знание. М., 2014. С. 160–191.

Джонсон 2011 — Джонсон Д. Б. Миры и антимиры Владимира Набокова. СПб.: Симпозиум, 2011.

Долинин 2004 — Долинин А. А. Истинная жизнь писателя Сирина. СПб.: Академический проект, 2004.

Долинин 2019 — Долинин А. А Комментарий к роману Владимира Набокова «Дар». М.: Новое издательство. 2019.

Кант 1994 — Кант И. Критика способности суждения / пер. с нем. М.: Искусство, 1994.

Кант 1999 — Кант И. Критика чистого разума / пер. с нем. Н. Лосского. М.: Наука, 1999.

Каталог — Систематический каталог библиотеки Владимира Дмитриевича Набокова. Санкт-Петербург. Тов-во художественной печати. 1904, 1911.

Кун 2003 — Кун Т. Структура научных революций / пер с англ. И. Налетова. М.: АСТ, 2003.

Левинг 2004 — Левинг Ю. Гараж, ангар, вокзал. СПб.: Изд-во Ивана Лимбаха, 2004.

Ловцкий 1923 — Ловцкий Г. Л. Ритм мировых движений // Современные записки. 1923. Вып. XVII (IV–V). С. 249–280.

Лоренц и др. 1935 — Лоренц Г. А., Пуанкаре А., Эйнштейн А., Минковский Г. Принцип относительности: Сборник работ классиков релятивизма / пер. с нем. Л.: ОНТИ, 1935.

Маар 2007 — Маар М. Лолита и немецкий лейтенант / пер. с нем. Е. Ивановой // Иностранная литература. 2007. № 4. С. 137–172.

Набокова 1979 — Набокова В. Е. Предисловие // Набоков В. В. Стихи. Анн Арбор: Ардис, 1979. С. 3–4.

Найман 2002 — Найман Э. Литландия: аллегорическая поэтика «Защиты Лужина» / авториз. пер. с англ. С. Силаковой // Новое лит. обозрение 2002. № 2 (54). С. 164–203.

Орвин 2006 — Орвин Д. Т. Искусство и мысль Толстого, 1847–1880 / пер. с англ. А. Гродецкой. СПб.: Академический проект, 2006.

Осоргин 1934 — Осоргин М. А. В. Сирин. «Камера обскура», роман // Современные записки. 1934. № 54. С. 458–460.

Паперно 1993 — Паперно И. А. Как сделан «Дар» Набокова // Новое лит. обозрение. 1993. № 5. С. 138–155.

Паперно 1996 — Паперно И. А. Семиотика поведения: Николай Чернышевский — человек эпохи реализма / Авториз. пер. с англ. Т. Казавчинской. М.: Новое лит. обозрение, 1996.

Поппер 2004 — Поппер К. Р. О статусе науки и метафизики // Поппер К. Р. Предположения и опровержения. Рост научного знания. М.: АСТ, 2004. С. 310–325.

Ронен 2013 — Ронен О. Набоков и Гёте / пер. с англ. И. Ронен // Звезда. 2013. № 7. С. 223–230.

Сендерович, Шварц 1998 — Сендерович С., Шварц Е. Аурелиан и Элеонора, или Где Набоков ловил бабочек // Новый журнал. 1998. Кн. 123. С. 205–212.

Сендерович, Шварц 1999 — Набоковский Фауст. Предварительные заметки // Buhks N., ed. Vladimir Nabokov-Sirine: Les Anées Européennes. Paris: Institut d'Études Slaves, 1999. P. 155–176.

Сконечная 1996 — Сконечная О. Ю. Люди лунного света в русской прозе Набокова: К вопросу о набоковском пародировании мотивов Серебряного века // Звезда. 1996. № 11. С. 207–214.

Шеллинг 1998 — Шеллинг Ф. В. Й. Идеи к философии природы как введение в изучение этой науки / пер. с нем. А. Пестова. М.: Наука, 1998.

Шопенгауэр 1993 — Шопенгауэр А. О четверояком корне закона достаточного основания... Мир как воля и представление. Т. 1. Критика кантовской философии / пер. с нем. М.: Наука, 1993.

Эддингтон 1923 — Эддингтон А. Пространство, время и тяготение / пер. с англ. Ю. Рабиновича. Одесса: MATHESI, 1923.

Эрлих 1996 — Эрлих В. Русский формализм: история и теория / пер. с англ. А. Глебовской. СПб.: Академический проект, 1996.

Albright 1997 — Albright D. Quantum Poetics: Yeats, Pound, Eliot, and the Science of Modernism. Cambridge, UK: Cambridge University Press, 1997.

Alcock 2006 — Alcock J. An Enthusiasm for Orchids. Oxford, UK: Oxford University Press, 2006.

Alexander 2003 — Alexander V. N. Nabokov, Teleology, and Insect Mimicry // Nabokov Studies. 2003. № 7. P. 177–214.

Alexandrov 1995a — Alexandrov V. E. Nabokov and Uspensky // Alexandrov V. N., ed. The Garland Companion to Vladimir Nabokov. New York: Garland Publishing, 1995. P. 548–552.

Alexandrov 1995б — Alexandrov V. E. The Otherworld // Alexandrov, ed. The Garland Companion... P. 566–571.

Amrine et al. 1987 — Amrine F. et al., eds. Goethe and the Sciences: A Reappraisal. Dordrecht; Boston: D. Reidel, 1987.

Anemone 1995 — Anemone A. Nabokov's Despair and the Criminal Imagination // Karlinsky S., Rice J., Scherr B., eds. O Rus! Studia litteraria slavica in honorem Hugh McLean. Berkeley: Berkeley Slavic Specialties, 1995. P. 421–431.

Baade, Zwicky 1934 — Baade W., Zwicky F. On Super-novae // Proceedings of the National Academy of Sciences of the United States of America. 1934. Vol. 20. № 5. P. 254–255.

Bailes 1990 — Bailes K. E. Science and Russian Culture in an Age of Revolutions: Vol. I. Vernadsky and his Scientific School, 1863–1945. Bloomington: Indiana University Press, 1990.

Baldwin 1901–1905 — Baldwin J. M. Dictionary of Philosophy and Psychology. New York: Macmillan, 1901–1905.

Barabtarlo 1989 — Barabtarlo G. Phantom of Fact: A Guide to Nabokov's Pnin. Ann Arbor: Ardis, 1989.

Barabtarlo 1993 — Barabtarlo G. Aerial View: Essays on Nabokov's Art and Metaphysics. New York: Peter Lang, 1993/

Barabtarlo 1999 — Barabtarlo G. Nabokov's Trinity (On the Movement of Nabokov's Themes) // Connolly J., ed. Nabokov and His Fiction: New Perspectives. 109–138.

Barnard 1922 — Barnard E. E. Some Peculiarities of the Novæ // Proceedings of the American Philosophical Society. 1922. Vol. 61. № 2. P. 99–106. Accessed via JSTOR.

Blackwell 1995 — Blackwell S. H. Reading and Rupture in Nabokov's *Invitation to a Beheading* // Slavic and East European Journal. 1995. № 2. P. 38–53.

Blackwell 1998 — Blackwell S. H Three Notes on *The Gift*: An Intertext, a Revision, and a Puzzle Solved // The Nabokovian. 1998. № 40. P. 36–39.

Blackwell 2000 — Blackwell S. H. Zina's Paradox: The Figured Reader in Nabokov's *Gift* // Middlebury Studies in Russian Literature. Vol. 23. New York: Peter Lang, 2000.

Blackwell 2002/2003 — Blackwell S. H. Nabokov's Wiener-Schnitzel Dreams: *Despair* and Anti-Freudian Poetics // Nabokov Studies. 2002/2003. № 7. P. 129–150.

Blackwell 2003a — Blackwell S. Nabokov and the Anti-Apophatic Novel // In Other Words: In Honor of Vadim Liapunov / eds. S. Blackwell, M. C. Finke, N. Perlina, Ye. Vernikova. Bloomington: Slavica, 2003. P. 357–365.

Blackwell 20036 — Blackwell S. H. The Poetics of Science in, and around, Nabokov's *The Gift* // The Russian Review. 2003. Vol. 62. № 2. P. 243–261.

Blackwell 2008 — Blackwell S. H. A New or Little-Known Subtext in *Lolita* // The Nabokovian. 2008. № 60. P. 51–55.

Blackwell 2009 — Blackwell S. H. 'Fugitive Sense' in Nabokov // Norman W., White D., eds. Transitional Nabokov. Bern: Peter Lang, 2009. P. 15–31.

Böhme 1987 — Böhme G. Is Goethe's Theory of Color Science? // Amrine et al., eds. Goethe and the Sciences: A Reappraisal. P. 148–174.

Bose, Shrikhande 1960 — Bose R. C., Shrikhande S. S. On the Construction of Sets of Mutually Orthogonal Latin Squares and the Falsity of a Conjecture of Euler // Transactions of the American Mathematical Society. 1960. Vol. 95. № 2. P. 191–209.

Boyd 2000/2001 — Boyd B. Review of Dieter E. Zimmer, *A Guide to Nabokov's Butterflies and Moths* 2001 // Nabokov Studies. 2000/2001. Vol. 6. P. 215–220.

Boyd 2003 — Boyd B. Even Homais Nods, or How to Revise *Lolita* // Pifer E., ed. Vladimir Nabokov's Lolita: A Casebook. P. 57–82.

Brett 1962 — Brett G. S. Brett's History of Psychology. New York: Macmillan, 1962.

Brodsky 1997 — Brodsky A. Homosexuality and the Aesthetic of Nabokov's *Dar*. Nabokov Studies. 1997. Vol. 4. P. 95–116.

Brown 1967 — Brown C. Nabokov's Pushkin and Nabokov's Nabokov // Dembo L. S., ed. Nabokov: The Man and His Work. Madison: University of Wisconsin Press, 1967. P. 195–208.

Bruner, Postman 1949 — Bruner J. S., and Postman L. On the Perception of Incongruity // Journal of Personality. 1949. Vol. XVIII. P. 206–223.

Burch 2021 — Burch R. Charles Sanders Peirce // Zalta E. N., ed. Stanford Encyclopedia of Philosophy (Feb. 2021). URL: https://plato.stanford.edu/entries/peirce/ (дата обращения: 05.12.2021).

Chapman, Yoke — Chapman E. L., Yoke C. B., eds. Classic and Iconoclastic Alternate History Science Fiction. Lewiston: Edwin Mellen Press, 2003.

Clark 1971 — Clark R. W. Einstein: The Life and Times. New York: World Pub. Co., 1971.

Collins 1990 — Collins W. J. Paths Not Taken: The Development, Structure, and Aesthetics of the Alternative History. Davis: University of California at Davis Press, 1990.

Connolly 1991 — Connolly J. W., ed. Nabokov's Early Fiction. Cambridge, UK: Cambridge University Press, 1991.

Connolly 1999 — Connolly J. W., ed. Nabokov and His Fiction: New Perspectives. Cambridge, UK: Cambridge University Press, 1999.

Couturier 2004 — Couturier M. Nabokov, ou la cruauté du desire: Lecture psychanalytique. Seyssele: Champ Vallon, 2004.

Crommelin 1919 — Crommelin, A. C. D. Results of the Total Solar Eclipse of May 29 and the Relativity Theory // Science, New Series. 1919. Vol. 50. № 1301. P. 518–520.

Davydov 1985 — Davydov S. The Gift: Nabokov's Aesthetic Exorcism of Chernyshevskii // Canadian-American Slavic Studies. 1985. Vol. 19. № 3. P. 357–374.

Davydov 1995 — Davydov S. Despair // Alexandrov V. E., ed. The Garland Companion to Vladimir Nabokov. P. 88–99.

Dolinin 1995 — Dolinin A. A. Caning of Modernist Profaners: Parody in Despair (Nabokov at the Crossroads of Modernism and Postmodernism) // Cycnos. 1995. Vol. 12. № 2. P. 43–54.

Dragunoiu 2011 — Dragunoiu D. Vladimir Nabokov and the Poetics of Liberalism. Evanston: Northwestern University Press, 2011.

Dunlap 1920 — Dunlap K. The Social Need for Scientific Psychology // The Scientific Monthly. 1920. Vol. 11. № 6. P. 502–517.

Dunne 1938 — Dunne J. W. The Serial Universe. New York: Macmillan, 1938.

Durantaye 2005 — de la Durantaye L. Vladimir Nabokov and Siegmund Freud, or a Particular Problem // American Imago. 2005. Vol. 62. № 1. P. 59–73.

Dyson et al. 1920 — Dyson F. W., Eddington A. S., Davidson C. R. A Determination of the Deflection of Light by the Sun's Gravitational Field, from Observations Made at the Total Eclipse of May 29, 1919 // Mem. R. Astron. Soc. 1920. Vol. 220. P. 91–333.

Eddington 1935 — Eddington A. S. New Pathways in Science. New York: Macmillan, 1935.

Elms 1989 — Elms A. C. Cloud, Castle, Claustrum: Nabokov as a Freudian in Spite of Himself // Rancour-Laferriere D., ed. Russian Literature and Psychoanalysis. Amsterdam: John Benjamins, 1989. P. 353–368.

Emerson 1912 — Emerson R. W. Journals of Ralph Waldo Emerson with Annotations. Boston and New York: Houghton Mifflin Company, 1912.

Emerson 1938 — Emerson R. W. Young Emerson Speaks: Unpublished Discourses on Many Subjects. Boston: Houghton-Mifflin, 1938.

Erwin 1987 — Erwin E. Review essay on Adolf Grünbaum, *The Foundations of Psychoanalysis: A Philosophical Critique* (Berkeley: University of California Press, 1984) // Noûs. 1987. Vol. 21. № 1. P. 77–80.

Eysenck 1991 — Eysenck H. J. Decline and Fall of the Freudian Empire. New York: Penguin Books, 1991.

Faye 2019 — Faye J. Copenhagen Interpretation of Quantum Mechanics // Zalta E. N., ed. Stanford Encyclopedia of Philosophy. URL: https://plato.stanford.edu/entries/qm-copenhagen/ (дата обращения: 05.12.2021).

Ferger 2004 — Ferger G. Who's Who in the Sublimelight // Nabokov Studies. 2004. Vol. 8. P 137–198.

Fink 1991 — Fink K. J. Goethe's History of Science. Cambridge, UK; New York: Cambridge University Press, 1991.

Frank 1998 — Frank Ph. The Law of Causality and Its Limits // Cohen R. S., ed. Neurath M., Cohen R. S., trans. Boston: Kluwer Academic Publishers, 1998.

Franklin 1981 — Franklin A. Millikan's Published and Unpublished Data on Oil Drops // Historical Studies in the Physical Sciences. 1981. Vol. 11. P. 185–201.

Fraser 1966 — Fraser J. T., ed. The Voices of Time: A Cooperative Survey of Man's Views of Time as Expressed by the Sciences and by the Humanities. New York: G. Braziller, 1966.

Gardner 1981 — Gardner M. Science: Good, Bad, and Bogus. Buffalo: Prometheus Books, 1981.

Gevers 1997 — Gevers N. Mirrors of the Past: Versions of History in Science Fiction and Fantasy. Cape Town: University of Cape Town Press, 1997.

Gezari 1995 — Gezari J. K. Chess and Chess Problems // Alexandrov V. E. ed. The Garland Companion to Vladimir Nabokov. P. 44–54.

Ghiselin 1892 — Ghiselin M. T. Introduction // Darwin Ch. The Various Contrivances by Which Orchids Are Fertilized by Insects. Chicago: University of Chicago Press, 1984.

Glynn 2006 — Glynn M. "The Word Is Not a Shadow. The Word Is a Thing" — Nabokov as Anti-Symbolist // European Journal of American Culture. 2006. Vol. 25. № 1. P. 3–30.

Gould 1999 — Gould S. J. No Science without Fancy, No Art without Facts: The Lepidoptery of Vladimir Nabokov // Funke S., ed. and ann. Vera's Butterflies. New York: Glenn Horowitz Bookseller, 1999.

Gould 2002 — Gould S. J. The Structure of Evolutionary Theory. Cambridge, MA: Belknap Press of Harvard University Press, 2002.

Green 1988 — Green G. Freud and Nabokov. Lincoln: University of Nebraska Press, 1988.

Grishakova 2006 — Grishakova M. The Models of Space, Time and Vision in V. Nabokov's Fiction: Narrative Strategies and Cultural Frames. Tartu: Tartu University Press, 2006.

Grossmith 1991 — Grossmith R. Shaking the Kaleidoscope: Physics and Metaphysics in Nabokov's Bend Sinister// Russian Literature TriQuarterly. 1991. Vol. 24. P. 151–162.

Hayles 1985 — Hayles N. K. The Cosmic Web: Scientific Field Models and Literary Strategies in the Twentieth Century. Ithaca: Cornell University Press, 1985.

Hellekson 2001 — Hellekson K. The Alternate History: Refiguring Historical Time. Kent, OH: Kent State University Press, 2001.

Hilgevoord, Uffink 2016 — Hilgevoord J., Uffink J. The Uncertainty Principle // Zalta E. N., ed. The Stanford Encyclopedia of Philosophy. URL: https://plato.stanford.edu/entries/qt-uncertainty/ (дата обращения: 05.12. 2021).

Holland 1931 — Holland W. J. The Butterfly Book. Garden City, NY: Doubleday, Doran & Company, Inc., 1931.

Holton 1978 — Holton G. The Scientific Imagination. Cambridge, UK: Cambridge University Press, 1978.

Holton 1993 — Holton G. Science and Anti-Science. Cambridge, MA: Harvard University Press, 1993.

Hothersall 2004 — Hothersall D. History of Psychology. New York: McGraw-Hill, 2004.

Interlandi 2006 — Interlandi J. An Unwelcome Discovery // The New York Times Magazine. 2006. 22 Oct. P. 98.

Joad 1932 — Joad C. E. M. Philosophical Aspects of Modern Science. London: Allen and Unwin, 1932.

Johnson 1985 — Johnson D. B. Worlds in Regression: Some Novels of Vladimir Nabokov. Ann Arbor: Ardis, 1985.

Johnson 2001 — Johnson K. Lepidoptera, Evolutionary Science, and Nabokov's Harvard Years // More Light and Context. Extended version of paper delivered on May 25, 2001, American Literature Association Meetings, Cambridge, Massachusetts, provided by author.

Johnson 2002 — Johnson D. B. Vladimir Nabokov and Walter de la Mare's "Otherworld" // Grayson J. et al., eds. Nabokov's World. Vol. 1. Houndmills, UK: Palgrave, 2002. P. 71–87.

Johnson, Coates 1999 — Johnson K., Coates S. Nabokov's Blues: The Scientific Odyssey of a Literary Genius. Cambridge, MA: Zoland, 1999.

Kern 2004 — Kern S. A Cultural History of Causality. Princeton: Princeton University Press, 2004.

Kostalevsky 1988 — Kostalevsky M. The Young Godunov-Cherdyntsev or How to Write a Literary Biography // Russian Literature. 1988. Vol. 43. № 3. P. 283–295.

Kuhn 1957 — Kuhn Th. S. The Copernican Revolution; Planetary Astronomy in the Development of Western Thought. Cambridge, MA: Harvard University Press, 1957.

Kuzmanovich 2003 — Kuzmanovich Z. Suffer the Little Children // Shapiro G., ed. Nabokov at Cornell. Ithaca: Cornell University Press, 2003. P. 49–57.

Kuzmanovich 2006 — Kuzmanovich Z. From the Editor // Nabokov Studies. 2006. Vol. 10. P. vii–x.

Lindroth 1973 — Lindroth C. H. Systematics Specializes between Fabricius and Darwin: 1800–1859 // Smith R. F. et al., eds. History of Entomology. Palo Alto: Annual Reviews Inc., 1973. P. 119–154.

Maar 2005 — Maar M. The Two Lolitas. London, New York: Verso, 2005.

Mandler 2007 — Mandler G. A History of Modern Experimental Psychology: From James and Wundt to Cognitive Science. Cambridge, MA: MIT Press, 2007.

Mason 1974 — Mason B. A. Nabokov's Garden: A Guide to Ada. Ann Arbor: Ardis, 1974.

McKnight, Jr. 1994 — McKnight, Jr. E. V. Alternative History: The Development of a Literary Genre. Chapel Hill: University of North Carolina Press, 1994.

Menaker 1982 — Menaker E. Otto Rank: A Rediscovered Legacy. New York: Columbia University Press, 1982.

Merchant 2006 — Merchant C. The Scientific Revolution and *The Death of Nature* // Isis. 2006. Vol. 97. № 3. P. 513–533.

Merz 1965 — Merz J. Th. History of European Thought in the XIX Century. 4 vols. Vol. 2. New York: Dover, 1965.

Moore 2002 — Moore T. Seeing through Humbert: Focusing on the Feminist Sympathy in Lolita // Larmour D. H. J., ed. Discourse and Ideology in Nabokov's Prose. P. 91–110.

NABOKV-L- Онлайн-форум на сайте Международного набоковского общества The Nabokovian. URL: https://thenabokovian.org/nabokv-l (дата обращения: 11.12.2021).

Nagel, Newman 1958 — Nagel E., Newman J. R. Gödel's Proof. New York: New York University Press, 1958.

Naiman 2005 — Naiman E. What If Nabokov Had Written "Dvoinik"? Reading Literature Preposterously // The Russian Review. 2005. Vol. 64. № 4. P. 575–589.

Naiman 2006 — Naiman E. A Filthy Look at Shakespeare's Lolita // Comparative Literature. 2006. Vol. 58. № 1. P. 1–23.

Nicol 1996 — Nicol Ch. Why Darwin Slid into the Ditch: An Embedded Text in *Glory* // The Nabokovian 37 (Fall 1996). P. 48–53.

Nicol 2002 — Nicol Ch. Martin, Darwin, Malory and Pushkin: The Anglo-Russian Culture of *Glory* // Grayson J. et al., eds. Nabokov's World. Basingstoke, UK: Palgrave, 2002. Vol. 1. P. 159–172.

Osmundsen 1959 — Osmundsen J. A. Major Mathematical Conjecture Propounded 177 Years Ago Is Disproved // New York Times, 26 Apr. 1959. P. 1.

Owens, Wagner 1992 — Owens D. A., Wagner M., eds. Progress in Modern Psychology: The Legacy of American Functionalism. Westport, CT: Praeger, 1992.

Pesic 2002 — Pesic P. Seeing Double. Cambridge, Mass.: MIT Press, 2002.

Pifer 1980 — Pifer E. Nabokov and the Novel. Cambridge, MA: Harvard University Press, 1980.

Pigliucci 2008 — Pigliucci M. Is Evolvability Evolvable? // Nature Reviews Genetics. 2008. Vol. 9. № 1. P. 75–82.

Poole 2002 — Poole R. A. Introduction // Problems of Idealism / ed. and trans. by R. A. Poole. New Haven: Yale University Press, 2002.

Pro et contra 1997 — В. В. Набоков. Pro et contra. Личность и творчество Владимира Набокова в оценке русских и зарубежных мыслителей и исследователей. СПб.: Издательство РХГИ, 1997.

Pro et contra 1999 — В. В. Набоков: Pro et Contra. Материалы и исследования о жизни и творчестве В. В. Набокова. СПб.: РХГИ, 1999.

Pyle 1999 — Pyle R M. Between Climb and Cloud // NB. P. 32–76.

Quin 1993 — Quin, J. D. Nabokov's Neurology // Cycnos. 1993. Vol. 10. № 1. P. 113–122.

Ramey 2004 — Ramey J. Parasitism and *Pale Fire*'s Camouflage: The King-Bot, the Crown Jewels and the Man in the Brown Macintosh // Comparative Literature Studies. 2004. Vol. 41. № 2. P. 185–213.

Remington 1995 — Remington, Ch. L. Lepidoptera Studies // Alexandrov, ed. Garland Companion. P. 274–282.

Rice 1997 — Rice Th. J. Joyce, Chaos, and Complexity. Urbana: University of Illinois Press, 1997.

Richards 2002 — Richards R. J. The Romantic Conception of Life: Science and Philosophy in the Age of Goethe. Chicago: University of Chicago Press, 2002.

Root-Bernstein 1996 — Root-Bernstein R. S. The Arts and Sciences Share a Common Aesthetic Core // Tauber A. I., ed. The Elusive Synthesis: Aesthetics and Science. Boston Studies in the Philosophy of Science. Vol. 182. Dordrecht: Kluwer Academic Publishers, 1996. P. 49–50.

Roth 2007 — Roth M. Three Allusions in *Pale Fire* // The Nabokovian. 2007.Vol. 58. P. 53–60.

Russell 1931 — Russell B. The Scientific Outlook. New York: W. W. Norton, 1931.

Rylkova 2002 — Rylkova G. *Okrylyonnyy Soglyadatay* — The Winged Eavesdropper: Nabokov and Kuzmin // Larmour, ed. Discourse and Ideology in Nabokov's Prose. P. 43–58.

Samuel 1933 — Samuel H. Cause, Effect, and Professor Eddington // The Nineteenth Century and After. Vol. 113 (April 1933). P. 469–478.

Seamon, Zajonc 1998 — Seamon D., Zajonc A., eds. Goethe's Way of Science: A Phenomenology of Nature. Albany: State University of New York Press, 1998.

Senderovich, Shvarts 1999 — Senderovich S., Shvarts Ye. Approaching Nabokovian Poetics // Essays in Poetics. 1999. Vol. 24. P. 158–181.

Senderovich, Shvarts 2007/2008 — Senderovich S., Shvarts Ye. If We Put Our Heads between Our Legs: An Introduction to the Theme 'Vladimir Nabokov and Arthur Schopenhauer' // Nabokov Studies. Vol. 11, 2007/2008. URL: https://www.academia.edu/6999509/_If_We_Put_Our_Heads_between_Our_Legs_An_Introduction_to_the_Theme_Vladimir_Nabokov_and_Arthur_Schopenhauer (дата обращения: 07/12/2021).

Sepper 1987 — Sepper D. L. Goethe against Newton: Towards Saving the Phenomenon // Amrine et al., eds. Goethe and the Sciences: A Reappraisal. P. 175–194.

Sepper 1988 — Sepper D. L. Goethe contra Newton. New York: Cambridge University Press, 1988.

Shute 1983 — Shute J. Nabokov and Freud: The Play of Power. PhD diss., University of California at Los Angeles, 1983.

Shute 1995 — Shute J. Nabokov and Freud // Alexandrov, ed. The Garland Companion to Vladimir Nabokov. P. 412–420.

Sklyarenko 2002 — Sklyarenko A. Reinforcement of the Rainbow: The Color Allusions in Ada // NABOKV–L, 5 Nov. 2002.

Sox, Rennie 2006 — Sox H. C. (ed.), Rennie D. Research Misconduct, Retraction, and Cleansing the Medical Literature: Lessons from the Poehlman Case // Annals of Internal Medicine. 2006. Vol. 144. № 8. P. 609–613.

Stace 1934 — Stace W. T. Sir Arthur Eddington and the Physical World // Philosophy. 1934. Vol. 9. P. 40.

Steiner 1984 — Steiner P. Russian Formalism: A Metapoetics. Ithaca: Cornell University Press, 1984.

Stringer-Hye 2008 — Stringer-Hye S. "Laura' Is Not Even the Original's Name": An Interview with Dmitri Nabokov. Nabokov Online Journal II, 2008. URL: http://www.nabokovonline.com (дата обращения: 07.12.2021).

Sullivan 1959 — Sullivan W. Anti-Matter Test Shows Symmetry // New York Times. Nov. 29, 1959. P. 78.

Sweeney 2009 — Sweeney S. E. Thinking about Impossible Things in Nabokov // Norman W., White D., eds. Transitional Nabokov. Bern: Peter Lang, 2009. P. 67–80.

Tallis 2008 — Tallis R. The Neuroscience Delusion // The Times Literary Supplement, 9 Apr. 2008. URL: http://entertainment.timesonline.co.uk/tol/arts_and_entertainment/the_tls-/article3712980.ece (дата обращения: 25.04.2008).

Tamir-Ghez 2003 — Tamir-Ghez N. The Art of Persuasion in Nabokov's Lolita // Pifer E., ed. Nabokov's Lolita: A Casebook. P. 17–37.

Toker 1989 — Toker L. Nabokov: The Mystery of Literary Structures. Ithaca: Cornell University Press, 1989.

Toker 1991 — Toker L. Philosophers as Poets: Reading Nabokov with Schopenhauer and Bergson // Russian Literature TriQuarterly. 1991. Vol. 24. P. 185–196.

Toker 2002 — Toker L. Nabokov and Bergson on Duration and Reflextivity // Grayson et al., eds. Nabokov's World. Vol. 1. P. 132–140.

Trousdale 2002/2003 — Trousdale R. 'Faragod Bless Them': Nabokov, Spirits, and Electricity // Nabokov Studies. 2002/2003. Vol. 7. P. 119–128.

Trzeciak 2005 — Trzeciak J. Visions and Re-visions: Nabokov as Self-translating Author. PhD diss., University of Chicago, 2005.

Trzeciak 2009 — Trzeciak J. Viennese Waltz: Freud in Nabokov's *Despair* // Comparative Literature. 2009. Vol. 61. № 1. P. 54–68.

Vucinich 1988 — Vucinich A. Darwin in Russian Thought. Berkeley: University of California Press, 1988.

Walls 2003 — Walls L. D. Emerson's Life in Science: The Culture of Truth. Ithaca: Cornell University Press, 2003.

Weldon 003 — Weldon R. Euler problems // NABOKV–L, 30 Oct., 2003.

West 1954 — West D. J. Psychical Research Today. London: Duckworth, 1954.

Whitworth 2001 — Whitworth M. H. Einstein's Wake: Relativity, Metaphor, and Modernist Literature. Oxford, UK: Oxford University Press, 2001.

Wilcox 1992 — Wilcox S. B. Functionalism Then and Now // Owens and Wagner, eds. Progress in Modern Psychology. P. 31–51.

Woodworth 1921 — Woodworth R. S. Psychology. New York: Holt, 1921.

Zimmer 2001 — Zimmer D. E. Guide to Nabokov's Butterflies and Moths. Hamburg: privately published, 2001.

Zimmer 2002 — Zimmer D. E. Mimicry in Nature and Art // Grayson et al., eds. Nabokov's World. Vol. 1. P. 47–57.

Zimmer, Hartmann 2002 — Zimmer D. E., Hartmann S. The Amazing Music of Truth: Nabokov's Sources for Godunov's Central Asian Travels in The Gift // Nabokov Studies 2002. Vol. 7. P. 33–74.

Zunshine 2006 — Zunshine L. Why We Read Fiction. Columbus: The Ohio State University Press, 2006.

Предметно-именной указатель

Оглавление

Научное издание

Стивен Блэкуэлл
ПЕРО И СКАЛЬПЕЛЬ
Творчество Набокова и миры науки

Директор издательства *И. В. Немировский*
Ответственный редактор *И. Белецкий*

Заведующая редакцией *О. Петрова*
Дизайн *И. Граве*
Редактор *О. Бараш*
Корректоры *Е. Гайдель, А. Филимонова*
Верстка *Е. Падалки*

Подписано в печать 29.04.2022.
Формат издания 60 × 90 $^1/_{16}$. Усл. печ. л. 24,5.
Тираж 300 экз.

Academic Studies Press
1577 Beacon Street, Brookline, MA 02446 USA
https://www.academicstudiespress.com

ООО «Библиороссика».
190005, Санкт-Петербург, 7-я Красноармейская ул., д. 25а

Эксклюзивные дистрибьюторы:
ООО «Караван»
ООО «КНИЖНЫЙ КЛУБ 36.6»
http://www.club366.ru
Тел./факс: 8(495)9264544
e-mail: club366@club366.ru

Книги издательства можно купить
в интернет-магазине: www.bibliorossicapress.com
e-mail: sales@bibliorossicapress.ru

12+

Знак информационной продукции согласно
Федеральному закону от 29.12.2010 № 436-ФЗ

www.ingramcontent.com/pod-product-compliance
Lightning Source LLC
Chambersburg PA
CBHW070404100426
42812CB00005B/1630